위한

인기 유튜... 초등교사 쌤의 무료 강의

- 유튜브에서 '초등교사 안쌤'을 검색하거나 QR코드를 스캔하면 무료로 강의를 들을 수 있습니다.
- 다음은 초등교사안쌤TV에서 들을 수 있는 강의 내용입니다.

강의 제목	주제
공부 및 학습방법 안내	• 학생들이 공부를 잘하기 위해 필요한 태도, 습관 안내 • 과목별 공부 방법, 교과서 공부 방법, 노트 정리 방법 등 실제적인 학습법 안내
상위 1% 학부모 되기	• 부모님의 성장을 위한 영상 안내 • 학교생활, 가정생활에서 부모님들께 전하고 싶은 내용
상위 1% 자녀교육	• 우리 아이, 자녀교육에 대한 영상 안내 • 학교생활, 가정생활에서 아이들과 부모님 모두에게 전하고 싶은 내용
독서교육 및 방법 안내	• 독서교육 방법 및 책 고르는 방법 • 함께 읽으면 좋을만한 도서 리뷰 안내
교육소식 및 뉴스 안내	• 국가교육 방향, 정책에서부터 교육과정 변화 등 뉴스나 이슈 안내 • 기초학력진단평가, 학업성취도평가 등 각종 시험에 대한 안내
학교와 교사에 대한 안내	• 학부모 상담, 공개수업, 학부모 총회 등 각종 학교 행사에 대한 안내 • 반 편성, 담임 편성, 자리 바꾸기 등 학교에서 궁금할만한 원리 안내 • 사람들이 궁금해하는 교사의 생각
기념일 및 역사공부	• 각 기념일마다 필요한 기본 상식을 배우며 역사 공부하기
배경지식 확장 및 개념 안내	• 학습의 기본 바탕이 되는 배경지식을 확장시킬 수 있는 영상

쌤이랑 초등수학 분수잡기 5학년

공부한 후에는 꼭 공부한 날짜를 적어보세요.
수학은 하루도 빠짐없이 꾸준히 공부할 때 실력이 쑥쑥 오른답니다.

5학년 1학기 분수편		
DAY	**학습 주제**	**공부한 날짜**
DAY 01	약수와 배수	( )월 ( )일
DAY 02	최대공약수와 최소공배수	( )월 ( )일
DAY 03	크기가 같은 분수	( )월 ( )일
DAY 04	약분과 기약분수	( )월 ( )일
DAY 05	통분과 공통분모	( )월 ( )일
DAY 06	분모가 다른 분수의 크기 비교	( )월 ( )일
DAY 07	분모가 다른 진분수의 덧셈	( )월 ( )일
DAY 08	분모가 다른 여러 가지 분수의 덧셈	( )월 ( )일
DAY 09	분모가 다른 진분수의 뺄셈	( )월 ( )일
DAY 10	분모가 다른 대분수의 뺄셈	( )월 ( )일
DAY 11	단원 총정리	( )월 ( )일

5학년 2학기 분수편		
DAY	**학습 주제**	**공부한 날짜**
DAY 12	진분수와 자연수의 곱셈	( )월 ( )일
DAY 13	대분수와 자연수의 곱셈	( )월 ( )일
DAY 14	자연수와 분수의 곱셈	( )월 ( )일
DAY 15	진분수와 진분수의 곱셈	( )월 ( )일
DAY 16	여러 가지 분수의 곱셈	( )월 ( )일
DAY 17	단원 총정리	( )월 ( )일

쌤이랑
초등수학
분수잡기

5 학년

쌤이랑
초등수학
분수잡기
5학년

1판 1쇄 2023년 3월 20일

지은이 안상현
펴낸이 유인생
마케팅 박성하 · 이수열
디자인 NAMIJIN DESIGN
편집 · 조판 진기획
펴낸곳 (주) 쏠티북스
주소 (121-839) 서울시 마포구 양화로 7길 20 (서교동, 남경빌딩 2층)
대표전화 070-8615-7800
팩스 02-322-7732
이메일 saltybooks@naver.com
출판등록 제313-2009-140호

ISBN 979-11-92967-01-1

현직 초등교사 안쌤이랑 공부하면 '분수가 쉬워요!'

쌤이랑 초등수학 분수잡기

저자 무료강의
You Tube
초등교사안쌤TV

5 학년

안상현 지음 | 고희권 기획

초등분수가 왜 중요한가?

안녕하세요. 초등교사 안쌤입니다.

수학 공부 잘하고 있으신가요?

1~4학년까지 초등수학 내용에서 큰 어려움이 없었던 친구들도 있을 것이고 3, 4학년 내용에서 조금씩 학습 결손이 발생하거나 심지어 수학에 대한 흥미를 잃어가는 친구들도 있을 거예요. 큰 어려움이 없었던 친구들은 단순 연산을 넘어 사고력을 요구하는 문제, 심화 문제도 어렵지 않게 도전할 수 있을 것이라 예상됩니다. 반면 학습 결손이 발생하거나 수학에 대한 흥미를 잃어가는 친구들은 고학년 내용을 배울수록 무슨 말인지 이해하기 어렵고, 점점 수학책을 쳐다보기조차 싫어질 수 있습니다. 수학은 학년 사이의 연계성이 매우 높은 과목이고 중학교 수학을 위해서는 초등학교 수학을 탄탄히 해두어야 하므로 부족한 부분이 있으면 꼭 복습을 하여 완벽하게 이해하길 바랍니다.

5, 6학년부터는 난이도가 더 높아진 수학을 만나게 됩니다. 1, 2학년 때는 실생활에서 (숫자, 시간 등) 자주 듣고 사용한 친근한 내용들을 배우고 3, 4학년 때는 기본적인 수학 개념(분수와 소수, 여러 가지 도형)들이 등장합니다. 원리나 과정을 잘 이해한다면 어렵지 않게 어느 정도 수준까지 충분히 따라올 수 있는 내용들입니다. 분수로 예를 들면, 분수의 기본적인 개념과 여러 가지의 분수, 분수의 사칙연산 중 가장 기본인 덧셈과 뺄셈에 대하여 공부합니다. 그러나 5, 6학년에서는 분수의 곱셈과 나눗셈과 같은 복잡한 계산을 하며 삼각형, 사각형의 둘레와 넓이, 부피를 구할 때도 분수가 등장합니다. 원의 넓이, 비와 비율, 백분율과 같이 말로만 들어도 머리가 지끈거리는 내용에서도 분수가 등장합니다. 한마디로 3, 4학년 때 기본적인 내용을 다뤘다면 5, 6학년 때는 응용과 심화를 다룹니다.

자신감이 없으면 수학은 더욱 어려워집니다. 다른 영역과 혼합되어 분수의 계산이 더욱 복잡해지는 5, 6학년 시기, 저와 함께 정확하게 이해하고 넘어가시기 바랍니다.

 초등분수의 학년별 학습내용

분수는 어렵기 때문에 3학년부터 6학년까지 조금씩 수준을 높여가면서 배웁니다.

기초 개념과 원리부터 정확하게 이해하고 많은 계산 연습을 해야만 실력이 향상됩니다.

학년	학기	단원명	학습내용
3학년	1학기	분수와 소수	• 생활 속 분수 알기 • 분수, 단위분수 알기 • 단위분수의 크기 알기
	2학기	분수	• 전체의 부분을 분수로 나타내기 • 가분수와 대분수 알아보기 • (분모가 같은) 분수의 크기 비교
4학년	1학기	X	
	2학기	분수의 덧셈과 뺄셈	• (분모가 같은) 진분수의 덧셈·뺄셈 • (분모가 같은) 대분수의 덧셈·뺄셈 • (자연수)-(분수) 계산하기
5학년	1학기	약수와 배수 약분과 통분 분수의 덧셈과 뺄셈	• 약수와 배수, 최대공약수와 최소공배수 • 크기가 같은 분수 • 약분과 기약분수, 통분 • (분모가 다른) 분수의 크기 비교 • 다양한 방법으로 분수의 덧셈·뺄셈 계산하기
	2학기	분수의 곱셈	• 분수와 자연수의 곱셈 • 진분수와 진분수의 곱셈 • 세 분수의 곱셈
6학년	1학기	분수의 나눗셈	• (자연수)÷(자연수)의 몫을 분수로 나타내기 • (진분수)÷(자연수), (분수)÷(자연수)
	2학기	분수의 나눗셈	• (분모가 같은) 분수의 나눗셈 • (분모가 다른) 분수의 나눗셈 • (자연수)÷(분수), (가분수)÷(대분수) • 나눗셈을 곱셈으로 바꾸기

5학년 1학기 때 배우는 약수와 배수, 약분과 통분은 아주 중요한 내용입니다.

분수를 다루는데 꼭 필요한 내용이므로 분수와 함께 다룹니다.

이 두 내용은 중학교, 고등학교 수학에서도 아주 많이 사용됩니다.

 차례

안쌤과 단계별로 공부하면 '분수가 쉬워요!'

1단계

개념이해 + 바로! 확인문제

수학을 잘하려면 개념을 정확히 알고 기억해야 합니다.

이해가 될 때까지 여러 번 읽으세요. 그다음에 '바로! 확인 문제'를 풀면서 개념을 다시 한번 정확히 이해하세요.

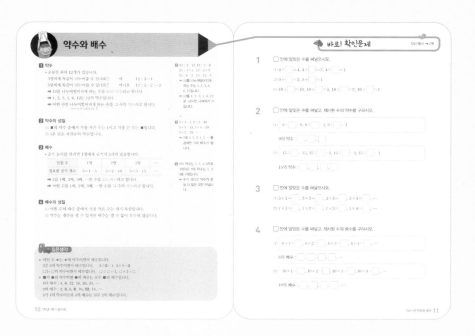

2단계

기본문제 – 배운 개념 적용하기

개념을 정확히 이해하면 쉽게 풀 수 있는 문제입니다.

문제가 잘 풀리지 않으면 꼭 1단계 개념을 다시 확인하고 와서 푸세요.

틀린 문제는 꼭 체크해 놓고 다시 한번 풀어보세요.

3단계

발전문제 – 배운 개념 응용하기

문제 수준이 좀 더 높아졌어요.

생각하고 또 생각하면 어려운

문제도 풀 수 있는 힘을 기를 수

있습니다.

서술형 문제도 있습니다.

풀이 과정을 꼼꼼히 써보세요.

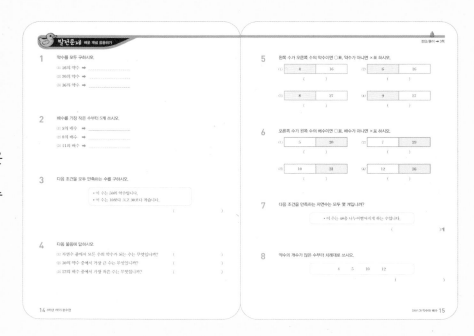

4단계

단원 총정리 – 단원 내용 정리하기

지금까지 배운 내용을 다시 한

번 정리하고 실수 없이 계산을

할 수 있도록 복습 문제를 많이

실었습니다.

안 풀리는 문제가 있다면 1단계

로 다시 돌아가 힌트를 얻고 다

시 푸세요.

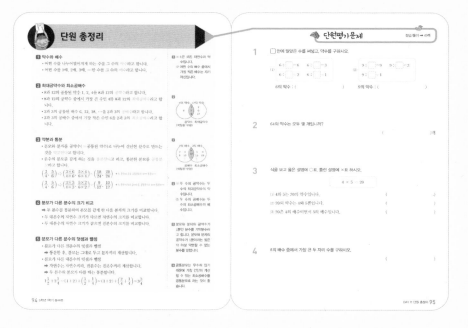

I

5학년
1학기 분수편

약수와 배수

1 약수

• 초콜릿 과자 12개가 있습니다.

3명에게 똑같이 나누어줄 수 있나요?　　　예　　　$12 \div 3 = 4$

5명에게 똑같이 나누어줄 수 있나요?　　아니오　　$12 \div 5 = 2 \cdots 2$

➡ 12를 나누어떨어지게 하는 수를 <u>12의 약수</u>라고 합니다.

➡ 1, 2, 3, 4, 6, 12는 12의 약수입니다.

➡ 어떤 수를 <u>나누어떨어지게 하는 수</u>를 그 수의 약수라고 합니다.
　　　　　나머지가 0이 되도록 하는 수

2 약수의 성질

(1) ■의 약수 중에서 가장 작은 수는 1이고 가장 큰 수는 ■입니다.

(2) 1은 모든 자연수의 약수입니다.

3 배수

• 공기 놀이를 하려면 1명에게 공기가 5개씩 필요합니다.

인원 수	1명	2명	3명	…
필요한 공기 개수	$5 \times 1 = 5$	$5 \times 2 = 10$	$5 \times 3 = 15$	…

➡ 5를 1배, 2배, 3배, …한 수를 5의 배수라고 합니다.

➡ 어떤 수를 1배, 2배, 3배, …한 수를 그 수의 배수라고 합니다.

4 배수의 성질

(1) 어떤 수의 배수 중에서 가장 작은 수는 자기 자신입니다.

(2) 약수는 개수를 셀 수 있지만 배수는 셀 수 없이 무수히 많습니다.

---

[1] $12 \div 1 = 12$, $12 \div 2 = 6$
$12 \div 3 = 4$, $12 \div 4 = 3$
$12 \div 6 = 2$, $12 \div 12 = 1$
➡ 12를 나누어떨어지게 하는 수는 1, 2, 3, 4, 6, 12입니다.
➡ 12를 1, 2, 3, 4, 6, 12로 나누면 나머지가 0입니다.

[3] $5 \times 1 = 5$, $5 \times 2 = 10$
$5 \times 3 = 15$, $5 \times 4 = 20$
$5 \times 5 = 25$, …
➡ 5에 1, 2, 3, 4, 5, …를 곱하면 5의 배수가 됩니다.

[v] 6의 약수는 1, 2, 3, 6으로 4개이고 9의 약수는 1, 3, 9로 3개입니다.
➡ 수가 크다고 약수가 항상 더 많은 것은 아닙니다.

깊은생각

● 어떤 수 ★는 ★의 약수이면서 배수입니다.

　3은 3의 약수이면서 배수입니다.　　$3 \div 3 = 1$, $3 \times 1 = 3$

　□는 □의 약수이면서 배수입니다.　□ $\div$ □ $= 1$, □ $\times 1 =$ □

● ■가 ●의 약수이면 ●의 배수는 모두 ■의 배수입니다.

　4의 배수 : 4, 8, 12, 16, 20, 24, …

　2의 배수 : 2, 4, 6, 8, 10, 12, 14, …

　2가 4의 약수이므로 4의 배수는 모두 2의 배수입니다.

바로! 확인문제

1 ⬜ 안에 알맞은 수를 써넣으시오.

(1) $4 \div \boxed{} = 4$, $4 \div \boxed{} = 2$, $4 \div \boxed{} = 1$

(2) $5 \div \boxed{} = 5$, $5 \div \boxed{} = 1$

(3) $10 \div \boxed{} = 10$, $10 \div \boxed{} = 5$, $10 \div \boxed{} = 2$, $10 \div \boxed{} = 1$

2 ⬜ 안에 알맞은 수를 써넣고, 제시된 수의 약수를 구하시오.

(1) $9 \div \boxed{} = 9$, $9 \div \boxed{} = 3$, $9 \div \boxed{} = 1$

9의 약수 : $\boxed{}$, $\boxed{}$, $\boxed{}$

(2) $15 \div \boxed{} = 15$, $15 \div \boxed{} = 5$, $15 \div \boxed{} = 3$, $15 \div \boxed{} = 1$

15의 약수 : $\boxed{}$, $\boxed{}$, $\boxed{}$, $\boxed{}$

3 ⬜ 안에 알맞은 수를 써넣으시오.

(1) $3 \times 1 = \boxed{}$, $3 \times 2 = \boxed{}$, $3 \times 3 = \boxed{}$, $3 \times 4 = \boxed{}$, $\cdots$

(2) $7 \times 1 = \boxed{}$, $7 \times 2 = \boxed{}$, $7 \times 3 = \boxed{}$, $7 \times 4 = \boxed{}$, $\cdots$

4 ⬜ 안에 알맞은 수를 써넣고, 제시된 수의 배수를 구하시오.

(1) $6 \times 1 = \boxed{}$, $6 \times 2 = \boxed{}$, $6 \times 3 = \boxed{}$, $6 \times 4 = \boxed{}$, $\cdots$

6의 배수 : $\boxed{}$, $\boxed{}$, $\boxed{}$, $\boxed{}$, $\cdots$

(2) $10 \times 1 = \boxed{}$, $10 \times 2 = \boxed{}$, $10 \times 3 = \boxed{}$, $10 \times 4 = \boxed{}$, $\cdots$

10의 배수 : $\boxed{}$, $\boxed{}$, $\boxed{}$, $\boxed{}$, $\cdots$

1 ☐ 안에 알맞은 수와 용어를 써넣으시오.

> 8은 1, 2, 4, 8로 나누어떨어집니다.
>
> ➡ 1, 2, 4, 8은 ☐의 ☐☐☐☐입니다.

2 ☐ 안에 알맞은 수를 써넣으시오.

(1) $14 \div \boxed{} = 14$, $14 \div \boxed{} = 7$, $14 \div \boxed{} = 2$, $14 \div \boxed{} = 1$

(2) $18 \div \boxed{} = 18$, $18 \div \boxed{} = 9$, $18 \div \boxed{} = 6$, $18 \div \boxed{} = 3$, $18 \div \boxed{} = 2$, $18 \div \boxed{} = 1$

3 다음 수를 나누어떨어지게 하는 수에 ○표 하시오.

(1) 15   (1   3   5   7   9   11   13   15)

(2) 24   (1   2   3   4   5   6   8   12   14   24)

4 ☐ 안에 알맞은 수를 써넣고, 제시된 수의 약수를 구하시오.

(1)
> $25 \div \boxed{} = 25$, $25 \div \boxed{} = 5$, $25 \div \boxed{} = 1$

25의 약수 : $\boxed{}$, $\boxed{}$, $\boxed{}$

(2)
> $27 \div \boxed{} = 1$, $27 \div \boxed{} = 3$, $27 \div \boxed{} = 9$, $27 \div \boxed{} = 27$

27의 약수 : $\boxed{}$, $\boxed{}$, $\boxed{}$, $\boxed{}$

5   4의 배수를 모두 찾아 ◯표 하시오.

1	2	3	4	5	6	7	8	9	10
11	12	13	14	15	16	17	18	19	20
21	22	23	24	25	26	27	28	29	30
31	32	33	34	35	36	37	38	39	40
41	42	43	44	45	46	47	48	49	50

6   다음은 어떤 수의 배수를 작은 수부터 차례대로 쓴 것입니다. ☐ 안에 알맞은 수를 써넣으시오.

(1) 6, 12, ☐, 24, ☐, 36, 42, …

(2) 9, 18, 27, ☐, 45, 54, ☐, …

7   다음 곱셈식을 보고 옳은 것은 ◯표, 옳지 않은 것은 ✕표 하시오.

$$2 \times 4 = 8$$

(1) 2는 8의 약수입니다. (   )

(2) 4는 8의 약수입니다. (   )

(3) 2는 4의 배수입니다. (   )

(4) 8은 2의 배수입니다. (   )

(5) 8은 4의 배수입니다. (   )

8   ☐ 안에 알맞은 수를 써넣으시오.

18의 약수가 ☐, ☐, ☐, ☐, ☐, ☐이므로

18은 ☐, ☐, ☐, ☐, ☐, ☐의 배수입니다.

1 약수를 모두 구하시오.

(1) 16의 약수 ➡ _____

(2) 20의 약수 ➡ _____

(3) 36의 약수 ➡ _____

2 배수를 가장 작은 수부터 5개 쓰시오.

(1) 5의 배수 ➡ _____

(2) 8의 배수 ➡ _____

(3) 11의 배수 ➡ _____

3 다음 조건을 모두 만족하는 수를 구하시오.

> • 이 수는 50의 약수입니다.
> • 이 수는 10보다 크고 30보다 작습니다.

(   )

4 다음 물음에 답하시오.

(1) 자연수 중에서 모든 수의 약수가 되는 수는 무엇입니까? (   )

(2) 30의 약수 중에서 가장 큰 수는 무엇입니까? (   )

(3) 12의 배수 중에서 가장 작은 수는 무엇입니까? (   )

5 왼쪽 수가 오른쪽 수의 약수이면 ○표, 약수가 아니면 ×표 하시오.

(1)

4	16

(   )

(2)

6	16

(   )

(3)

8	27

(   )

(4)

9	27

(   )

6 오른쪽 수가 왼쪽 수의 배수이면 ○표, 배수가 아니면 ×표 하시오.

(1)

5	20

(   )

(2)

7	29

(   )

(3)

10	31

(   )

(4)

12	36

(   )

7 다음 조건을 만족하는 자연수는 모두 몇 개입니까?

> • 이 수는 48을 나누어떨어지게 하는 수입니다.

(   )개

8 약수의 개수가 많은 수부터 차례대로 쓰시오.

> 4   5   10   12

(   )

9 2부터 30까지의 자연수 중에서 약수가 2개인 수는 모두 몇 개입니까?

( )개

10 다음 조건을 모두 만족하는 자연수를 구하시오.

> • 36의 약수입니다.
> • 4의 배수입니다.
> • 약수가 6개입니다.

( )

11 다음 중 옳은 것은 ○표, 옳지 않은 것은 ×표 하시오.

(1) 6의 약수는 모두 3의 약수입니다. ( )

(2) 4의 약수는 모두 8의 약수입니다. ( )

(3) 2의 배수는 모두 4의 배수입니다. ( )

(4) 9의 배수는 모두 3의 배수입니다. ( )

12 □ 안에 들어갈 수 있는 자연수를 모두 구하시오.

> • 15의 배수는 모두 □의 배수입니다.

( )

서술형

13 다음은 어떤 수의 배수를 작은 수부터 차례대로 적은 것입니다. 13번째에 오는 수를 구하시오.

5, 10, 15, 20, ···

정답 ○ _____

풀이 과정 ○ _____

_____

서술형

14 하랑이가 구한 수를 구하시오.

"12의 배수 중에서 가장 작은 두 자리 수와 가장 큰 두 자리 수의 차를 구했어."

정답 ○ _____

풀이 과정 ○ _____

_____

서술형

15 놀이공원에 있는 어떤 놀이기구는 8분 간격으로 운행을 합니다. 오전 10시에 처음 운행을 시작한다면 오전 10시부터 오전 11시까지 놀이기구를 모두 몇 번 운행하는지 구하시오.

정답 ○ _____ 번

풀이 과정 ○ _____

_____

서술형

16 다음 조건을 만족하는 수 중에서 가장 작은 두 자리 수를 구하시오.

• 100을 어떤 수로 나누면 나머지는 4이다.

정답 ○ _____

풀이 과정 ○ _____

_____

최대공약수와 최소공배수

1 공약수와 최대공약수

- 두 수의 공통된 약수를 공약수라고 합니다.

8의 약수	1, 2, 4, 8
12의 약수	1, 2, 3, 4, 6, 12

➡ 8과 12의 공약수는 1, 2, 4입니다.

- 공약수 중에서 가장 큰(=최대) 수를 최대공약수라고 합니다.

➡ 8과 12의 최대공약수는 4입니다.

2 공약수와 최대공약수의 성질

(1) 1은 모든 수의 약수이므로 두 수의 공약수에는 1이 항상 포함됩니다.

(2) 가장 작은 공약수는 항상 1이므로 최소공약수는 1입니다.

(3) 두 수의 공약수는 두 수의 최대공약수의 약수입니다.

➡ 8과 12의 공약수 1, 2, 4는 8과 12의 최대공약수 4의 약수입니다.

3 공배수와 최소공배수

- 두 수의 공통된 배수를 공배수라고 합니다.

2의 배수	2, 4, 6, 8, 10, 12, 14, 16, 18, …
3의 배수	3, 6, 9, 12, 15, 18, …

➡ 2와 3의 공배수는 6, 12, 18, …입니다.

- 공배수 중에서 가장 작은(=최소) 수를 최소공배수라고 합니다.

➡ 2와 3의 최소공배수는 6입니다.

4 공배수와 최소공배수의 성질

(1) 두 수의 공배수는 셀 수 없이 많습니다.

(2) 두 수의 공배수는 한없이 커지므로 최대공배수는 구할 수 없습니다.

(3) 두 수의 공배수는 두 수의 최소공배수의 배수입니다.

➡ 2와 3의 공배수 6, 12, 18, …은 2와 3의 최소공배수 6의 배수입니다.

깊은생각

● 약수를 이용하여 최대공약수 구하기

| 두 수의 약수 구하기 | ➡ | 공통된 약수 구하기 | ➡ | 공통된 약수 중에서 가장 큰 수 구하기 |

● 배수를 이용하여 최소공배수 구하기

| 두 수의 배수 구하기 | ➡ | 공통된 배수 구하기 | ➡ | 공통된 배수 중에서 가장 작은 수 구하기 |

(옆단)

1 ■의 약수도 되고 ●의 약수도 되는 수 중에서 가장 큰 수가 ■과 ●의 최대공약수입니다.

1

8의 약수   12의 약수

8   1 2 4   3 6 12

공약수   최대공약수
(색칠된 부분)

3

2의 배수   3의 배수

2 4 8 10 ⋮   6 12 ⋮   3 9 15 18 ⋮

공배수   최소공배수
(색칠된 부분)

∨ 최소공배수를 최대공배수로 기억하는 학생들이 있습니다. 최대공배수는 무한대로 가기 때문에 구할 수가 없습니다.

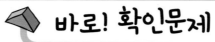

바로! 확인문제

정답/풀이 → 5쪽

1 4와 8의 공약수와 최대공약수를 구하려고 합니다.

> • 4의 약수 : 1, 2, 4
> • 8의 약수 : 1, 2, 4, 8

(1) 4와 8의 공약수는 무엇입니까?　　　　　(　　　　　　　　)

(2) 4와 8의 최대공약수는 무엇입니까?　　　　(　　　　　　　　)

2 15와 20의 약수를 각각 구하고, 공약수와 최대공약수를 구하시오.

(1) 15의 약수 :　　　　　(　　　　　　　　)

(2) 20의 약수 :　　　　　(　　　　　　　　)

(3) 15와 20의 공약수 :　　　　(　　　　　　　　)

(4) 15와 20의 최대공약수 :　(　　　　　　　　)

3 3과 4의 공배수와 최소공배수를 구하려고 합니다.

> • 3의 배수 : 3, 6, 9, 12, 15, 18, 21, 24, …
> • 4의 배수 : 4, 8, 12, 16, 20, 24, …

(1) 3과 4의 공배수는 무엇입니까?　　　　(　　　　　　　　)

(2) 3과 4의 최소공배수는 무엇입니까?　　(　　　　　　　　)

4 6과 9의 배수를 각각 6개 이상 구하고, 공배수와 최소공배수를 구하시오.

(1) 6의 배수 :　　　　　(　　　　　　　　)

(2) 9의 배수 :　　　　　(　　　　　　　　)

(3) 6과 9의 공배수 :　　　　(　　　　　　　　)

(4) 6과 9의 최소공배수 :　　(　　　　　　　　)

1 12와 18의 약수를 나타낸 그림입니다.

(1) 12와 18의 공통된 약수는 무엇입니까?

( )

(2) 12와 18의 공통된 약수 중에서 가장 큰 수는 무엇입니까?

( )

12의 약수   18의 약수

4 12 | 1 2 3 6 | 9 18

2 12와 30의 공약수와 최대공약수를 구하려고 합니다.

(1) ☐ 안에 알맞은 수를 써넣으시오.

- 12의 약수 : 1, ☐, ☐, ☐, ☐, ☐
- 30의 약수 : 1, ☐, ☐, ☐, ☐, ☐, ☐, ☐

(2) 12와 30의 공약수를 모두 구하시오. ( )

(3) 12와 30의 최대공약수를 구하시오. ( )

3 8과 12의 배수를 나타낸 그림입니다.

(1) 8과 12의 공통된 배수는 무엇입니까?

( )

(2) 8과 12의 공통된 배수 중에서 가장 작은 수는 무엇입니까?

( )

8의 배수   12의 배수

8 16 | 24 48 | 12 36
32 40   60 72
   ...   .

4 6과 8의 공배수와 최소공배수를 구하려고 합니다.

(1) 빈 칸에 알맞은 수를 써넣으시오.

6의 배수							···
8의 배수							···

(2) 6과 8의 공배수를 구하시오. ( )

(3) 6과 8의 최소공배수를 구하시오. ( )

5 다음 두 수의 공약수와 최대공약수를 구하시오.

(1) | 9 | 15 |

공약수 : _____

최대공약수 : _____

(2) | 18 | 24 |

공약수 : _____

최대공약수 : _____

6 두 수의 최소공배수를 찾아 선을 그어 연결하시오.

(1) | 3 | 5 | •   • | 60 |

(2) | 8 | 12 | •   • | 15 |

(3) | 15 | 20 | •   • | 24 |

7 다음 물음에 답하시오.

(1) 12와 18의 공통된 약수는 무엇입니까?

( )

(2) 15와 21을 어떤 수로 나누면 두 수 모두 나누어떨어집니다. 어떤 수 중에서 가장 큰 수는 무엇입니까?

( )

(3) 어떤 두 수의 최대공약수가 21일 때, 두 수의 공약수를 모두 구하시오.

( )

8 다음 물음에 답하시오.

(1) 12의 배수도 되고 18의 배수도 되는 수를 가장 작은 수부터 차례대로 3개 쓰시오.

( )

(2) 8과 20의 공배수 중에서 두 번째로 작은 수는 무엇입니까?

( )

(3) 어떤 두 수의 최소공배수가 32일 때, 두 수의 공배수 중에서 가장 큰 두 자리 수는 얼마입니까?

( )

최대공약수 구하는 방법

1 곱셈식에서 공통 수 찾기

방법1 두 수의 곱으로 나타낸 곱셈식 이용하기

공통으로 들어 있는 수 중에서 가장 큰 수를 찾습니다.

8의 곱셈식	$8=1\times8,\ 8=2\times4$
12의 곱셈식	$12=1\times12,\ 12=2\times6,\ 12=3\times4$

➡ 공통으로 들어 있는 수는 1, 2, 4입니다.

➡ 가장 큰 수가 4이므로 8과 12의 최대공약수는 4입니다.

방법2 여러 수의 곱으로 나타낸 곱셈식 이용하기

공통으로 들어 있는 곱셈식을 찾습니다.

8의 곱셈식	$8=2\times2\times2$
12의 곱셈식	$12=2\times2\times3$

➡ 공통으로 들어 있는 곱셈식이 2×2이므로 8과 12의 최대공약수는 4입니다.

2 공약수로 계속 나누기

$$)\ 12\quad 18$$

⬇

12와 18의 공약수 → $2\ )\ 12\quad 18$
$6\quad\ \ 9$

⬇

$2\ )\ 12\quad 18$
6과 9의 공약수 → $3\ )\ \ \ 6\quad\ \ 9$
$2\quad\ \ 3$

⬇

$2\ )\ 12\quad 18$
$3\ )\ \ \ 6\quad\ \ 9$
$\boxed{2\quad\ \ 3}$ → 1 이외의 공약수가 없습니다.

$2\times3=6$ ➡ 12와 18의 최대공약수

⑴ 12와 18의 공약수 2로 12와 18을 나누고 몫을 밑에 씁니다.

⑵ 6과 9의 공약수 3으로 6과 9를 나누고 몫을 밑에 씁니다.

⑶ 나눈 공약수 2와 3의 곱이 최대공약수가 됩니다.

---

1 ⑴ 공통으로 들어 있는 수 1, 2, 4는 공약수입니다.

⑵ 방법 2는 수가 커서 두 수의 곱으로 계산하기 어려울 때 이용하면 편리합니다.

2 두 수를 공약수로 나눌 때 공약수 1은 제외합니다. 공약수 1로 나누면 처음 두 수가 그대로 나오기 때문입니다.

2　$2\ )\ 12\quad 18$
$3\ )\ \ \ 6\quad\ \ 9$
곱하기　$2\quad\ \ 3$

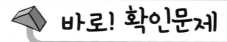
1 두 수의 곱으로 나타낸 곱셈식을 이용하여 두 수의 최대공약수를 구하시오.

(1)
| $15=1\times15$
 $15=3\times5$ | $20=1\times20$
 $20=2\times10$
 $20=4\times5$ |

15와 20의 공약수　　　:＿＿＿＿＿＿

15와 20의 최대공약수 :＿＿＿＿＿＿

(2)
| $12=1\times12$
 $12=2\times6$
 $12=3\times4$ | $16=1\times16$
 $16=2\times8$
 $16=4\times4$ |

12와 16의 공약수　　　:＿＿＿＿＿＿

12와 16의 최대공약수 :＿＿＿＿＿＿

2 두 수의 최대공약수를 구하려고 합니다. ☐ 안에 알맞은 수를 써넣으시오.

(1) $4=2\times2,\ 6=2\times3$

최대공약수 : ☐

(2) $4=2\times2,\ 12=2\times2\times3$

최대공약수 : ☐ × ☐

(3) $12=2\times2\times3,\ 30=2\times3\times5$

최대공약수 : ☐ × ☐

(4) $20=2\times2\times5,\ 30=2\times3\times5$

최대공약수 : ☐ × ☐

3 두 수의 최대공약수를 구하려고 합니다. ☐ 안에 알맞은 수를 써넣으시오.

(1)
☐) 6　9
　　☐　3

최대공약수 : ☐

(2)
☐) 6　14
　　3　☐

최대공약수 : ☐

(3)
☐) 24　42
☐) ☐　21
　　4　☐

최대공약수 : ☐ × ☐

(4)
☐) 27　36
☐) 9　☐
　　☐　4

최대공약수 : ☐ × ☐

최소공배수 구하는 방법

1 곱셈식에서 공통 수 찾기

방법1 두 수의 곱으로 나타낸 곱셈식 이용하기

공통으로 들어 있는 가장 큰 수와 나머지 수를 곱합니다.

8의 곱셈식	$8=1\times8,\ 8=2\times4$
12의 곱셈식	$12=1\times12,\ 12=2\times6,\ 12=3\times4$

➡ 공통으로 들어 있는 수는 1, 2, 4이고 가장 큰 수는 4입니다.

➡ 나머지 수는 2와 3이므로 8과 12의 최소공배수는 $4\times2\times3$입니다.

방법2 여러 수의 곱으로 나타낸 곱셈식 이용하기

공통으로 들어 있는 곱셈식과 나머지 수를 곱합니다.

8의 곱셈식	$8=2\times2\times2$
12의 곱셈식	$12=2\times2\times3$

➡ 공통으로 들어 있는 곱셈식은 2×2입니다.

➡ 나머지 수가 2와 3이므로 8과 12의 최소공배수는 $2\times2\times2\times3$입니다.

2 공약수로 계속 나누기

$$)\ \underline{12 \quad 18}$$

⬇

12와 18의 공약수 → $2\,)\ \underline{12 \quad 18}$
$\qquad\qquad\qquad\qquad 6 \qquad 9$

⬇

$2\,)\ \underline{12 \quad 18}$
6과 9의 공약수 → $3\,)\ \underline{6 \qquad 9}$
$\qquad\qquad\qquad\qquad 2 \qquad 3$

⬇

$2\,)\ \underline{12 \quad 18}$
$3\,)\ \underline{6 \qquad 9}$
$\boxed{2 \qquad 3}$ → 1 이외의 공약수가 없습니다.

$\boxed{2}\times\boxed{3}\times\boxed{2}\times\boxed{3}=36$ ➡ 12와 18의 최소공배수

(1) 12와 18의 공약수 2로 12와 18을 나누고 몫을 밑에 씁니다.

(2) 6과 9의 공약수 3으로 6과 9를 나누고 몫을 밑에 씁니다.

(3) 나눈 공약수 2, 3과 밑에 있는 몫의 곱이 최소공배수가 됩니다.

---

1 (1) 공통으로 들어 있는 수 1, 2, 4는 공약수입니다.

(2) 방법 2는 수가 커서 두 수의 곱으로 계산하기 어려울 때 이용하면 편리합니다.

2 12와 18의 공약수로 2로 나눈 다음 6과 9의 공약수 3으로 나누지 않고 12와 18의 최대공약수 6으로 한 번만 나누어 최소공배수를 구할 수 있습니다.

$6\,)\ \underline{12 \quad 18}$
$\qquad\ \ 2 \qquad 3$

따라서 최소공배수는 $6\times2\times3=36$입니다.

2 $2\,)\ \underline{12 \quad 18}$
$\ 3\,)\ \underline{6 \qquad 9}$
$\qquad\ \ 2 \qquad 3$
곱하기

바로! 확인문제

1 두 수의 곱으로 나타낸 곱셈식을 이용하여 두 수의 최소공배수를 구하시오.

(1)

$15=1\times15$	$20=1\times20$
$15=3\times5$	$20=2\times10$
	$20=4\times5$

15와 20의 최소공배수 : _____

(2)

$12=1\times12$	$16=1\times16$
$12=2\times6$	$16=2\times8$
$12=3\times4$	$16=4\times4$

12와 16의 최소공배수 : _____

2 두 수의 최소공배수를 구하려고 합니다. ⬚ 안에 알맞은 수를 써넣으시오.

(1) $4=2\times2,\ 6=2\times3$

최소공배수 : ⬚×⬚×⬚

(2) $4=2\times2,\ 12=2\times2\times3$

최소공배수 : ⬚×⬚×⬚

(3) $12=2\times2\times3,\ 30=2\times3\times5$

최소공배수 : ⬚×⬚×⬚×⬚

(4) $20=2\times2\times5,\ 30=2\times3\times5$

최소공배수 : ⬚×⬚×⬚×⬚

3 두 수의 최소공배수를 구하려고 합니다. ⬚ 안에 알맞은 수를 써넣으시오.

(1)
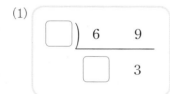

최소공배수 : ⬚×⬚×⬚

(2)

⬚) 6   15
      2   ⬚

최소공배수 : ⬚×⬚×⬚

(3)
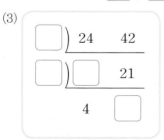

최소공배수 : ⬚×⬚×⬚×⬚

(4)
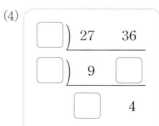

최소공배수 : ⬚×⬚×⬚×⬚

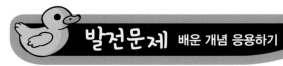

1 두 수의 공약수와 최대공약수를 구하려고 합니다. ☐ 안에 알맞은 수를 써넣으시오.

(1)

9의 약수 : ☐ , ☐ , ☐

15의 약수 : ☐ , ☐ , ☐ , ☐

공약수 : ☐ , ☐

최대공약수 : ☐

(2)

14의 약수 : ☐ , ☐ , ☐ , ☐

21의 약수 : ☐ , ☐ , ☐ , ☐

공약수 : ☐ , ☐

최대공약수 : ☐

2 다음 물음에 답하시오.

(1) 어떤 두 수의 최대공약수가 16일 때, 두 수의 공약수를 모두 쓰시오.

( )

(2) 27과 어떤 수의 최대공약수가 9일 때, 27과 어떤 수의 공약수는 모두 몇 개입니까?

( )개

3 두 수의 공배수와 최소공배수를 구하려고 합니다. ☐ 안에 알맞은 수를 써넣으시오.

(1)

3의 배수 : ☐ , ☐ , ☐ , ☐ , …

6의 배수 : ☐ , ☐ , ☐ , ☐ , …

공배수 : ☐ , ☐ , …

최소공배수 : ☐

(2)

6의 배수 : ☐ , ☐ , ☐ , ☐ , …

9의 배수 : ☐ , ☐ , ☐ , ☐ , …

공배수 : ☐ , …

최소공배수 : ☐

4 다음 물음에 답하시오.

(1) 어떤 두 수의 최소공배수는 36입니다. 두 수의 공배수 중에서 가장 작은 세 자리 수를 구하시오.

( )

(2) 9와 어떤 수의 최소공배수가 27일 때, 9와 어떤 수의 공배수를 가장 작은 수부터 차례대로 3개 쓰시오.

( )

5 두 수의 최대공약수를 구하시오.

(1)

$15 = 1 \times 15$　$20 = 1 \times 20$
$15 = 3 \times 5$　$20 = 2 \times 10$
　　　　　　$20 = 4 \times 5$

15와 20의 최대공약수 : ☐

(2)

$12 = 1 \times 12$　$20 = 1 \times 20$
$12 = 2 \times 6$　$20 = 2 \times 10$
$12 = 3 \times 4$　$20 = 4 \times 5$

12와 20의 최대공약수 : ☐

6 두 수의 최대공약수를 구하기 위한 여러 수의 곱셈식을 쓰고 최대공약수를 구하시오.

(1) $8 = ☐ \times ☐ \times ☐$

$20 = ☐ \times ☐ \times ☐$

8과 20의 최대공약수 : ☐

(2) $24 = ☐ \times ☐ \times ☐ \times ☐$

$30 = ☐ \times ☐ \times ☐$

24와 30의 최대공약수 : ☐

7 두 수의 최소공배수를 구하시오.

(1)

$8 = 1 \times 8$　$12 = 1 \times 12$
$8 = 2 \times 4$　$12 = 2 \times 6$
　　　　　$12 = 3 \times 4$

8와 12의 최소공배수 :
☐ $\times$ ☐ $\times$ ☐

(2)

$15 = 1 \times 15$　$20 = 1 \times 20$
$15 = 3 \times 5$　$20 = 2 \times 10$
　　　　　　$20 = 4 \times 5$

15와 20의 최소공배수 :
☐ $\times$ ☐ $\times$ ☐

8 두 수의 최소공배수를 구하기 위한 여러 수의 곱셈식을 쓰고 최소공배수를 구하시오.

(1) $8 = ☐ \times ☐ \times ☐$

$12 = ☐ \times ☐ \times ☐$

8과 12의 최소공배수 :
☐ $\times$ ☐ $\times$ ☐ $\times$ ☐

(2) $18 = ☐ \times ☐ \times ☐$

$24 = ☐ \times ☐ \times ☐ \times ☐$

18과 24의 최소공배수 :
☐ $\times$ ☐ $\times$ ☐ $\times$ ☐ $\times$ ☐

9 두 수의 최대공약수를 구하려고 합니다. ☐ 안에 알맞은 수를 써넣으시오.

(1)
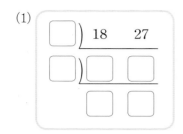

18   27

최대공약수 : ☐ × ☐

(2)
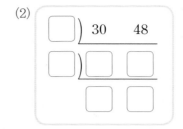

30   48

최대공약수 : ☐ × ☐

(3)
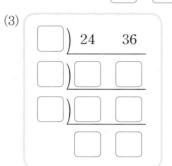

24   36

최대공약수 : ☐ × ☐ × ☐

(4)
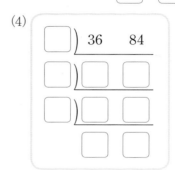

36   84

최대공약수 : ☐ × ☐ × ☐

10 두 수의 최소공배수를 구하려고 합니다. ☐ 안에 알맞은 수를 써넣으시오.

(1)
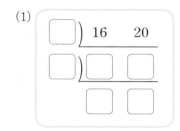

16   20

최소공배수 : ☐ × ☐ × ☐ × ☐

(2)
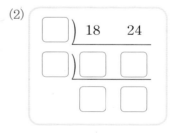

18   24

최소공배수 : ☐ × ☐ × ☐ × ☐

(3)
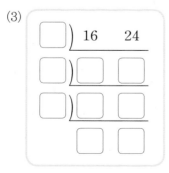

16   24

최소공배수 :

☐ × ☐ × ☐ × ☐ × ☐

(4)
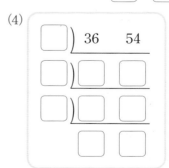

36   54

최소공배수 :
☐ × ☐ × ☐ × ☐ × ☐

서술형

11 100을 나누어떨어지게 하는 수 중에서 10의 배수는 모두 몇 개인지 구하시오.

정답 ○ _____ 개

풀이 과정 ○ _____

_____

서술형

12 20을 어떤 수로 나누면 나머지가 2이고, 25를 어떤 수로 나누면 나머지가 1입니다. 어떤 수를 모두 구하시오.

> • $20 \div \square =$ (몫) $\cdots$ 2
> • $25 \div \square =$ (몫) $\cdots$ 1

정답 ○ _____

풀이 과정 ○ _____

_____

서술형

13 다음 조건을 모두 만족하는 어떤 수를 구하시오.

> • 63과 어떤 수의 최대공약수는 9입니다.
> • 63과 어떤 수의 최소공배수는 189입니다.

정답 ○ _____

풀이 과정 ○ _____

_____

크기가 같은 분수

1 그림을 이용하여 크기가 같은 분수 알아보기

- $\frac{1}{3}$: 전체를 똑같이 3으로 나눈 것 중의 1

하나를 3등분한 것 중의 1개

$$\Rightarrow \quad \Rightarrow \quad \boxed{\frac{1}{3}}$$

3등분

- $\frac{2}{6}$: 전체를 똑같이 6으로 나눈 것 중의 2

하나를 6등분한 것 중의 2개

$$\Rightarrow \quad \Rightarrow$$

6등분

$$\frac{1}{6} + \frac{1}{6} = \frac{2}{6}$$

➡ $\frac{1}{3} \boxed{=} \frac{2}{6}$

2 수직선을 이용하여 크기가 같은 분수 알아보기

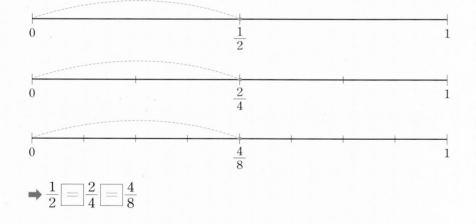

➡ $\frac{1}{2} \boxed{=} \frac{2}{4} \boxed{=} \frac{4}{8}$

☑ $\frac{1}{1}$과 같은 분수도 있을까요?

$$\frac{1}{1} = \frac{2}{2} = \frac{4}{4}$$

☑ $\frac{1}{2} = \frac{2}{4} = \frac{3}{6}$

피자 한 판을 2등분한 다음 한 조각을 먹는 것과 피자 한 판을 4등분한 다음 두 조각을 먹는 것은 같은 양의 피자를 먹는 것입니다. 이것은 피자 한 판을 6등분한 다음 세 조각을 먹는 것과 같습니다.

☑ 크기가 같은 분수는 무수히 많습니다.

$$\frac{1}{2} = \frac{2}{4} = \frac{3}{6} = \frac{4}{8} = \frac{5}{10}$$
$$= \frac{6}{12} = \frac{7}{14} = \frac{8}{16}$$
$$= \cdots$$

깊은생각

- 분모와 분자에 각각 0이 아닌 같은 수를 곱하면 같은 크기의 분수가 됩니다.

$$\frac{1}{2} = \frac{1 \times 2}{2 \times 2} = \frac{2}{4} = \frac{1 \times 3}{2 \times 3} = \frac{3}{6} = \frac{1 \times 4}{2 \times 4} = \frac{4}{8}$$

- 분모와 분자를 각각 0이 아닌 같은 수로 나누면 같은 크기의 분수가 됩니다.

$$\frac{4}{8} = \frac{4 \div 2}{8 \div 2} = \frac{2}{4} = \frac{4 \div 4}{8 \div 4} = \frac{1}{2}$$

바로! 확인문제

1 ☐ 안에 알맞은 수를 써넣으시오.

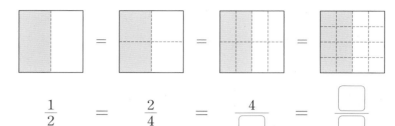

$$\frac{1}{2} \;=\; \frac{2}{4} \;=\; \frac{4}{\boxed{}} \;=\; \frac{\boxed{}}{\boxed{}}$$

2 오른쪽 그림에 색칠하고, ☐ 안에 알맞은 수를 써넣으시오.

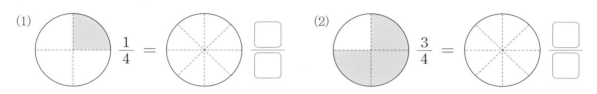

(1) $\dfrac{1}{4} = \dfrac{\boxed{}}{\boxed{}}$

(2) $\dfrac{3}{4} = \dfrac{\boxed{}}{\boxed{}}$

3 ☐ 안에 알맞은 수를 써넣으시오.

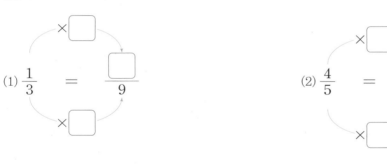

(1) $\dfrac{1}{3} = \dfrac{\boxed{}}{9}$ ×☐ ×☐

(2) $\dfrac{4}{5} = \dfrac{8}{\boxed{}}$ ×☐ ×☐

(3) $\dfrac{3}{6} = \dfrac{1}{\boxed{}}$ ÷☐ ÷☐

(4) $\dfrac{9}{12} = \dfrac{3}{\boxed{}}$ ÷☐ ÷☐

4 ☐ 안에 알맞은 수를 써넣으시오.

(1) $\dfrac{4}{7} = \dfrac{4 \times 2}{7 \times 2} = \dfrac{\boxed{}}{\boxed{}}$

(2) $\dfrac{18}{27} = \dfrac{18 \div 9}{27 \div 9} = \dfrac{\boxed{}}{\boxed{}}$

1 오른쪽 그림에 색칠하고, ☐ 안에 알맞은 수를 써 넣으시오.

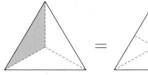

(1)

$$\frac{1}{3} = \frac{\boxed{}}{\boxed{}}$$

 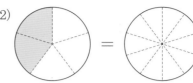

(2)

$$\frac{2}{5} = \frac{\boxed{}}{\boxed{}}$$

2 오른쪽 그림에 주어진 분수만큼 색칠하고, ◯ 안에 >, =, < 중에서 알맞은 것을 써넣으시오.

(1)

$$\frac{3}{7} \quad \bigcirc \quad \frac{6}{14}$$

(2)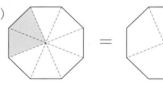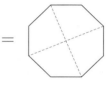

$$\frac{2}{8} \quad \bigcirc \quad \frac{1}{4}$$

3 ☐ 안에 알맞은 수를 써넣고, 등호가 성립하도록 그림에 색칠하시오.

(1) $\dfrac{\boxed{}}{\boxed{}} =$ 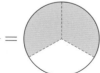 $=$  $=$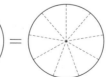

(2) $\dfrac{\boxed{}}{\boxed{}} =$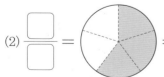

4 두 수직선에 나타낸 분수의 크기를 비교하려고 합니다. ☐ 안에 알맞은 수를, ◯ 안에 >, =, < 중에서 알맞은 것을 써넣으시오.

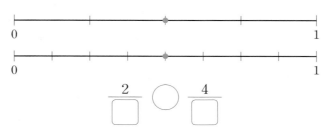

$$\dfrac{2}{\boxed{}} \bigcirc \dfrac{4}{\boxed{}}$$

5 같은 크기의 분수를 만들기 위해 분자와 분모에 각각 어떤 수를 곱하고, 분자와 분모를 각각 어떤 수로 나누었는지 구하시오.

(1) $\dfrac{1}{6} = \dfrac{1 \times 2}{6 \times 2} = \dfrac{2}{12}$ (   )

(2) $\dfrac{12}{16} = \dfrac{12 \div 4}{16 \div 4} = \dfrac{3}{4}$ (   )

6 ☐ 안에 알맞은 수를 써넣으시오.

(1) $\dfrac{1}{5} = \dfrac{6}{\boxed{}}$

(2) $\dfrac{3}{7} = \dfrac{\boxed{}}{14}$

(3) $\dfrac{16}{20} = \dfrac{\boxed{}}{5}$

(4) $\dfrac{21}{27} = \dfrac{7}{\boxed{}}$

발전문제 배운 개념 응용하기

1 그림을 보고, ☐ 안에 알맞은 수를 써넣으시오.

(1)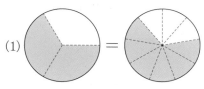

$$\frac{2}{\Box} = \frac{6}{\Box}$$

(2)

$$\frac{4}{12} = \frac{1}{\Box}$$

2 수직선에 $\frac{8}{12}$ 지점과 $\frac{2}{3}$ 지점을 표시하고, ◯ 안에 >, =, < 중에서 알맞은 것을 써넣으시오.

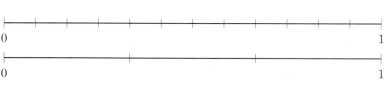

$$\frac{8}{12} \bigcirc \frac{2}{3}$$

3 두 분수가 같은 분수이면 ◯표, 다른 분수이면 ×표 하시오.

(1)
$$\frac{2}{8} \quad \frac{4}{16}$$
( )

(2)
$$\frac{12}{16} \quad \frac{2}{3}$$
( )

4 분모와 분자에 각각 0이 아닌 같은 수를 곱하여 크기가 같은 분수를 만들려고 합니다. ☐ 안에 알맞은 수를 써넣으시오.

(1) $\dfrac{1}{2} = \dfrac{1 \times 3}{2 \times \boxed{}} = \dfrac{\boxed{}}{\boxed{}}$

(2) $\dfrac{\boxed{}}{3} = \dfrac{\boxed{} \times 5}{3 \times 5} = \dfrac{10}{\boxed{}}$

(3) $\dfrac{3}{6} = \dfrac{3 \times \boxed{}}{6 \times \boxed{}} = \dfrac{12}{\boxed{}}$

(4) $\dfrac{4}{\boxed{}} = \dfrac{4 \times 7}{\boxed{} \times 7} = \dfrac{\boxed{}}{35}$

5 분모와 분자를 각각 0이 아닌 같은 수로 나누어 크기가 같은 분수를 만들려고 합니다. ☐ 안에 알맞은 수를 써넣으시오.

(1) $\dfrac{4}{8} = \dfrac{4 \div 2}{8 \div \boxed{}} = \dfrac{\boxed{}}{\boxed{}}$

(2) $\dfrac{\boxed{}}{14} = \dfrac{\boxed{} \div 2}{14 \div 2} = \dfrac{4}{\boxed{}}$

(3) $\dfrac{15}{20} = \dfrac{15 \div \boxed{}}{20 \div \boxed{}} = \dfrac{3}{\boxed{}}$

(4) $\dfrac{22}{\boxed{}} = \dfrac{22 \div 11}{\boxed{} \div 11} = \dfrac{\boxed{}}{3}$

6 ☐ 안에 알맞은 수를 써넣으시오.

(1) $\dfrac{2}{6} = \dfrac{\boxed{}}{12} = \dfrac{6}{\boxed{}} = \dfrac{\boxed{}}{24} = \dfrac{10}{\boxed{}}$

(2) $\dfrac{48}{64} = \dfrac{24}{\boxed{}} = \dfrac{\boxed{}}{16} = \dfrac{6}{\boxed{}} = \dfrac{\boxed{}}{4}$

7 크기가 같은 분수끼리 선을 그어 연결하시오.

$\dfrac{2}{5}$ •   • $\dfrac{12}{14}$

$\dfrac{9}{18}$ •   • $\dfrac{3}{9}$

$\dfrac{4}{12}$ •   • $\dfrac{4}{10}$

$\dfrac{6}{7}$ •   • $\dfrac{1}{2}$

8 □ 안에 들어갈 알맞은 수를 구하시오.

> • 전체를 똑같이 8로 나눈 것 중의 1은 전체를 똑같이 24로 나눈 것 중의 □과 같습니다.

(   )

9 서정, 서진, 동찬이가 음료수 한 병을 각각 다음과 같이 마셨습니다. 세 사람 중에서 가장 적게 마신 사람은 누구입니까?

$\dfrac{7}{12}$ $\dfrac{3}{4}$ $\dfrac{1}{3}$

서정   서진   동찬

(   )

서술형

10 크기가 같은 두 분수를 찾아 쓰고, 그 이유를 적으시오.

$$\frac{2}{4} \qquad \frac{3}{8} \qquad \frac{4}{9} \qquad \frac{6}{16} \qquad \frac{9}{16}$$

정답 ○ _____

이유 ○ _____

_____

서술형

11 다음 조건을 모두 만족하는 분수를 구하시오.

- $\frac{4}{6}$와 크기가 같습니다.
- 분자와 분모의 합이 30입니다.

정답 ○ _____

풀이 과정 ○ _____

_____

서술형

12 ☐ 안에 들어갈 수 있는 자연수를 모두 구하시오.

$$\frac{\square}{5} < \frac{9}{15}$$

정답 ○ _____

풀이 과정 ○ _____

_____

약분과 기약분수

1 약분

- 분모와 분자를 공약수(＝공통된 약수)로 나누어 간단한 분수로 만드는 것을 약분한다고 합니다.
- $\dfrac{8}{12}$ 을 약분하기

  (1) 분모와 분자의 공약수를 구합니다.

  > 8의 약수 : 1, 2, 4, 8
  > 12의 약수 : 1, 2, 3, 4, 6, 12

  ➡ 8과 12의 공약수는 1, 2, 4입니다.

  (2) 1을 제외한 공약수로 분모와 분자를 나눕니다.

  $$\frac{8}{12}=\frac{8\div2}{12\div2}=\frac{\overset{4}{8}}{\underset{6}{12}}=\frac{4}{6} \qquad \frac{8}{12}=\frac{8\div4}{12\div4}=\frac{\overset{2}{8}}{\underset{3}{12}}=\frac{2}{3}$$

2 기약분수

- 분모와 분자의 공약수가 1뿐인 수를 기약분수라고 합니다.
- $\dfrac{8}{12}$ 의 기약분수 구하기

  방법1 분모와 분자의 공약수로 더 이상 나누어지지 않을 때까지 나눕니다.

  $$\frac{\overset{4}{\underset{6}{8}}}{\underset{}{12}}=\frac{\overset{2}{4}}{\underset{3}{6}}=\frac{2}{3} \qquad \text{(8과 12의 공약수 2로,}$$
  $$\text{4와 6의 공약수 2로 나누기)}$$

  방법2 분모와 분자의 최대공약수로 나눕니다.

  $$\frac{\overset{2}{8}}{\underset{3}{12}}=\frac{2}{3} \qquad \text{(8과 12의 최대공약수 4로 1번 나누기)}$$

---

1 (1) 어떤 분수를 약분한 분수들은 크기가 같습니다.

(2) 분모와 분자를 1로 나누면 모두 자기 자신이 되므로 약분할 때 1로 나누는 경우는 생각하지 않습니다.

(3) 약분의 표시로 /를 사용하고 공약수로 나눈 몫을 분모와 분자의 위, 아래에 작게 씁니다.

(4) 두 수의 곱을 이용하여 약분하기

$$\frac{8}{12}=\frac{2\times4}{2\times6}=\frac{4}{6}$$

$$\frac{8}{12}=\frac{4\times2}{4\times3}=\frac{2}{3}$$

2 분모와 분자의 공약수가 1뿐이라는 말은 더 이상 약분할 수 없는 분수를 말합니다.

$\dfrac{4}{8}$: 약분 가능

　→ 기약분수 ✕

$\dfrac{1}{2}$: 약분 불가능

　→ 기약분수 ○

깊은생각

● 문제를 풀고 답을 구할 때, 기약분수로 나타내지 않아서 틀리는 경우가 있습니다. 다음 문장은 모두 같은 의미를 갖고 있습니다.

❶ 가장 간단한 분수로 나타내시오.

❷ 분모와 분자의 공약수가 1뿐인 분수로 나타내시오.

❸ 기약분수로 나타내시오.

❹ 분모와 분자가 더 이상 약분되지 않는 분수로 나타내시오.

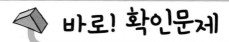

1 12와 20의 공약수와 최대공약수를 구하려고 합니다.

(1) ☐ 안에 알맞은 수를 써넣으시오.

> • 12의 약수 : 1, ☐, ☐, ☐, ☐, ☐
>
> • 20의 약수 : 1, ☐, ☐, ☐, ☐, ☐

(2) 12와 20의 공약수를 모두 구하시오. (　　　　　　　　　)

(3) 12와 20의 최대공약수를 구하시오. (　　　　　　　　　)

2 $\dfrac{18}{27}$ 을 약분하려고 합니다. ☐ 안에 알맞은 수를 써넣으시오.

(1) 분모와 분자의 공약수 ☐ 으로 분모와 분자를 나눕니다.

$$\frac{18}{27} = \frac{18 \div \boxed{}}{27 \div 3} = \frac{\boxed{}}{9}$$

(2) 분모와 분자의 공약수 ☐ 로 분모와 분자를 나눕니다.

$$\frac{18}{27} = \frac{18 \div 9}{27 \div \boxed{}} = \frac{2}{\boxed{}}$$

3 $\dfrac{20}{30}$ 을 약분하려고 합니다. ☐ 안에 알맞은 수를 써넣으시오.

> 분모와 분자의 최대공약수 ☐ 으로 분모와 분자를 나눕니다.
>
> $$\frac{20}{30} = \frac{20 \div \boxed{}}{30 \div \boxed{}} = \frac{\boxed{}}{\boxed{}}$$

4 분모와 분자의 공약수가 1뿐이면 ○표, 아니면 ✕표 하시오.

(1) $\dfrac{2}{3}$ (　　　　　)　　　　　　　　(2) $\dfrac{2}{4}$ (　　　　　)

(3) $\dfrac{3}{5}$ (　　　　　)　　　　　　　　(4) $\dfrac{6}{8}$ (　　　　　)

1 다음은 분수를 약분하는 과정입니다. 약분한 수를 쓰시오.

(1) $\dfrac{2}{4} = \dfrac{2 \div 2}{4 \div 2} = \dfrac{1}{2}$ 약분한 수 : (   )

(2) $\dfrac{12}{16} = \dfrac{12 \div 2}{16 \div 2} = \dfrac{6}{8}$ 약분한 수 : (   )

  $\dfrac{12}{16} = \dfrac{12 \div 4}{16 \div 4} = \dfrac{3}{4}$ 약분한 수 : (   )

2 분수를 약분하려고 합니다. 필요한 공약수를 구하시오.

(1) $\dfrac{6}{10}$ ➡ 6과 10의 공약수 : 1, ☐

(2) $\dfrac{12}{28}$ ➡ 12와 28의 공약수 : 1, ☐ , ☐

(3) $\dfrac{16}{24}$ ➡ 16과 24의 공약수 : 1, ☐ , ☐ , ☐

3 $\dfrac{12}{18}$ 를 약분하려고 합니다. ☐ 안에 알맞은 수를 써넣으시오.

(1) 12와 18의 공약수는 1, ☐ , ☐ , ☐ 입니다.

(2) $\dfrac{12}{18} = \dfrac{12 \div ☐}{18 \div 2} = \dfrac{☐}{☐}$, $\dfrac{12}{18} = \dfrac{12 \div 3}{18 \div ☐} = \dfrac{☐}{☐}$, $\dfrac{12}{18} = \dfrac{12 \div ☐}{18 \div ☐} = \dfrac{☐}{☐}$

4 약분한 분수를 모두 쓰시오.

(1) $\dfrac{6}{8}$ (   )   (2) $\dfrac{16}{24}$ (   )

(3) $\dfrac{24}{32}$ (   )   (4) $\dfrac{24}{40}$ (   )

5 기약분수는 ○표, 기약분수가 아닌 것은 ×표 하시오.

$$\frac{4}{7} \qquad \frac{8}{10} \qquad \frac{7}{12} \qquad \frac{10}{15} \qquad \frac{13}{22} \qquad \frac{18}{27}$$

6 약분한 분수 중에서 기약분수를 찾아 ○표 하시오.

(1) $\frac{6}{30} = \left(\dfrac{3}{15}, \ \dfrac{2}{10}, \ \dfrac{1}{5} \right)$ 　　　　(2) $\frac{18}{30} = \left(\dfrac{9}{15}, \ \dfrac{6}{10}, \ \dfrac{3}{5} \right)$

(3) $\frac{20}{40} = \left(\dfrac{10}{20}, \ \dfrac{5}{10}, \ \dfrac{4}{8}, \ \dfrac{2}{4}, \ \dfrac{1}{2} \right)$ 　　(4) $\frac{30}{40} = \left(\dfrac{15}{20}, \ \dfrac{6}{8}, \ \dfrac{3}{4} \right)$

7 주어진 분수를 약분하여 기약분수로 만들려고 합니다. 어떤 수로 나누어야 합니까?

(1) $\frac{24}{32}$ (　　　　　　　) 　　　　(2) $\frac{28}{36}$ (　　　　　　　　)

(3) $\frac{36}{42}$ (　　　　　　　) 　　　　(4) $\frac{20}{52}$ (　　　　　　　　)

8 기약분수로 나타내시오.

(1) $\frac{14}{21}$ (　　　　　　　) 　　　　(2) $\frac{24}{36}$ (　　　　　　　　)

(3) $\frac{40}{48}$ (　　　　　　　) 　　　　(4) $\frac{40}{64}$ (　　　　　　　　)

1 약분하는 과정입니다. ☐ 안에 알맞은 수를 써넣으시오.

(1) $\dfrac{4}{32} = \dfrac{4 \div 2}{32 \div 2} = \dfrac{2}{16}$ ➡ $\dfrac{2}{16} = \dfrac{2 \div 2}{16 \div 2} = \dfrac{\boxed{}}{\boxed{}}$ ➡ $\dfrac{4}{32} = \dfrac{\boxed{}}{\boxed{}}$

(2) $\dfrac{10}{20} = \dfrac{10 \div 2}{20 \div 2} = \dfrac{\boxed{}}{\boxed{}}$ ➡ $\dfrac{\boxed{}}{\boxed{}} = \dfrac{\boxed{} \div 5}{\boxed{} \div 5} = \dfrac{\boxed{}}{\boxed{}}$ ➡ $\dfrac{10}{20} = \dfrac{\boxed{}}{\boxed{}}$

2 다음 수를 약분하려고 합니다. 분모와 분자를 나눌 수 있는 수를 모두 구하시오.

(1) $\dfrac{11}{33}$ (   )   (2) $\dfrac{36}{45}$ (   )

(3) $\dfrac{42}{36}$ (   )   (4) $\dfrac{12}{60}$ (   )

3 ☐ 안에 알맞은 수를 써넣어 크기가 같은 분수를 만드시오.

(1) $\dfrac{16}{36} = \dfrac{\boxed{}}{18} = \dfrac{4}{\boxed{}}$

(2) $\dfrac{48}{56} = \dfrac{\boxed{}}{28} = \dfrac{12}{\boxed{}} = \dfrac{\boxed{}}{7}$

4 크기가 같은 분수끼리 짝지어져 있으면 ○표, 그렇지 않으면 ×표 하시오.

(1) $\dfrac{2}{3}$ $\dfrac{8}{27}$ (   )   (2) $\dfrac{16}{20}$ $\dfrac{8}{10}$ (   )

(3) $\dfrac{5}{15}$ $\dfrac{8}{24}$ (   )   (4) $\dfrac{8}{28}$ $\dfrac{15}{35}$ (   )

정답/풀이 ➜ 15쪽

5 주어진 분수를 약분한 분수를 모두 쓰시오.

(1) $\dfrac{6}{9}$ (   )

(2) $\dfrac{8}{24}$ (   )

(3) $\dfrac{15}{30}$ (   )

(4) $\dfrac{18}{45}$ (   )

6 다음 물음에 답하시오.

(1) $\dfrac{45}{60}$ 를 어떤 수로 약분하였더니 $\dfrac{9}{12}$ 가 되었습니다. 어떤 수는 무엇입니까?

(   )

(2) $\dfrac{36}{78}$ 을 약분하여 나타낼 수 있는 분수 중에서 분모가 13인 분수는 무엇입니까?

(   )

7 다음 분수를 더 이상 약분할 수 없는 분수로 만들려면 어떤 수로 약분해야 하는지 구하시오.

(1) $\dfrac{12}{30}$ (   )

(2) $\dfrac{24}{54}$ (   )

(3) $\dfrac{42}{98}$ (   )

(4) $\dfrac{48}{80}$ (   )

8 다음 물음에 답하시오.

(1) 분모가 56인 진분수 중에서 약분하면 $\dfrac{6}{7}$ 이 되는 분수는 무엇입니까?

(   )

(2) 약분하면 $\dfrac{4}{13}$ 가 되는 분수 중에서 분모가 가장 큰 두 자리 수 분수는 무엇입니까?

(   )

9 기약분수로 나타낸 수가 다른 하나를 찾아 기호를 쓰시오.

$$\bigcirc \ \frac{21}{28} \qquad \bigcirc \ \frac{36}{48} \qquad \bigcirc \ \frac{42}{56} \qquad \textcircled{2} \ \frac{52}{56}$$

(   )

10 기약분수로 나타내시오.

(1) $\frac{24}{36}$ (   )   (2) $\frac{24}{40}$ (   )

(3) $\frac{28}{44}$ (   )   (4) $\frac{42}{70}$ (   )

11 다음 물음에 답하시오.

(1) 진분수 $\frac{\square}{12}$ 가 기약분수일 때, $\square$ 안에 들어갈 수 있는 수를 모두 구하시오.

(   )

(2) 분모가 18인 진분수 중에서 기약분수를 모두 구하시오.

(   )

12 다음 조건을 모두 만족하는 분수를 모두 구하시오.

> • 분모와 분자의 합이 16입니다.
> • 진분수이면서 기약분수입니다.

(   )

서술형

13 지윤, 은미, 호경이의 대화 중에서 틀린 말을 하는 사람을 찾고, 그 이유를 적으시오.

> 지윤 : $\dfrac{12}{20}$를 약분하려면 12와 20의 공약수를 찾아야 해.
>
> 은미 : 12와 20의 공약수는 1, 2, 4야.
>
> 호경 : 그럼 $\dfrac{12}{20}$의 기약분수는 $\dfrac{6}{10}$, $\dfrac{3}{5}$이야.

정답 ○ _____

풀이 과정 ○ _____

_____

서술형

14 다음 조건을 모두 만족하는 분수를 찾아, 분모와 분자의 합을 구하시오.

> • 분모와 분자의 공약수가 1뿐인 분수입니다.
>
> • $\dfrac{8}{28}$과 크기가 같은 분수입니다.
>
> • 분모와 분자 모두 10보다 크지 않은 수입니다.

정답 ○ _____

풀이 과정 ○ _____

_____

서술형

15 다음 수 카드 중 2장을 뽑아 만들 수 있는 진분수 중에서 기약분수는 모두 몇 개인지 구하시오.

$$\boxed{2} \quad \boxed{3} \quad \boxed{6} \quad \boxed{10}$$

정답 ○ _____ 개

풀이 과정 ○ _____

_____

통분과 공통분모

1 통분과 공통분모

- 분모가 같은 분수 구하기

$$\frac{1}{2}=\frac{2}{4}=\frac{3}{6}=\frac{4}{8}=\frac{5}{10}=\frac{6}{12}=\frac{7}{14}=\frac{8}{16}=\frac{9}{18}=\frac{10}{20}=\cdots$$

$$\frac{1}{3}=\frac{2}{6}=\frac{3}{9}=\frac{4}{12}=\frac{5}{15}=\frac{6}{18}=\frac{7}{21}=\cdots$$

➡ 분모가 같은 분수끼리 짝지으면

$$\left(\frac{1}{2},\ \frac{1}{3}\right) \Rightarrow \left(\frac{3}{6},\ \frac{2}{6}\right),\ \left(\frac{6}{12},\ \frac{4}{12}\right),\ \left(\frac{9}{18},\ \frac{6}{18}\right),\ \cdots$$

➡ 분모 6, 12, 18, …은 2와 3의 공배수입니다.

- 분수의 분모를 같게 하는 것을 통분한다고 하고 통분한 분모를 공통분모라고 합니다

➡ $\left(\frac{6}{12},\ \frac{4}{12}\right)$는 $\left(\frac{1}{2},\ \frac{1}{3}\right)$을 공통분모 12로 통분한 것입니다.

2 $\frac{3}{4}$과 $\frac{5}{6}$를 통분하는 방법

방법1 두 분모의 곱을 공통분모로 하여 통분합니다.

➡ 서로의 분모를 분모와 분자에 곱합니다.

$$\left(\frac{3}{4},\ \frac{5}{6}\right) \Rightarrow \left(\frac{3\times6}{4\times6},\ \frac{5\times4}{6\times4}\right)=\left(\frac{18}{24},\ \frac{20}{24}\right)$$

방법2 두 분모의 최소공배수를 공통분모로 하여 통분합니다.

➡ 분모 4와 6의 최소공배수는 12입니다.

$$\left(\frac{3}{4},\ \frac{5}{6}\right) \Rightarrow \left(\frac{3\times3}{4\times3},\ \frac{5\times2}{6\times2}\right)=\left(\frac{9}{12},\ \frac{10}{12}\right)$$

➡ $\frac{3}{4}$의 분모와 분자에 (최소공배수)÷(분모), 즉 12÷4=3을 곱합니다.

➡ $\frac{5}{6}$의 분모와 분자에 (최소공배수)÷(분모), 즉 12÷6=2를 곱합니다.

---

1 (1) 크기가 같은 분수는 무수히 많습니다.
(2) 분수를 통분할 때 공통분모가 될 수 있는 수는 두 분모의 공배수입니다.
(3) 공통분모 중에서 가장 작은 수는 두 분모의 최소공배수입니다.

2 (1) 분모가 작을 때는 두 분모의 곱을 공통분모로 하는 것이 편리합니다.

예 $\left(\frac{3}{5},\ \frac{5}{7}\right)$

➡ $\left(\frac{3\times7}{5\times7},\ \frac{5\times5}{7\times5}\right)$

(2) 분모가 클 때는 두 분모의 최소공배수를 공통분모로 하는 것이 편리합니다.

예 $\left(\frac{13}{24},\ \frac{25}{48}\right)$

➡ $\left(\frac{13\times2}{24\times2},\ \frac{25}{48}\right)$

V 통분을 하면 분수의 크기 비교도 쉽게 할 수 있고, 분수의 덧셈과 뺄셈도 계산하기 편합니다.

깊은생각

● ×자로 곱하여 통분하는 방법도 있습니다.

분모 : 두 분수의 분모를 곱합니다.

$$\left(\frac{3}{4},\ \frac{5}{6}\right) \Rightarrow \left(\frac{}{4\times6},\ \frac{}{6\times4}\right)$$

분자 : ×자 모양으로 분모와 분자를 곱합니다.

$$\left(\frac{3}{4},\ \frac{5}{6}\right) \Rightarrow \left(\frac{3\times6}{4\times6},\ \frac{5\times4}{6\times4}\right)=\left(\frac{18}{24},\ \frac{20}{24}\right)$$

1 ☐ 안에 알맞은 수를 써넣으시오.

(1) $\dfrac{2}{3} = \dfrac{\boxed{}}{6} = \dfrac{\boxed{}}{9} = \dfrac{\boxed{}}{12} = \dfrac{\boxed{}}{15} = \cdots$

(2) $\dfrac{3}{5} = \dfrac{\boxed{}}{10} = \dfrac{\boxed{}}{15} = \dfrac{\boxed{}}{20} = \dfrac{\boxed{}}{25} = \cdots$

2 두 수의 최소공배수를 구하려고 합니다. ☐ 안에 알맞은 수를 써넣으시오.

(1)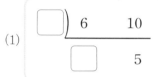

최소공배수 : ☐ × ☐ × ☐

(2)
```
 ☐ ) 6   15
     2   ☐
```
최소공배수 : ☐ × ☐ × ☐

(3)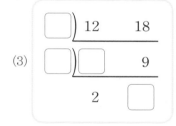

최소공배수 : ☐ × ☐ × ☐ × ☐

(4)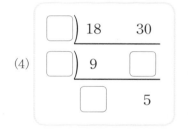

최소공배수 : ☐ × ☐ × ☐ × ☐

3 두 분모의 곱을 공통분모로 하여 통분하려고 합니다. ☐ 안에 알맞은 수를 써넣으시오.

(1) $\left(\dfrac{3}{4}, \dfrac{7}{12} \right) \Rightarrow \left(\dfrac{3 \times \boxed{}}{4 \times 12}, \dfrac{7 \times 4}{12 \times \boxed{}} \right)$

(2) $\left(\dfrac{4}{5}, \dfrac{3}{7} \right) \Rightarrow \left(\dfrac{4 \times \boxed{}}{5 \times 7}, \dfrac{3 \times 5}{7 \times \boxed{}} \right)$

4 두 분모의 최소공배수를 공통분모로 하여 통분하려고 합니다. ☐ 안에 알맞은 수를 써넣으시오.

(1) $\left(\dfrac{3}{4}, \dfrac{7}{12} \right) \Rightarrow \left(\dfrac{3 \times \boxed{}}{4 \times \boxed{}}, \dfrac{7}{12} \right)$

(2) $\left(\dfrac{5}{6}, \dfrac{4}{9} \right) \Rightarrow \left(\dfrac{5 \times \boxed{}}{6 \times 3}, \dfrac{4 \times 2}{9 \times \boxed{}} \right)$

1 그림을 보고, ☐ 안에 알맞은 수를 써넣으시오.

  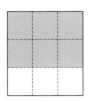

$$\frac{2}{3} = \frac{\boxed{}}{6} = \frac{\boxed{}}{9} = \frac{\boxed{}}{12}$$

2 ☐ 안에 알맞은 수를 써넣으시오.

(1) $\dfrac{3}{4} = \dfrac{\boxed{}}{8} = \dfrac{\boxed{}}{12} = \dfrac{12}{\boxed{}} = \dfrac{15}{\boxed{}} = \dfrac{\boxed{}}{24} = \cdots$

(2) $\dfrac{5}{7} = \dfrac{\boxed{}}{14} = \dfrac{15}{\boxed{}} = \dfrac{\boxed{}}{\boxed{}} = \dfrac{\boxed{}}{\boxed{}} = \dfrac{\boxed{}}{\boxed{}} = \cdots$

3 $\dfrac{1}{2}$ 과 $\dfrac{2}{3}$ 를 통분하려고 합니다. ☐ 안에 알맞은 수를 써넣으시오.

$$\frac{1}{2} = \frac{2}{4} = \frac{3}{6} = \frac{4}{8} = \frac{5}{10} = \frac{6}{12} = \frac{7}{14} = \cdots$$
$$\frac{2}{3} = \frac{4}{6} = \frac{6}{9} = \frac{8}{12} = \frac{10}{15} = \frac{12}{18} = \cdots$$

(1) 두 분수를 분모가 같은 분수끼리 짝지으면

$\left(\dfrac{3}{6}, \dfrac{\boxed{}}{6} \right),$ $\left(\dfrac{\boxed{}}{\boxed{}}, \dfrac{\boxed{}}{12} \right),$ $\cdots$입니다.

(2) 공통분모를 작은 수부터 차례로 쓰면 $\boxed{}$, 12, …입니다.

4 $\dfrac{1}{8}$ 과 $\dfrac{1}{12}$ 을 통분하려고 합니다. 공통분모가 될 수 있는 수를 모두 찾아 쓰시오.

| 12 | 16 | 24 | 36 | 48 | 60 | 72 |

(   )

5 $\dfrac{2}{3}$와 $\dfrac{3}{4}$을 두 분모의 곱을 공통분모로 하여 통분하려고 합니다. ☐ 안에 알맞은 수를 써넣으시오.

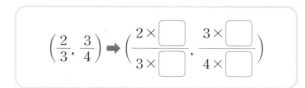

$$\left(\frac{2}{3},\ \frac{3}{4} \right) \Rightarrow \left(\frac{2\times\boxed{}}{3\times\boxed{}},\ \frac{3\times\boxed{}}{4\times\boxed{}} \right)$$

6 두 분수를 주어진 공통분모로 통분하려고 합니다. ☐ 안에 알맞은 수를 써넣으시오.

(1) $\left(\dfrac{2}{5},\ \dfrac{1}{7} \right) \Rightarrow \left(\dfrac{2\times\boxed{}}{5\times 7},\ \dfrac{1\times\boxed{}}{7\times\boxed{}} \right)$

(2) $\left(\dfrac{5}{6},\ \dfrac{2}{3} \right) \Rightarrow \left(\dfrac{5\times\boxed{}}{6\times\boxed{}},\ \dfrac{2\times\boxed{}}{3\times 6} \right)$

(3) $\left(\dfrac{1}{6},\ \dfrac{4}{9} \right) \Rightarrow \left(\dfrac{\boxed{}}{54},\ \dfrac{\boxed{}}{54} \right)$

(4) $\left(\dfrac{3}{8},\ \dfrac{5}{12} \right) \Rightarrow \left(\dfrac{\boxed{}}{96},\ \dfrac{\boxed{}}{96} \right)$

7 두 분수의 공통분모를 찾으려고 합니다. 두 분모의 공배수 중에서 작은 수부터 차례대로 3개 쓰시오.

(1) $\left(\dfrac{1}{3},\ \dfrac{1}{4} \right)$ → 3과 4의 공배수 : (,   ,   )

(2) $\left(\dfrac{2}{6},\ \dfrac{3}{8} \right)$ → 6과 8의 공배수 : (,   ,   )

(3) $\left(\dfrac{5}{8},\ \dfrac{7}{20} \right)$ → 8과 20의 공배수 : (,   ,   )

8 두 분수를 최소공배수를 공통분모로 하여 통분하려고 합니다. ☐ 안에 알맞은 수를 써넣으시오.

(1) $\left(\dfrac{2}{3},\ \dfrac{1}{5} \right) \Rightarrow \left(\dfrac{2\times\boxed{}}{3\times\boxed{}},\ \dfrac{1\times\boxed{}}{5\times\boxed{}} \right)$

(2) $\left(\dfrac{3}{4},\ \dfrac{5}{8} \right) \Rightarrow \left(\dfrac{3\times\boxed{}}{4\times\boxed{}},\ \dfrac{5}{8} \right)$

(3) $\left(\dfrac{1}{6},\ \dfrac{4}{15} \right) \Rightarrow \left(\dfrac{1\times\boxed{}}{6\times\boxed{}},\ \dfrac{4\times\boxed{}}{15\times\boxed{}} \right)$

(4) $\left(\dfrac{5}{8},\ \dfrac{7}{12} \right) \Rightarrow \left(\dfrac{5\times\boxed{}}{8\times\boxed{}},\ \dfrac{7\times\boxed{}}{12\times\boxed{}} \right)$

1 그림을 보고, ⬚ 안에 알맞은 수를 써넣으시오.

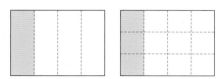

$\dfrac{1}{4}$과 $\dfrac{\boxed{}}{\boxed{}}$은 크기가 같은 분수입니다.

2 그림을 보고, ⬚ 안에 알맞은 수를 써넣으시오.

$\dfrac{3}{4}$ $\dfrac{3\times2}{4\times\boxed{}}=\dfrac{6}{\boxed{}}$ $\dfrac{3\times3}{4\times\boxed{}}=\dfrac{\boxed{}}{\boxed{}}$

3 $\dfrac{3}{4}$과 $\dfrac{1}{6}$을 통분하려고 합니다. ⬚ 안에 알맞은 수를 써넣으시오.

$$\dfrac{3}{4}=\dfrac{6}{8}=\dfrac{9}{\boxed{}}=\dfrac{\boxed{}}{16}=\dfrac{15}{\boxed{}}=\dfrac{\boxed{}}{24}=\cdots$$

$$\dfrac{1}{6}=\dfrac{2}{12}=\dfrac{\boxed{}}{18}=\dfrac{4}{\boxed{}}=\dfrac{5}{\boxed{}}=\cdots$$

$\dfrac{3}{4}$과 $\dfrac{1}{6}$을 통분하면 $\left(\dfrac{\boxed{}}{12},\dfrac{\boxed{}}{12}\right)$, $\left(\dfrac{\boxed{}}{24},\dfrac{\boxed{}}{24}\right)$, $\cdots$입니다.

4 두 분수를 통분하려고 합니다. 공통분모가 될 수 있는 모든 수에 ○표 하시오.

(1) $\left(\dfrac{1}{6},\dfrac{3}{8}\right)$ (18 24 36 42 56)

(2) $\left(\dfrac{5}{6},\dfrac{7}{9}\right)$ (18 24 36 42 56)

5 두 분모의 곱을 공통분모로 하여 통분하시오. (단, 가분수는 대분수로 나타내시오.)

(1) $\left(\dfrac{4}{7},\ \dfrac{5}{9}\right)$ ➡ (,   )   (2) $\left(\dfrac{1}{6},\ \dfrac{9}{10}\right)$ ➡ (,   )

(3) $\left(1\dfrac{2}{5},\ 1\dfrac{4}{7}\right)$ ➡ (,   )   (4) $\left(2\dfrac{3}{4},\ 2\dfrac{5}{6}\right)$ ➡ (,   )

6 두 분모의 최소공배수를 공통분모로 하여 통분하시오.

(1) $\left(\dfrac{1}{7},\ \dfrac{5}{11}\right)$ ➡ (,   )   (2) $\left(\dfrac{3}{4},\ \dfrac{5}{6}\right)$ ➡ (,   )

(3) $\left(\dfrac{7}{14},\ \dfrac{5}{8}\right)$ ➡ (,   )   (4) $\left(\dfrac{8}{15},\ \dfrac{9}{20}\right)$ ➡ (,   )

7 주어진 방법으로 두 분수를 통분하시오.

$$\left(\dfrac{8}{15},\ \dfrac{7}{12}\right)$$

(1) 두 분모의 곱을 공통분모로 하여 통분합니다. ➡ (,   )

(2) 두 분모의 최소공배수를 공통분모로 하여 통분합니다. ➡ (,   )

8 다음 물음에 답하시오.

(1) 두 분수 $\left(\dfrac{3}{8},\ \dfrac{7}{10}\right)$ 을 가장 작은 공통분모로 통분하시오. (,   )

(2) 두 분자의 차가 가장 작게 되도록 두 분수 $\left(\dfrac{5}{6},\ \dfrac{4}{9}\right)$ 를 통분하시오. (,   )

9 두 분수를 통분한 것을 찾아 선을 그어 연결하시오.

(1) $\left(\dfrac{1}{2}, \dfrac{3}{5}\right)$ •

• $\left(\dfrac{45}{96}, \dfrac{46}{96}\right)$

(2) $\left(\dfrac{5}{8}, \dfrac{9}{14}\right)$ •

• $\left(\dfrac{35}{56}, \dfrac{36}{56}\right)$

(3) $\left(\dfrac{15}{32}, \dfrac{23}{48}\right)$ •

• $\left(\dfrac{5}{10}, \dfrac{6}{10}\right)$

10 분모가 30보다 크고 50보다 작은 분수 중에서 $\dfrac{4}{7}$와 크기가 같은 분수는 모두 몇 개입니까?

(   )개

11 $\dfrac{7}{18}$과 $\dfrac{11}{30}$ 사이의 수 중에서 분모가 90인 분수를 구하시오.

(   )

12 어떤 두 기약분수를 통분하였더니 다음과 같았습니다. 통분하기 전의 두 기약분수를 구하시오.

(1) $\left(\dfrac{16}{40}, \dfrac{25}{40}\right)$ ➡ (,   )

(2) $\left(\dfrac{20}{42}, \dfrac{35}{42}\right)$ ➡ (,   )

서술형

13 두 분수를 통분하려고 합니다. 공통분모가 될 수 있는 수 중에서 100보다 크고 200보다 작은 수의 합을 구하시오.

$$\left(\frac{3}{12}, \frac{7}{15} \right)$$

정답 ○ _____

풀이 과정 ○ _____

_____

서술형

14 다음은 어떤 두 분수를 통분한 것입니다. ㉠+㉡의 값을 구하시오.

$$\left(\frac{㉠}{8}, \frac{5}{㉡} \right) \Rightarrow \left(\frac{9}{24}, \frac{20}{24} \right)$$

정답 ○ _____

풀이 과정 ○ _____

_____

서술형

15 두 분수를 가장 작은 공통분모로 통분했을 때, ㉠−㉡의 값을 구하시오.

$$\left(\frac{11}{15}, \frac{7}{9} \right) \Rightarrow \left(\frac{\square}{㉠}, \frac{㉡}{\square} \right)$$

정답 ○ _____

풀이 과정 ○ _____

_____

분모가 다른 분수의 크기 비교

1 분모가 다른 분수의 크기 비교

- 두 분수를 통분하여 분모를 같게 한 다음 분자의 크기를 비교합니다.

$$\left(\frac{2}{3}, \frac{3}{4}\right) \Rightarrow \left(\frac{2 \times 4}{3 \times 4}, \frac{3 \times 3}{4 \times 3}\right) \Rightarrow \left(\frac{8}{12}, \frac{9}{12}\right)$$

$\frac{8}{12} < \frac{9}{12}$이므로 $\frac{2}{3} < \frac{3}{4}$입니다.

2 분모가 다른 세 분수의 크기 비교

- 두 분수씩 차례로 통분하여 크기를 비교합니다.

$$\left(\frac{1}{2}, \frac{2}{3}\right) \Rightarrow \left(\frac{3}{6}, \frac{4}{6}\right) \Rightarrow \frac{1}{2} < \frac{2}{3}$$
$$\left(\frac{2}{3}, \frac{3}{4}\right) \Rightarrow \left(\frac{8}{12}, \frac{9}{12}\right) \Rightarrow \frac{2}{3} < \frac{3}{4} \quad \Rightarrow \frac{1}{2} < \frac{2}{3} < \frac{3}{4}$$
$$\left(\frac{3}{4}, \frac{1}{2}\right) \Rightarrow \left(\frac{3}{4}, \frac{2}{4}\right) \Rightarrow \frac{3}{4} > \frac{1}{2}$$

- 세 분수를 한꺼번에 통분하여 크기를 비교합니다.

$$\left(\frac{1}{2}, \frac{2}{3}, \frac{3}{4}\right) \Rightarrow \left(\frac{6}{12}, \frac{8}{12}, \frac{9}{12}\right) \Rightarrow \frac{1}{2} < \frac{2}{3} < \frac{3}{4}$$

3 분모가 다른 대분수의 크기 비교

- 두 대분수의 자연수 크기가 다르면 자연수의 크기를 비교합니다.

$$\left(2\frac{3}{5}, 1\frac{4}{7}\right) \Rightarrow 2 > 1이므로 2\frac{3}{5} > 1\frac{4}{7}입니다.$$

- 두 대분수의 자연수 크기가 같으면 진분수의 크기를 비교합니다.

$$\left(2\frac{3}{5}, 2\frac{4}{7}\right) \Rightarrow 2 = 2이므로 \frac{3}{5}, \frac{4}{7}의 크기를 비교합니다.$$

$$\Rightarrow \left(\frac{3}{5}, \frac{4}{7}\right) \Rightarrow \left(\frac{3 \times 7}{5 \times 7}, \frac{4 \times 5}{7 \times 5}\right) \Rightarrow \left(\frac{21}{35}, \frac{20}{35}\right)$$

$$\Rightarrow 21 > 20이므로 2\frac{3}{5} > 2\frac{4}{7}입니다.$$

---

v 분모를 통분할 때는 2가지 방법이 있습니다.
(1) 두 분모의 최소공배수를 공통분모로 하여 통분하기
(2) 두 분모의 곱을 공통분모로 하여 통분하기

v (1) 분모가 같은 진분수나 가분수는 분자가 클수록 큰 수입니다.
$$\frac{1}{3} < \frac{2}{3}, \frac{4}{3} < \frac{5}{3}$$
(2) 단위분수는 분모가 작을수록 큰 분수입니다.
$$\frac{1}{2} > \frac{1}{3} > \frac{1}{4} > \frac{1}{5}$$

v (1) 약분을 이용하여 분수의 크기를 비교할 수 있습니다.
$$\left(\frac{4}{8}, \frac{6}{12}\right) \Rightarrow \left(\frac{1}{2}, \frac{1}{2}\right)$$
이므로 $\frac{4}{8} = \frac{6}{12}$입니다.
(2) 분자를 같게 하여 분수의 크기를 비교할 수 있습니다.
$$\left(\frac{2}{5}, \frac{4}{7}\right) \Rightarrow \left(\frac{4}{10}, \frac{4}{7}\right)$$
이므로 $\frac{2}{5} < \frac{4}{7}$입니다.

깊은생각

- $\frac{1}{2}$을 이용하여 분수의 크기를 비교할 수 있어요. 다음은 $\frac{1}{2}$을 이용하여 $\frac{7}{16}$과 $\frac{13}{24}$의 크기를 비교한 것입니다.

■ (분자)×2 < (분모)이면 그 분수는 $\frac{1}{2}$보다 작습니다. 예 $\frac{7}{16}$ ➡ 7×2 < 16이므로 $\frac{7}{16} < \frac{1}{2}$입니다.

■ (분자)×2 > (분모)이면 그 분수는 $\frac{1}{2}$보다 큽니다. 예 $\frac{13}{24}$ ➡ 13×2 > 24이므로 $\frac{13}{24} > \frac{1}{2}$입니다.

따라서 $\frac{7}{16} < \frac{13}{24}$입니다.

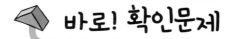
1 ○ 안에 >, =, < 중에서 알맞은 것을 써넣으시오.

(1) $\dfrac{4}{5}$ ○ $\dfrac{2}{5}$

(2) $\dfrac{11}{8}$ ○ $\dfrac{15}{8}$

(3) $3\dfrac{1}{7}$ ○ $2\dfrac{4}{7}$

(4) $3\dfrac{2}{5}$ ○ $3\dfrac{4}{5}$

(5) $1\dfrac{3}{4}$ ○ $\dfrac{5}{4}$

(6) $\dfrac{10}{6}$ ○ $1\dfrac{3}{6}$

2 $\dfrac{3}{4}$ 과 $\dfrac{5}{7}$ 를 통분하려고 합니다. ☐ 안에 알맞은 수를 써넣으시오.

$$\dfrac{3}{4} = \dfrac{\boxed{}}{28}, \qquad \dfrac{5}{7} = \dfrac{\boxed{}}{28}$$

3 두 분수를 통분하여 크기를 비교하려고 합니다. ☐ 안에 알맞은 수를, ○ 안에 >, =, < 중에서 알맞은 것을 써넣으시오.

$$\left(\dfrac{1}{2}, \dfrac{3}{5}\right) \rightarrow \left(\dfrac{1 \times \boxed{}}{2 \times 5}, \dfrac{3 \times 2}{5 \times \boxed{}}\right) \rightarrow \left(\dfrac{\boxed{}}{10}, \dfrac{6}{\boxed{}}\right) \rightarrow \dfrac{\boxed{}}{10} \bigcirc \dfrac{6}{\boxed{}} \rightarrow \dfrac{1}{2} \bigcirc \dfrac{3}{5}$$

4 두 대분수의 크기를 비교하려고 합니다. ☐ 안에 알맞은 수를, ○ 안에 >, =, < 중에서 알맞은 것을 써넣으시오.

$$\left(1\dfrac{3}{4}, 1\dfrac{5}{7}\right) \rightarrow \left(\dfrac{3}{4}, \dfrac{5}{7}\right) \rightarrow \left(\dfrac{\boxed{}}{28}, \dfrac{\boxed{}}{28}\right) \rightarrow \dfrac{\boxed{}}{28} \bigcirc \dfrac{\boxed{}}{28} \rightarrow 1\dfrac{3}{4} \bigcirc 1\dfrac{5}{7}$$

1 두 분수 $\frac{1}{2}$, $\frac{1}{3}$의 크기를 그림을 이용하여 비교하려고 합니다. ☐ 안에 알맞은 수를, ◯ 안에 >, =, < 중에서 알맞은 것을 써넣으시오.

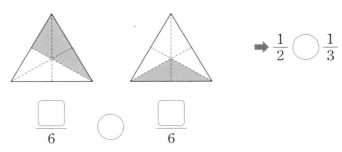

➡ $\frac{1}{2}$ ◯ $\frac{1}{3}$

$\frac{\boxed{}}{6}$ ◯ $\frac{\boxed{}}{6}$

2 ☐ 안에 알맞은 수를, ◯ 안에 >, =, < 중에서 알맞은 것을 써넣으시오.

➡ $\frac{3}{4}$ ◯ $\frac{5}{6}$

3 두 분수를 통분하여 크기를 비교하려고 합니다. ☐ 안에 알맞은 수를, ◯ 안에 >, =, < 중에서 알맞은 것을 써넣으시오.

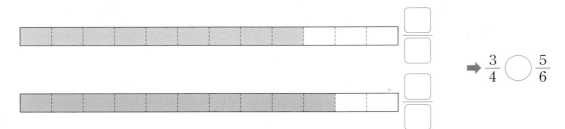

$\left(\frac{1}{3}, \frac{2}{5}\right)$ ➡ $\left(\frac{1 \times \boxed{}}{3 \times \boxed{}}, \frac{2 \times 3}{5 \times \boxed{}}\right)$ ➡ $\left(\frac{\boxed{}}{\boxed{}} ◯ \frac{6}{\boxed{}}\right)$ ➡ $\frac{1}{3}$ ◯ $\frac{2}{5}$

4 두 분모의 최소공배수를 이용하여 두 분수의 크기를 비교하려고 합니다. ☐ 안에 알맞은 수를, ◯ 안에 >, =, < 중에서 알맞은 것을 써넣으시오.

$\left(\frac{5}{6}, \frac{7}{8}\right)$ ➡ $\boxed{}\,)\underline{6\quad 8}$
$\qquad\qquad \boxed{}\qquad 4$ ➡ $\left(\frac{5 \times \boxed{}}{6 \times \boxed{}}, \frac{7 \times \boxed{}}{8 \times \boxed{}}\right)$ ➡ $\frac{5}{6}$ ◯ $\frac{7}{8}$

5 분수의 크기를 비교하여 ◯ 안에 >, =, < 중에서 알맞은 것을 써넣으시오.

(1) $\dfrac{2}{3}$ ◯ $\dfrac{5}{6}$

(2) $\dfrac{3}{8}$ ◯ $\dfrac{5}{12}$

6 세 분수 $\dfrac{2}{3}$, $\dfrac{3}{4}$, $\dfrac{4}{5}$의 크기를 비교하려고 합니다. ☐ 안에 알맞은 수를, ◯ 안에 >, =, < 중에서 알맞은 것을 써넣으시오.

$$\left(\dfrac{2}{3}, \dfrac{3}{4}\right) \Rightarrow \left(\dfrac{\boxed{}}{12}, \dfrac{\boxed{}}{12}\right) \Rightarrow \dfrac{2}{3} \bigcirc \dfrac{3}{4}$$

$$\left(\dfrac{3}{4}, \dfrac{4}{5}\right) \Rightarrow \left(\dfrac{\boxed{}}{20}, \dfrac{\boxed{}}{20}\right) \Rightarrow \dfrac{3}{4} \bigcirc \dfrac{4}{5} \quad \Rightarrow \dfrac{2}{3} \bigcirc \dfrac{3}{4} \bigcirc \dfrac{4}{5}$$

$$\left(\dfrac{4}{5}, \dfrac{2}{3}\right) \Rightarrow \left(\dfrac{\boxed{}}{15}, \dfrac{\boxed{}}{15}\right) \Rightarrow \dfrac{4}{5} \bigcirc \dfrac{2}{3}$$

7 두 분모의 최소공배수를 이용하여 두 분수의 크기를 비교하려고 합니다. ☐ 안에 알맞은 수를, ◯ 안에 >, =, < 중에서 알맞은 것을 써넣으시오.

$$\left(1\dfrac{3}{8}, 1\dfrac{5}{12}\right) \Rightarrow \left(\dfrac{3}{8}, \dfrac{5}{12}\right) \Rightarrow \boxed{\begin{array}{c} \boxed{}\,\overline{)\,8 \quad 12} \\ \boxed{}\,\overline{)\,\boxed{} \quad \boxed{}} \\ \boxed{} \quad \boxed{} \end{array}} \Rightarrow \left(\dfrac{3\times\boxed{}}{8\times\boxed{}}, \dfrac{5\times\boxed{}}{12\times\boxed{}}\right)$$

$$\Rightarrow 1\dfrac{3}{8} \bigcirc 1\dfrac{5}{12}$$

8 분수의 크기를 비교하여 ◯ 안에 >, =, < 중에서 알맞은 것을 써넣으시오.

(1) $1\dfrac{3}{4}$ ◯ $2\dfrac{1}{3}$

(2) $2\dfrac{2}{3}$ ◯ $2\dfrac{5}{6}$

1 두 분수의 크기를 비교하려고 합니다.

$\frac{1}{3}$ ➡

$\frac{2}{5}$ ➡

(1) 분모 3, 5의 최소공배수를 구하시오. (   )

(2) 구한 최소공배수를 공통분모로 하여 $\frac{1}{3}$을 통분하시오. (   )

(3) 구한 최소공배수를 공통분모로 하여 $\frac{2}{5}$를 통분하시오. (   )

(4) (2), (3)에서 구한 분수만큼 오른쪽 그림에 색칠하시오. (   )

(5) 두 분수 $\frac{1}{3}$, $\frac{2}{5}$ 중에서 큰 수는 어느 것입니까? (   )

2 ☐ 안에 알맞은 수를, ◯ 안에 >, =, < 중에서 알맞은 것을 써넣으시오.

(1) $\frac{1}{2}$은 $\frac{1}{8}$이 ☐개, $\frac{3}{8}$은 $\frac{1}{8}$이 ☐개입니다. ➡ $\frac{1}{2}$ ◯ $\frac{3}{8}$

(2) $\frac{3}{10}$은 $\frac{1}{30}$이 ☐개, $\frac{4}{15}$는 $\frac{1}{30}$이 ☐개입니다. ➡ $\frac{3}{10}$ ◯ $\frac{4}{15}$

3 두 분수 크기를 비교하려고 합니다. 두 분모의 최소공배수를 공통분모로 하여 통분하고, ◯ 안에 >, =, < 중에서 알맞은 것을 써넣으시오.

	최소공배수	통분한 분수	크기 비교

$\left(\frac{1}{3}, \frac{2}{7}\right)$ ➡ (   ) ➡ (,   ) ➡ $\frac{1}{3}$ ◯ $\frac{2}{7}$

$\left(\frac{4}{5}, \frac{9}{10}\right)$ ➡ (   ) ➡ (,   ) ➡ $\frac{4}{5}$ ◯ $\frac{9}{10}$

$\left(\frac{3}{8}, \frac{5}{12}\right)$ ➡ (   ) ➡ (,   ) ➡ $\frac{3}{8}$ ◯ $\frac{5}{12}$

4 두 분수의 크기를 비교하여 ◯ 안에 >, =, < 중에서 알맞은 것을 써넣으시오.

(1) $\dfrac{3}{4}$ ◯ $\dfrac{5}{7}$

(2) $\dfrac{4}{7}$ ◯ $\dfrac{9}{14}$

(3) $\dfrac{5}{8}$ ◯ $\dfrac{7}{12}$

5 $\dfrac{1}{2}$을 이용하여 두 분수의 크기를 비교하려고 합니다. ☐ 안에 알맞은 수를, ◯ 안에 >, =, < 중에서 알맞은 것을 써넣으시오.

$\dfrac{5}{8}$ ◯ $\dfrac{1}{2}$이고 $\dfrac{4}{9}$ ◯ $\dfrac{1}{2}$이므로 $\dfrac{5}{8}$ ◯ $\dfrac{4}{9}$입니다.

6 가장 큰 분수에 ◯표, 가장 작은 분수에 △표 하시오.

$\dfrac{3}{4}$ $\dfrac{5}{6}$ $\dfrac{7}{8}$

7 분수의 크기를 비교하여 ◯ 안에 >, =, < 중에서 알맞은 것을 써넣으시오.

(1) $2\dfrac{5}{6}$ ◯ $3\dfrac{6}{7}$

(2) $3\dfrac{4}{10}$ ◯ $3\dfrac{7}{15}$

(3) $\dfrac{13}{8}$ ◯ $1\dfrac{7}{10}$

8 □ 안에 들어갈 수 있는 자연수를 모두 구하시오.

$$1\frac{\square}{3} < \frac{29}{15}$$

( )

9 $\frac{4}{15}$보다 크고 $\frac{11}{15}$보다 작은 분수를 모두 찾아 ○표 하시오.

$$\frac{1}{3} \qquad \frac{2}{3} \qquad \frac{1}{5} \qquad \frac{2}{5} \qquad \frac{3}{5} \qquad \frac{4}{5}$$

10 가장 큰 분수에 ○표, 가장 작은 분수에 △표 하시오.

$$\frac{4}{3} \qquad 1\frac{1}{4} \qquad 2\frac{5}{6} \qquad \frac{19}{8} \qquad 2\frac{6}{8}$$

11 우유를 희권이는 $2\frac{4}{9}$L, 철수는 $2\frac{7}{15}$L를 마셨습니다. 우유를 더 많이 마신 사람은 누구입니까?

( )

서술형

12 □ 안에 들어갈 수 있는 자연수는 모두 몇 개인지 구하시오.

$$\frac{3}{4} < \frac{\square}{24} < \frac{11}{12}$$

정답 _____ 개

풀이 과정 _____

_____

서술형

13 다음 조건을 모두 만족하는 분수의 합을 구하시오.

- $\frac{3}{8} < \square < \frac{7}{12}$
- □는 분모가 24인 기약분수입니다.

정답 _____

풀이 과정 _____

_____

서술형

14 철수는 $1\frac{11}{12}$ kg의 밀가루로 빵을 만들고, 영희는 $\frac{17}{9}$ kg의 밀가루로 과자를 만들었습니다. 두 사람 중에서 밀가루를 더 많이 사용한 사람은 누구인지 구하시오.

정답 _____

풀이 과정 _____

_____

분모가 다른 진분수의 덧셈

1 그림을 이용한 (진분수)+(진분수)의 계산

$$\frac{1}{2} \quad + \quad \frac{1}{4}$$

분모가 달라서 덧셈 안 됨

$$\downarrow \qquad \qquad \downarrow$$

$$\boxed{\frac{1}{4} \quad \frac{1}{4}} \quad + \quad \boxed{\frac{1}{4}} \quad = \quad \boxed{\frac{1}{4} \quad \frac{1}{4} \quad \frac{1}{4}}$$

➡ $\dfrac{1}{2} + \dfrac{1}{4} = \dfrac{2}{4} + \dfrac{1}{4} = \dfrac{3}{4}$

2 두 분모의 곱을 공통분모로 하여 통분한 후 계산하기

$$\frac{3}{4} + \frac{1}{6} = \frac{3 \times 6}{4 \times 6} + \frac{1 \times 4}{6 \times 4} = \frac{18}{24} + \frac{4}{24} = \frac{18+4}{24} = \frac{\overset{11}{\cancel{22}}}{\underset{12}{\cancel{24}}} = \frac{11}{12}$$

$$\frac{3}{4} + \frac{5}{6} = \frac{3 \times 6}{4 \times 6} + \frac{5 \times 4}{6 \times 4} = \frac{18}{24} + \frac{20}{24} = \frac{18+20}{24} = \frac{38}{24} = 1\frac{\overset{7}{\cancel{14}}}{\underset{12}{\cancel{24}}} = 1\frac{7}{12}$$

➡ 최소공배수가 아닌 수를 공통분모로 하여 통분하면 약분을 해야 합니다.

3 두 분모의 최소공배수를 공통분모로 하여 통분한 후 계산하기

$$\frac{3}{4} + \frac{1}{6} = \frac{3 \times 3}{4 \times 3} + \frac{1 \times 2}{6 \times 2} = \frac{9}{12} + \frac{2}{12} = \frac{9+2}{12} = \frac{11}{12}$$

$$\frac{3}{4} + \frac{5}{6} = \frac{3 \times 3}{4 \times 3} + \frac{5 \times 2}{6 \times 2} = \frac{9}{12} + \frac{10}{12} = \frac{9+10}{12} = \frac{19}{12} = 1\frac{7}{12}$$

➡ 최소공배수를 공통분모로 하여 통분하면 약분을 하지 않아도 됩니다.

1 분모가 다른 진분수의 덧셈은 통분하여 분모를 같게 한 후에 분모는 그대로 두고 분자끼리 더합니다.

2 두 분모의 곱을 공통분모로 하여 통분하면 서로의 분모를 분모와 분자에 곱하면 되므로 공통분모를 구하기가 쉽습니다.

3 두 분모의 최소공배수를 공통분모로 하여 통분하면 계산 결과를 약분할 필요가 없습니다.

v 공통분모는 무수히 많기 때문에 가장 간단히 계산할 수 있는 최소공배수를 공통분모로 하는 것이 좋습니다.

깊은생각

● 분모가 다른 단위분수의 덧셈을 쉽게 하는 방법이 있습니다.

$$\frac{1}{4} + \frac{1}{5} = \frac{1 \times 5}{4 \times 5} + \frac{1 \times 4}{5 \times 4} = \frac{5}{20} + \frac{4}{20} = \frac{5+4}{20} = \frac{9}{20}$$

$$\frac{1}{\blacksquare} + \frac{1}{\bullet} = \frac{\bullet + \blacksquare}{\blacksquare \times \bullet} \quad \rightarrow \quad \frac{1}{4} + \frac{1}{5} = \frac{5+4}{4 \times 5} = \frac{9}{20}$$

1 그림을 이용하여 $\frac{1}{3}+\frac{1}{4}$ 을 계산하시오.

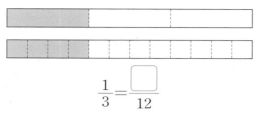
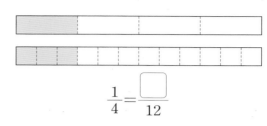

$$\frac{1}{3}=\frac{\boxed{}}{12}$$

$$\frac{1}{4}=\frac{\boxed{}}{12}$$

$$\frac{1}{3}+\frac{1}{4}=\frac{\boxed{}}{12}+\frac{\boxed{}}{12}=\frac{\boxed{}}{12}$$

2 두 분수를 더하려고 합니다. 두 분모의 곱을 공통분모로 하여 통분하시오.

(1) $\left(\frac{1}{4},\ \frac{1}{6}\right)$ ➡ (,   )   (2) $\left(\frac{1}{6},\ \frac{2}{9}\right)$ ➡ (,   )

3 두 분수를 더하려고 합니다. 두 분모의 최소공배수를 공통분모로 하여 통분하시오.

(1) $\left(\frac{1}{4},\ \frac{1}{6}\right)$ ➡ (,   )   (2) $\left(\frac{1}{6},\ \frac{2}{9}\right)$ ➡ (,   )

4 ☐ 안에 알맞은 수를 써넣으시오.

(1) $\dfrac{1}{2}+\dfrac{2}{5}=\dfrac{1\times\boxed{}}{2\times5}+\dfrac{2\times\boxed{}}{5\times2}=\dfrac{\boxed{}}{10}+\dfrac{\boxed{}}{10}=\dfrac{\boxed{}}{10}$

(2) $\dfrac{1}{6}+\dfrac{3}{8}=\dfrac{1\times\boxed{}}{6\times4}+\dfrac{3\times\boxed{}}{8\times3}=\dfrac{\boxed{}}{24}+\dfrac{\boxed{}}{24}=\dfrac{\boxed{}}{24}$

1 그림을 보고, ◯ 안에 알맞은 수를 써넣으시오.

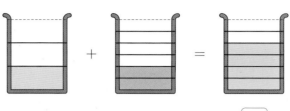

$$\frac{1}{3} \quad + \quad \frac{2}{6} \quad = \quad \frac{\square}{6}$$

2 그림을 보고, ◯ 안에 알맞은 수를 써넣으시오.

$\frac{1}{2}$  $\frac{1}{5}$

$\frac{\square}{10}$  $\frac{\square}{10}$

$$\frac{1}{2}+\frac{1}{5}=\frac{\square}{10}+\frac{\square}{10}=\frac{\square}{10}$$

3 그림을 보고, ◯ 안에 알맞은 수를 써넣으시오.

$\frac{3}{4}$ 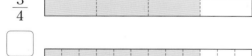 $\frac{5}{6}$

$\frac{\square}{12}$  $\frac{\square}{12}$

$$\frac{3}{4}+\frac{5}{6}=\frac{\square}{12}+\frac{\square}{12}=\frac{\square}{12}=\square\frac{\square}{12}$$

4 ◯ 안에 알맞은 수를 써넣으시오.

$$\frac{3}{5}+\frac{2}{7}=\frac{3\times\square}{5\times7}+\frac{2\times\square}{7\times5}=\frac{\square}{35}+\frac{\square}{35}=\frac{\square}{35}$$

5 $\dfrac{1}{2}+\dfrac{1}{4}$을 두 가지 방법으로 계산하려고 합니다. ⬜ 안에 알맞은 수를 써넣으시오.

(1) $\dfrac{1}{2}+\dfrac{1}{4}=\dfrac{1\times4}{2\times\boxed{}}+\dfrac{1\times\boxed{}}{4\times2}=\dfrac{\boxed{}}{8}+\dfrac{\boxed{}}{8}=\dfrac{\boxed{}}{8}=\dfrac{\boxed{}}{4}$

(2) $\dfrac{1}{2}+\dfrac{1}{4}=\dfrac{1\times\boxed{}}{2\times2}+\dfrac{1}{4}=\dfrac{\boxed{}}{4}+\dfrac{1}{4}=\dfrac{\boxed{}}{4}$

6 $\dfrac{3}{8}+\dfrac{5}{12}$를 두 가지 방법으로 계산하려고 합니다. ⬜ 안에 알맞은 수를 써넣으시오.

(1) $\dfrac{3}{8}+\dfrac{5}{12}=\dfrac{3\times\boxed{}}{8\times12}+\dfrac{5\times8}{12\times\boxed{}}=\dfrac{\boxed{}}{96}+\dfrac{40}{\boxed{}}=\dfrac{\boxed{}}{96}=\dfrac{\boxed{}}{24}$

(2) $\dfrac{3}{8}+\dfrac{5}{12}=\dfrac{3\times3}{8\times\boxed{}}+\dfrac{5\times\boxed{}}{12\times2}=\dfrac{9}{\boxed{}}+\dfrac{\boxed{}}{24}=\dfrac{\boxed{}}{\boxed{}}$

7 다음을 계산하시오.

(1) $\dfrac{2}{3}+\dfrac{3}{4}$

(2) $\dfrac{3}{4}+\dfrac{5}{8}$

(3) $\dfrac{1}{6}+\dfrac{3}{10}$

(4) $\dfrac{4}{9}+\dfrac{4}{15}$

8 가장 큰 수와 가장 작은 수의 합을 구하시오.

$$\dfrac{1}{2}\qquad\dfrac{3}{4}\qquad\dfrac{5}{8}$$

(   )

1 분수에 맞게 그림에 색칠하고, ☐ 안에 알맞은 수를 써넣으시오.

$$\frac{2}{3} \quad + \quad \frac{1}{6} \quad = \quad \frac{\boxed{}}{\boxed{}}$$

2 다음을 계산할 때, 공통분모가 될 수 없는 것을 기호로 모두 쓰시오.

(1) $\dfrac{1}{3} + \dfrac{4}{9}$ 　　㉠ 6　㉡ 9　㉢ 12　㉣ 18　㉤ 27 　　　　(　　　　　　)

(2) $\dfrac{5}{6} + \dfrac{3}{8}$ 　　㉠ 12　㉡ 24　㉢ 48　㉣ 54　㉤ 96 　　　　(　　　　　　)

3 영표는 다음과 같이 분수의 덧셈을 잘못 계산했습니다. 처음으로 잘못 계산한 부분을 찾아 ○표 하고, 바르게 계산하시오.

$$\frac{3}{4} + \frac{2}{5} = \frac{3 \times 5}{4 \times 5} + \frac{2 \times 3}{5 \times 4} = \frac{15}{20} + \frac{6}{20} = \frac{21}{20} = 1\frac{1}{20}$$

$$\frac{3}{4} + \frac{2}{5} = \underline{\hspace{8cm}}$$

4 밑줄 친 부분에 나머지 계산 과정을 적으시오.

(1) $\dfrac{2}{5} + \dfrac{1}{6} = \dfrac{2 \times 6}{5 \times 6} + \underline{\hspace{7cm}}$

(2) $\dfrac{3}{5} + \dfrac{5}{15} = \dfrac{3 \times 3}{5 \times 3} + \underline{\hspace{7cm}}$

(3) $\dfrac{1}{8} + \dfrac{5}{12} = \dfrac{1 \times 3}{8 \times 3} + \underline{\hspace{7cm}}$

5 보기는 분모가 다른 두 분수의 덧셈을 계산하는 방법입니다. 계산 과정을 적으시오.

$$\frac{2}{3}+\frac{3}{5}=\frac{\boxed{}}{\boxed{}} \Rightarrow \frac{2}{3}=\frac{10}{15},\ \frac{3}{5}=\frac{9}{15} \Rightarrow \frac{10}{15}+\frac{9}{15}=1\frac{4}{15}$$

(1) $\dfrac{2}{3}+\dfrac{6}{7}=$ _____

(2) $\dfrac{4}{5}+\dfrac{5}{12}=$ _____

6 보기를 이용하여 ⬚ 안에 알맞은 수를 써넣으시오.

$$\frac{1}{\blacksquare}+\frac{1}{\bullet}=\frac{\bullet+\blacksquare}{\blacksquare\times\bullet}$$

(1) $\dfrac{1}{4}+\dfrac{1}{5}=\dfrac{5+\boxed{}}{4\times 5}$

(2) $\dfrac{1}{7}+\dfrac{1}{9}=\dfrac{\boxed{}+\boxed{}}{7\times 9}$

(3) $\dfrac{1}{10}+\dfrac{1}{11}=\dfrac{\boxed{}+\boxed{}}{10\times\boxed{}}=\dfrac{\boxed{}}{\boxed{}}$

(4) $\dfrac{1}{6}+\dfrac{1}{15}=\dfrac{\boxed{}+\boxed{}}{\boxed{}\times\boxed{}}=\dfrac{\boxed{}}{\boxed{}}$

7 크기가 같은 분수끼리 선을 그어 연결하시오.

(1) $\dfrac{2}{5}+\dfrac{3}{8}$ •　　　• $1\dfrac{7}{12}$

(2) $\dfrac{1}{7}+\dfrac{1}{4}$ •　　　• $\dfrac{31}{40}$

(3) $\dfrac{5}{6}+\dfrac{3}{4}$ •　　　• $\dfrac{11}{28}$

(4) $\dfrac{7}{10}+\dfrac{3}{4}$ •　　　• $1\dfrac{9}{20}$

8 계산 결과를 비교하여 ○ 안에 >, =, < 중에서 알맞은 것을 써넣으시오.

$$\frac{3}{4}+\frac{1}{6} \bigcirc \frac{1}{3}+\frac{7}{12}$$

9 다음을 계산하시오.

(1) $\frac{1}{2}+\frac{2}{3}+\frac{3}{4}$

(2) $\frac{2}{3}+\frac{4}{7}+\frac{9}{21}$

(3) $\frac{1}{3}+\frac{2}{5}+\frac{3}{10}$

(4) $\frac{1}{6}+\frac{5}{8}+\frac{3}{12}$

10 직사각형의 가로와 세로의 길이가 각각 $\frac{1}{3}$ cm, $\frac{4}{15}$ cm일 때, 이 직사각형의 둘레의 길이는 몇 cm입니까?

(   ) cm

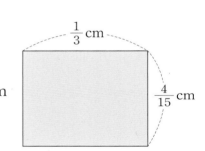

11 다음 덧셈의 결과는 진분수입니다. □ 안에 들어갈 수 있는 자연수는 모두 몇 개인지 구하시오.

$$\frac{7}{10}+\frac{\square}{12}$$

(   )개

서술형

12 □ 안에 들어갈 수 있는 자연수는 모두 몇 개인지 구하시오.

$$\frac{5}{9} + \frac{\square}{5} < 1\frac{2}{3}$$

정답 _____ 개

풀이 과정 _____

_____

서술형

13 상현이는 다음과 같은 방법으로 석류 음료수를 만들었습니다. 상현이가 만든 석류 음료수는 몇 L 인지 구하시오.

> ① 컵에 석류 원액 $\frac{1}{4}$ L를 넣습니다.
>
> ② 물을 $\frac{5}{7}$ L 넣고, 석류 원액과 물이 잘 섞이도록 젓습니다.
>
> ③ 석류 맛이 강하여 물 $\frac{1}{7}$ L를 더 넣었습니다.

정답 _____ L

풀이 과정 _____

_____

서술형

14 두리는 가족들과 함께 피자를 먹었습니다. 아빠와 엄마는 각각 피자 1판의 $\frac{5}{8}$ 를 먹었고, 두리는 피자 1판의 $\frac{1}{6}$ 을 먹었습니다. 가족들이 먹은 피자는 모두 피자 1판의 얼마인지 구하시오.

정답 _____

풀이 과정 _____

_____

분모가 다른 여러 가지 분수의 덧셈

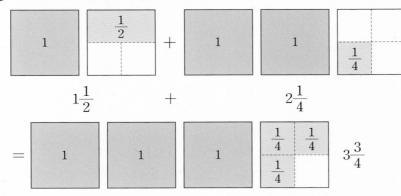

1 그림을 이용한 (대분수)+(대분수)의 계산

$$1\frac{1}{2} \quad + \quad 2\frac{1}{4}$$

$$= \quad 3\frac{3}{4}$$

2 자연수와 진분수로 분리하여 계산하기

$$1\frac{1}{2}+2\frac{1}{4}=\left(1+\frac{1}{2}\right)+\left(2+\frac{1}{4}\right)$$ ◀ 자연수와 진분수 분리하기

$$=(1+2)+\left(\frac{1}{2}+\frac{1}{4}\right)$$ ◀ 자연수끼리, 진분수끼리 모으기

$$=(1+2)+\left(\frac{2}{4}+\frac{1}{4}\right)$$ ◀ 진분수 통분하기

$$=3+\frac{3}{4}$$ ◀ 자연수는 자연수끼리, 진분수는 진분수끼리 더하기

$$=3\frac{3}{4}$$

➡ 자연수는 자연수끼리, 진분수는 진분수끼리 계산합니다.

➡ 두 분수의 분모가 다를 때는 통분합니다.

3 대분수를 가분수로 고쳐 계산하기

$$1\frac{1}{2}+2\frac{1}{4}=\frac{3}{2}+\frac{9}{4}=\frac{3\times2}{2\times2}+\frac{9}{4}=\frac{6}{4}+\frac{9}{4}=\frac{15}{4}=3\frac{3}{4}$$

1 대분수는 자연수와 진분수의 합으로 이루어져 있습니다.

2 분수의 덧셈에서는 진분수이든 대분수이든 가분수이든 분모를 같게 하는 것이 가장 중요합니다.

v 대분수를 자연수와 진분수로 분리하지 않은 상태에서 통분하는 방법도 있습니다.

$$1\frac{1}{2}+2\frac{1}{4}$$

$$=1\frac{1\times2}{2\times2}+2\frac{1}{4}$$

$$=1\frac{2}{4}+2\frac{1}{4}$$

$$=(1+2)+\left(\frac{2}{4}+\frac{1}{4}\right)$$

$$=3\frac{3}{4}$$

깊은생각

● $\square-\frac{2}{5}=2\frac{5}{6}$에서 $\square$ 안에 알맞은 수를 어떻게 구할까요?

방법1 등호의 왼쪽에 $\square$만 남도록 $\frac{2}{5}$를 등호의 양변에 더합니다.

$$\square-\frac{2}{5}+\frac{2}{5}=2\frac{5}{6}+\frac{2}{5} \implies \square=2\frac{5}{6}+\frac{2}{5}$$

방법2 $\square-\frac{2}{5}=2\frac{5}{6}$에서 $-\frac{2}{5}$의 부호를 바꿔서 등호의 오른쪽 식에 더합니다.

$$\square-\frac{2}{5}=2\frac{5}{6} \implies \square=2\frac{5}{6}+\frac{2}{5}$$

1 ☐ 안에 알맞은 수를 써넣으시오.

(1) $\dfrac{1}{3}+\dfrac{2}{3}=\dfrac{\boxed{}+\boxed{}}{3}$

(2) $2\dfrac{1}{5}+3\dfrac{2}{5}=\left(\boxed{}+3\right)+\left(\dfrac{1}{5}+\dfrac{\boxed{}}{5}\right)$

(3) $\dfrac{10}{7}+\dfrac{16}{7}=\boxed{}\dfrac{3}{7}+2\dfrac{\boxed{}}{7}=\left(\boxed{}+2\right)+\left(\dfrac{3}{7}+\dfrac{\boxed{}}{7}\right)$

2 ☐ 안에 알맞은 수를 써넣으시오.

(1) $1\dfrac{1}{2}+2\dfrac{2}{3}=\left(\boxed{}+\boxed{}\right)+\left(\dfrac{1}{2}+\dfrac{2}{3}\right)$

(2) $2\dfrac{1}{3}+3\dfrac{1}{6}=5+\left(\dfrac{\boxed{}}{\boxed{}}+\dfrac{\boxed{}}{\boxed{}}\right)$

(3) $4\dfrac{1}{8}+3\dfrac{5}{12}=\left(4+\boxed{}\right)+\left(\dfrac{1}{8}+\dfrac{\boxed{}}{\boxed{}}\right)$

3 ☐ 안에 알맞은 수를 써넣으시오.

(1) $1\dfrac{3}{4}+2\dfrac{1}{2}=\dfrac{\boxed{}}{4}+\dfrac{\boxed{}}{2}$

(2) $3\dfrac{2}{5}+1\dfrac{1}{10}=\dfrac{\boxed{}}{5}+\dfrac{\boxed{}}{10}=\dfrac{\boxed{}\times2}{5\times2}+\dfrac{\boxed{}}{10}$

(3) $1\dfrac{2}{6}+2\dfrac{3}{8}=\dfrac{\boxed{}}{6}+\dfrac{\boxed{}}{8}=\dfrac{\boxed{}\times4}{6\times4}+\dfrac{\boxed{}\times\boxed{}}{8\times\boxed{}}$

1 분모가 다른 두 대분수를 더하려고 합니다. ☐ 안에 알맞은 수를 써넣으시오.

$$1\frac{2}{3},\ 2\frac{1}{6} \Rightarrow 1\frac{\boxed{}}{6},\ 2\frac{1}{6}$$

$$1\frac{2}{3}+2\frac{1}{6}=1\frac{\boxed{}}{6}+2\frac{1}{6}=(1+\boxed{})+\left(\frac{\boxed{}}{6}+\frac{1}{6}\right)=\boxed{}+\frac{\boxed{}}{6}=\boxed{}\frac{\boxed{}}{6}$$

2 $1\frac{2}{3}+2\frac{3}{4}$ 을 계산하려고 합니다. ☐ 안에 알맞은 수를 써넣으시오.

$$1\frac{2}{3}+2\frac{3}{4}=1\frac{\boxed{}}{12}+2\frac{\boxed{}}{12}=(1+2)+\left(\frac{\boxed{}}{12}+\frac{\boxed{}}{12}\right)=3+\frac{\boxed{}}{12}=3+1\frac{\boxed{}}{12}=\boxed{}\frac{\boxed{}}{12}$$

3 $1\frac{1}{6}+2\frac{4}{9}$ 를 계산하려고 합니다. ☐ 안에 알맞은 수를 써넣으시오.

$$\boxed{})\underline{\quad 6 \qquad 9 \quad} \qquad \boxed{} \quad \boxed{}$$

⇒ 6과 9의 최소공배수는 ☐ 입니다.

$$1\frac{1}{6}+2\frac{4}{9}=1\frac{1\times\boxed{}}{6\times\boxed{}}+2\frac{4\times\boxed{}}{9\times\boxed{}}=1\frac{\boxed{}}{\boxed{}}+2\frac{\boxed{}}{\boxed{}}=(1+2)+\left(\frac{\boxed{}}{\boxed{}}+\frac{\boxed{}}{\boxed{}}\right)=3\frac{\boxed{}}{\boxed{}}$$

4 처음으로 잘못 계산한 부분을 찾아 ○표 하고, 두 분모의 최소공배수를 이용하여 바르게 계산하시오.

$$2\frac{1}{6}+1\frac{3}{8}=(2+1)+\left(\frac{8}{24}+\frac{28}{24}\right)=3\frac{36}{24}=4\frac{12}{24}=4\frac{1}{2}$$

$$2\frac{1}{6}+1\frac{3}{8}=\underline{\hspace{8cm}}$$

5 대분수를 가분수로 고쳐서 계산하려고 합니다. ☐ 안에 알맞은 수를 써넣으시오.

$$1\frac{2}{5}+2\frac{3}{10}=\frac{\square}{5}+\frac{\square}{10}=\frac{\square}{10}+\frac{\square}{10}=\frac{\square}{10}=\square\frac{\square}{10}$$

6 자연수는 자연수끼리, 진분수는 진분수끼리 더하여 계산하시오.

(1) $2\frac{1}{3}+1\frac{3}{5}$

(2) $1\frac{2}{7}+2\frac{3}{14}$

(3) $1\frac{2}{3}+2\frac{5}{6}$

(4) $1\frac{5}{6}+3\frac{2}{9}$

7 대분수를 가분수로 고쳐서 계산하시오.

(1) $1\frac{1}{2}+2\frac{1}{3}$

(2) $1\frac{1}{4}+2\frac{3}{8}$

(3) $2\frac{3}{4}+3\frac{5}{8}$

(4) $2\frac{3}{4}+1\frac{7}{10}$

1 분모가 다른 두 대분수를 더하려고 합니다. ☐ 안에 알맞은 수를 써넣으시오.

$$2\frac{1}{2},\ 1\frac{2}{5} \Rightarrow 2\frac{\boxed{}}{10},\ 1\frac{\boxed{}}{10}$$

$$2\frac{1}{2}+1\frac{2}{5}=2\frac{\boxed{}}{10}+1\frac{\boxed{}}{10}=(2+1)+\left(\frac{\boxed{}}{10}+\frac{\boxed{}}{10}\right)=\boxed{}\frac{\boxed{}}{10}$$

2 ☐ 안에 알맞은 수를 써넣으시오.

(1) $\dfrac{9}{4}+2\dfrac{5}{6}=\left(\boxed{}+2\right)+\left(\dfrac{3}{\boxed{}}+\dfrac{10}{\boxed{}}\right)=\boxed{}+\boxed{}\dfrac{1}{\boxed{}}=\boxed{}\dfrac{1}{\boxed{}}$

(2) $1\dfrac{1}{6}+\dfrac{25}{8}=\left(1+\boxed{}\right)+\left(\dfrac{\boxed{}}{24}+\dfrac{\boxed{}}{24}\right)=\boxed{}+\dfrac{\boxed{}}{24}=\boxed{}\dfrac{\boxed{}}{24}$

3 $1\dfrac{9}{10}+2\dfrac{8}{15}$ 을 두 가지 방법으로 계산하려고 합니다. ☐ 안에 알맞은 수를 써넣으시오.

(1) $1\dfrac{9}{10}+2\dfrac{8}{15}=(1+2)+\left(\dfrac{27}{\boxed{}}+\dfrac{16}{\boxed{}}\right)=3+\dfrac{43}{\boxed{}}=4\dfrac{\boxed{}}{\boxed{}}$

(2) $1\dfrac{9}{10}+2\dfrac{8}{15}=\dfrac{\boxed{}}{10}+\dfrac{\boxed{}}{15}=\dfrac{\boxed{}}{30}+\dfrac{\boxed{}}{30}=\dfrac{\boxed{}}{30}=\boxed{}\dfrac{\boxed{}}{\boxed{}}$

4 대분수를 가분수로 고쳐서 계산하시오.

(1) $2\dfrac{1}{2}+1\dfrac{1}{3}=\dfrac{\boxed{}}{2}+\dfrac{\boxed{}}{3}=\dfrac{\boxed{}}{6}+\dfrac{\boxed{}}{6}=\dfrac{\boxed{}}{6}=\boxed{}\dfrac{\boxed{}}{6}$

(2) $2\dfrac{1}{4}+3\dfrac{2}{5}=\dfrac{\boxed{}}{4}+\dfrac{\boxed{}}{5}=\dfrac{\boxed{}}{20}+\dfrac{\boxed{}}{20}=\dfrac{\boxed{}}{20}=\boxed{}\dfrac{\boxed{}}{20}$

(3) $1\dfrac{3}{8}+2\dfrac{1}{12}=\dfrac{\boxed{}}{8}+\dfrac{\boxed{}}{12}=\dfrac{\boxed{}}{24}+\dfrac{\boxed{}}{24}=\dfrac{\boxed{}}{24}=\boxed{}\dfrac{\boxed{}}{24}$

5 크기가 같은 분수끼리 선을 그어 연결하시오.

(1) $2\dfrac{1}{3}+3\dfrac{3}{4}$ •

• $1\dfrac{1}{12}+3\dfrac{1}{3}$

(2) $1\dfrac{3}{4}+2\dfrac{5}{6}$ •

• $3\dfrac{2}{3}+2\dfrac{5}{12}$

(3) $2\dfrac{5}{6}+1\dfrac{7}{12}$ •

• $1\dfrac{1}{3}+3\dfrac{1}{4}$

6 □ 안에 알맞은 대분수를 구하시오.

(1) $□-\dfrac{2}{3}=2\dfrac{3}{5}$　　　　　　　　　　(　　　　　　　　　)

(2) $□-2\dfrac{3}{5}=3\dfrac{7}{10}$　　　　　　　　　(　　　　　　　　　)

(3) $□-\dfrac{19}{12}=2\dfrac{9}{16}$　　　　　　　　　(　　　　　　　　　)

7 ◯ 안에 >, =, < 중에서 알맞은 것을 써넣으시오.

(1) $1\dfrac{5}{8}+1\dfrac{3}{10}$ ◯ 3

(2) $1\dfrac{1}{3}+2\dfrac{5}{6}$ ◯ $2\dfrac{1}{2}+1\dfrac{2}{3}$

(3) $2\dfrac{2}{3}+1\dfrac{2}{5}$ ◯ $3\dfrac{1}{5}+1\dfrac{1}{3}$

8 빈 칸에 알맞은 대분수를 써넣으시오.

+	$1\frac{2}{3}$	$2\frac{5}{6}$
$3\frac{1}{2}$		
$3\frac{3}{4}$		

9 다음을 계산하시오.

(1) $1\frac{1}{4}+3\frac{3}{5}$

(2) $4\frac{1}{5}+2\frac{1}{10}$

(3) $3\frac{1}{6}+\frac{20}{9}$

(4) $\frac{11}{8}+2\frac{7}{10}$

10 가장 큰 수와 가장 작은 수의 합을 구하시오.

$$2\frac{1}{4} \qquad 3\frac{5}{8} \qquad 1\frac{7}{12}$$

( )

11 ☐ 안에 들어갈 수 있는 자연수 중에서 가장 큰 수는 무엇입니까?

$$\frac{☐}{20} < 1\frac{3}{4}+1\frac{3}{10}$$

( )

서술형

12   □ 안에 들어갈 수 있는 모든 자연수의 합을 구하시오.

$$2\frac{2}{3}+1\frac{1}{2} < □ < 2\frac{2}{3}+3\frac{3}{8}$$

정답 ○ _____

풀이 과정 ○ _____

_____

서술형

13   준서와 은재는 각각 가지고 있는 카드를 한 번씩만 사용해서 가장 큰 대분수를 만들었습니다. 준서가 만든 가장 큰 대분수와 은재가 만든 가장 큰 대분수의 합을 구하시오.

  9

3

준서   은재

정답 ○ _____

풀이 과정 ○ _____

_____

서술형

14   주말에 가족여행을 떠났습니다. 집에서 숙소로 가기 위해 기차를 $2\frac{1}{3}$시간, 버스를 $1\frac{3}{5}$시간 탔습니다. 버스에서 내려 $\frac{3}{4}$시간을 걸어 숙소에 도착했다면 집에서 숙소까지 가기 위해 걸린 시간은 모두 몇 시간인지 구하시오.

정답 ○ _____ 시간

풀이 과정 ○ _____

_____

분모가 다른 진분수의 뺄셈

1 그림을 이용한 (진분수)−(진분수)의 계산

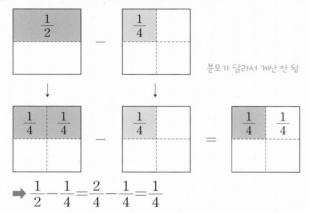

분모가 달라서 계산 안 됨

$$\frac{1}{2}-\frac{1}{4}=\frac{2}{4}-\frac{1}{4}=\frac{1}{4}$$

1 분모가 다른 진분수의 뺄셈은 통분하여 분모를 같게 한 후에 분모는 그대로 두고 분자끼리 뺍니다.

3 공통분모는 무수히 많기 때문에 가장 간단히 계산할 수 있는 최소공배수를 공통분모로 하는 것이 좋습니다.

2 두 분모의 곱을 공통분모로 하여 통분한 후 계산하기

$$\frac{3}{4}-\frac{1}{6}=\frac{3\times6}{4\times6}-\frac{1\times4}{6\times4}=\frac{18}{24}-\frac{4}{24}=\frac{18-4}{24}=\frac{\overset{7}{14}}{\underset{12}{24}}=\frac{7}{12}$$

$$\frac{5}{6}-\frac{3}{4}=\frac{5\times4}{6\times4}-\frac{3\times6}{4\times6}=\frac{20}{24}-\frac{18}{24}=\frac{20-18}{24}=\frac{\overset{1}{2}}{\underset{12}{24}}=\frac{1}{12}$$

3 두 분모의 최소공배수를 공통분모로 하여 통분한 후 계산하기

$$\frac{3}{4}-\frac{1}{6}=\frac{3\times3}{4\times3}-\frac{1\times2}{6\times2}=\frac{9}{12}-\frac{2}{12}=\frac{9-2}{12}=\frac{7}{12}$$

$$\frac{5}{6}-\frac{3}{4}=\frac{5\times2}{6\times2}-\frac{3\times3}{4\times3}=\frac{10}{12}-\frac{9}{12}=\frac{10-9}{12}=\frac{1}{12}$$

➡ 4와 6의 최소공배수는 12입니다.

깊은생각

● 두 분수를 통분할 때 두 분모의 곱을 공통분모로 하여 통분하면 마지막 단계에서 약분을 해야 합니다.
그러나 두 분모의 최소공배수를 공통분모로 하여 통분하면 약분을 하지 않아도 됩니다.

(두 분모의 곱을 공통분모로 할 때)
$$\frac{3}{4}-\frac{1}{6}=\frac{3\times6}{4\times6}-\frac{1\times4}{6\times4}=\frac{\overset{7}{14}}{\underset{12}{24}}=\frac{7}{12}$$

(두 분모의 최소공배수를 공통분모로 할 때)
$$\frac{3}{4}-\frac{1}{6}=\frac{3\times3}{4\times3}-\frac{1\times2}{6\times2}=\frac{7}{12}$$

1 그림을 이용하여 $\dfrac{1}{3} - \dfrac{1}{4}$ 을 계산하시오.

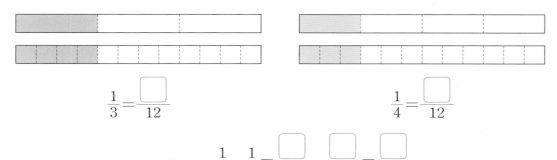

$$\dfrac{1}{3} = \dfrac{\boxed{}}{12}$$

$$\dfrac{1}{4} = \dfrac{\boxed{}}{12}$$

$$\dfrac{1}{3} - \dfrac{1}{4} = \dfrac{\boxed{}}{12} - \dfrac{\boxed{}}{12} = \dfrac{\boxed{}}{12}$$

2 두 분수의 뺄셈을 하려고 합니다. 두 분모의 곱을 공통분모로 하여 통분하시오.

(1) $\left(\dfrac{1}{2}, \dfrac{1}{3} \right)$ ➡ (,   )

(2) $\left(\dfrac{9}{10}, \dfrac{7}{15} \right)$ ➡ (,   )

3 두 분수의 뺄셈을 하려고 합니다. 두 분모의 최소공배수를 공통분모로 하여 통분하시오.

(1) $\left(\dfrac{2}{3}, \dfrac{4}{9} \right)$ ➡ (,   )

(2) $\left(\dfrac{7}{12}, \dfrac{3}{8} \right)$ ➡ (,   )

4 ☐ 안에 알맞은 수를 써넣으시오.

(1) $\dfrac{2}{3} - \dfrac{3}{5} = \dfrac{2 \times \boxed{}}{3 \times 5} - \dfrac{3 \times \boxed{}}{5 \times 3} = \dfrac{\boxed{}}{15} - \dfrac{\boxed{}}{15} = \dfrac{\boxed{}}{15}$

(2) $\dfrac{5}{6} - \dfrac{3}{8} = \dfrac{5 \times \boxed{}}{6 \times 4} - \dfrac{3 \times \boxed{}}{8 \times 3} = \dfrac{\boxed{}}{24} - \dfrac{\boxed{}}{24} = \dfrac{\boxed{}}{24}$

1 오른쪽 그림에 색칠하고, ☐ 안에 알맞은 수를 써넣으시오.

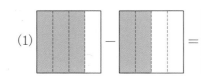

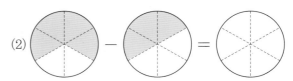

(1) $\dfrac{3}{4} - \dfrac{1}{2} = \dfrac{\boxed{}}{4}$

(2) $\dfrac{2}{3} - \dfrac{3}{6} = \dfrac{\boxed{}}{6}$

2 그림을 보고, ☐ 안에 알맞은 수를 써넣으시오.

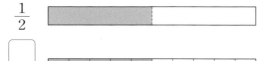

$$\dfrac{1}{2} - \dfrac{2}{5} = \dfrac{\boxed{}}{10} - \dfrac{\boxed{}}{10} = \dfrac{\boxed{}}{10}$$

3 아래 종이테이프에 색칠하고, ☐ 안에 알맞은 수를 써넣으시오.

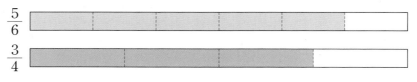

↓

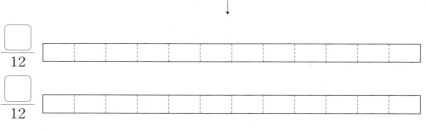

$$\dfrac{5}{6} - \dfrac{3}{4} = \dfrac{\boxed{}}{12} - \dfrac{\boxed{}}{12} = \dfrac{\boxed{}}{12}$$

4 ☐ 안에 알맞은 수를 써넣으시오.

$$\dfrac{5}{7} - \dfrac{2}{5} = \dfrac{5 \times \boxed{}}{7 \times 5} - \dfrac{2 \times \boxed{}}{5 \times 7} = \dfrac{\boxed{}}{35} - \dfrac{\boxed{}}{35} = \dfrac{\boxed{}}{35}$$

5 $\dfrac{3}{4}-\dfrac{1}{2}$ 을 두 가지 방법으로 계산하려고 합니다. ⬜ 안에 알맞은 수를 써넣으시오.

(1) $\dfrac{3}{4}-\dfrac{1}{2}=\dfrac{3\times\boxed{}}{4\times2}-\dfrac{1\times4}{2\times\boxed{}}=\dfrac{\boxed{}}{8}-\dfrac{\boxed{}}{8}=\dfrac{\boxed{}}{8}=\dfrac{\boxed{}}{4}$

(2) $\dfrac{3}{4}-\dfrac{1}{2}=\dfrac{3}{4}-\dfrac{1\times2}{2\times\boxed{}}=\dfrac{3}{4}-\dfrac{\boxed{}}{4}=\dfrac{\boxed{}}{4}$

6 $\dfrac{5}{12}-\dfrac{3}{8}$ 을 두 가지 방법으로 계산하려고 합니다. 밑줄 친 부분에 나머지 계산 과정을 적으시오.

(1) $\dfrac{5}{12}-\dfrac{3}{8}=\dfrac{5\times8}{12\times8}-$ _____

(2) $\dfrac{5}{12}-\dfrac{3}{8}=\dfrac{5\times2}{12\times2}-$ _____

7 다음을 계산하시오.

(1) $\dfrac{2}{3}-\dfrac{1}{5}$

(2) $\dfrac{3}{4}-\dfrac{5}{8}$

(3) $\dfrac{5}{6}-\dfrac{7}{9}$

(4) $\dfrac{7}{15}-\dfrac{4}{9}$

8 가장 큰 수와 가장 작은 수의 차를 구하시오.

$$\dfrac{2}{3}\qquad\dfrac{5}{6}\qquad\dfrac{7}{9}$$

(   )

1 분수에 맞게 색칠하고, ☐ 안에 알맞은 수를 써넣으시오.

$$\frac{1}{3} \quad - \quad \frac{1}{6} \quad = \quad \frac{\boxed{}}{\boxed{}}$$

2 보기와 같이 계산하시오.

$$\frac{3}{5} - \frac{1}{3} = \frac{3 \times 3}{5 \times 3} - \frac{1 \times 5}{3 \times 5}$$

$$\frac{5}{6} - \frac{3}{5} = \underline{}$$

3 ☐ 안에 알맞은 수를 써넣으시오.

$\frac{5}{8}$ 는 $\frac{1}{24}$ 이 $\boxed{}$ 개, $\frac{7}{12}$ 은 $\frac{1}{24}$ 이 $\boxed{}$ 개이므로 $\frac{5}{8} - \frac{7}{12}$ 은 $\frac{1}{24}$ 이 $\boxed{}$ 개입니다.

따라서 $\frac{5}{8} - \frac{7}{12} = \frac{\boxed{}}{24}$ 입니다.

4 밑줄 친 부분에 나머지 계산 과정을 적으시오.

(1) $\dfrac{2}{3} - \dfrac{1}{4} = \dfrac{2 \times 4}{3 \times 4} - \underline{}$

(2) $\dfrac{3}{4} - \dfrac{5}{8} = \dfrac{3 \times 2}{4 \times 2} - \underline{}$

(3) $\dfrac{5}{6} - \dfrac{3}{4} = \dfrac{5 \times 2}{6 \times 2} - \underline{}$

5 보기를 이용하여 다음을 계산하시오.

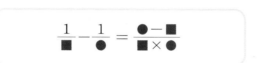

$$\frac{2}{3} - \frac{2}{4} = \frac{2}{3} - \frac{1}{2} = \frac{2 \times 2}{3 \times 2} - \frac{1 \times 3}{2 \times 3}$$

(1) $\dfrac{3}{4} - \dfrac{4}{6} =$ _____

(2) $\dfrac{6}{10} - \dfrac{3}{7} =$ _____

(3) $\dfrac{10}{12} - \dfrac{6}{9} =$ _____

6 보기를 이용하여 ☐ 안에 알맞은 수를 써넣으시오.

$$\frac{1}{■} - \frac{1}{●} = \frac{● - ■}{■ \times ●}$$

(1) $\dfrac{1}{3} - \dfrac{1}{5} = \dfrac{5 - \boxed{}}{3 \times 5}$

(2) $\dfrac{1}{5} - \dfrac{1}{7} = \dfrac{\boxed{} - \boxed{}}{5 \times 7}$

(3) $\dfrac{1}{6} - \dfrac{1}{8} = \dfrac{\boxed{} - \boxed{}}{6 \times \boxed{}} = \dfrac{\boxed{}}{\boxed{}}$

(4) $\dfrac{1}{7} - \dfrac{1}{10} = \dfrac{\boxed{} - \boxed{}}{\boxed{} \times \boxed{}} = \dfrac{\boxed{}}{\boxed{}}$

7 빈 칸에 알맞은 수를 써넣으시오.

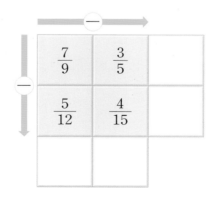

8 계산 결과를 비교하여 ○ 안에 >, =, < 중에서 알맞은 것을 써넣으시오.

$$\frac{5}{6} - \frac{3}{4} \bigcirc \frac{7}{8} - \frac{5}{6}$$

(   )

9 다음을 계산하시오.

(1) $\dfrac{1}{2} + \dfrac{2}{3} - \dfrac{3}{4}$ (2) $\dfrac{1}{3} - \dfrac{1}{6} - \dfrac{1}{9}$

(3) $\dfrac{3}{4} - \dfrac{5}{8} + \dfrac{7}{12}$ (4) $\dfrac{7}{12} - \dfrac{1}{6} - \dfrac{3}{8}$

10 직사각형의 가로와 세로의 길이의 차는 몇 cm입니까?

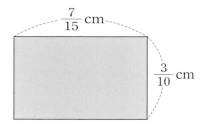

(   )cm

11 □ 안에 들어갈 수 있는 자연수는 모두 몇 개인지 구하시오.

$$\frac{11}{12} - \frac{5}{6} < \frac{\square}{12} < \frac{3}{8} - \frac{1}{6}$$

(   )개

정답/풀이 ➜ 41쪽

서술형

12 빵을 만들려고 합니다. $\frac{7}{9}$ kg의 밀가루가 있습니다. 빵 1개를 만드는 데 $\frac{1}{12}$ kg의 밀가루가 사용됩니다. 만들 수 있는 빵은 최대 몇 개인지, 만들고 남은 밀가루의 양은 몇 kg인지 구하시오.

정답 ○ _____ 개, _____ kg

풀이 과정 ○ _____

_____

서술형

13 계산 결과가 큰 수부터 차례대로 기호를 적으시오.

> (가) $\frac{2}{9} + \frac{1}{5}$ (나) $\frac{3}{5} - \frac{4}{15}$
>
> (다) $\frac{2}{5} + \frac{7}{45}$ (라) $\frac{7}{9} - \frac{8}{15}$

정답 ○ (_____ → _____ → _____ → _____)

풀이 과정 ○ _____

_____

서술형

14 지훈, 준서, 예지 세 사람이 어떤 일을 함께 하려고 합니다. 하루에 지훈이는 $\frac{11}{35}$ 을, 준서는 $\frac{2}{7}$ 를, 예지는 $\frac{1}{5}$ 을 합니다. 각각 3일 동안 이 일을 했을 때, 가장 많이 일을 한 사람은 가장 적게 일을 한 사람보다 얼마만큼 일을 더 했는지 구하시오.

정답 ○ (_____)가 (_____)보다 (_____)만큼 일을 더 했습니다.

풀이 과정 ○ _____

_____

분모가 다른 대분수의 뺄셈

1 그림을 이용한 (대분수)−(대분수)의 계산

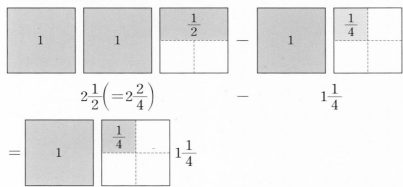

$2\dfrac{1}{2}\left(=2\dfrac{2}{4}\right)$ − $1\dfrac{1}{4}$

$=$ $1\dfrac{1}{4}$

> **1** 대분수는 자연수와 진분수의 합으로 이루어져 있습니다.
>
> **2** 분수의 덧셈과 뺄셈에서는 진분수이든 대분수이든 가분수이든 분모를 같게 하는 것이 가장 중요합니다.

2 자연수와 진분수로 분리하여 계산하기

$2\dfrac{1}{2}-1\dfrac{1}{4}=\left(2+\dfrac{1}{2}\right)-\left(1+\dfrac{1}{4}\right)$ ◀ 자연수와 진분수 분리하기

$\qquad\qquad=(2-1)+\left(\dfrac{1}{2}-\dfrac{1}{4}\right)$ ◀ 자연수끼리, 진분수끼리 모으기

$\qquad\qquad=(2-1)+\left(\dfrac{2}{4}-\dfrac{1}{4}\right)$ ◀ 진분수 통분하기

$\qquad\qquad=1+\dfrac{1}{4}$ ◀ 자연수는 자연수끼리, 진분수는 진분수끼리 빼기

$\qquad\qquad=1\dfrac{1}{4}$

➡ 자연수는 자연수끼리, 진분수는 진분수끼리 계산합니다.

➡ 두 분수의 분모가 다를 때는 통분합니다.

3 대분수를 가분수로 고쳐 계산하기

$2\dfrac{1}{2}-1\dfrac{1}{4}=\dfrac{5}{2}-\dfrac{5}{4}=\dfrac{5\times 2}{2\times 2}-\dfrac{5}{4}=\dfrac{10}{4}-\dfrac{5}{4}=\dfrac{5}{4}=1\dfrac{1}{4}$

깊은생각

● $3\dfrac{1}{2}-2\dfrac{2}{3}$에서 $\dfrac{1}{2}\left(=\dfrac{3}{6}\right)<\dfrac{2}{3}\left(=\dfrac{4}{6}\right)$이므로 $\dfrac{1}{2}-\dfrac{2}{3}$의 계산이 가능하지 않습니다.

이때는 $3\dfrac{1}{2}$에서 자연수 1만큼 받아내림하여 $3\dfrac{1}{2}=2+1\dfrac{1}{2}=2+\dfrac{3}{2}=2\dfrac{3}{2}$으로 바꾸어 계산합니다.

$\dfrac{1}{2}<\dfrac{2}{3}$ ➡ $\dfrac{1}{2}-\dfrac{2}{3}$ $\qquad$ $3\dfrac{1}{2}$ → $2\dfrac{3}{2}$ ➡ $\dfrac{3}{2}>\dfrac{2}{3}$ ➡ $\dfrac{3}{2}-\dfrac{2}{3}$

$\qquad$계산이 가능하지 않음 $\qquad\qquad\qquad$ 받아내림 $\qquad\qquad\qquad\qquad$ 계산이 가능함

$3\dfrac{1}{2}-2\dfrac{2}{3}=2\dfrac{3}{2}-2\dfrac{2}{3}=2\dfrac{3\times 3}{2\times 3}-2\dfrac{2\times 2}{3\times 2}=2\dfrac{9}{6}-2\dfrac{4}{6}=(2-2)+\left(\dfrac{9}{6}-\dfrac{4}{6}\right)=0+\dfrac{5}{6}=\dfrac{5}{6}$

바로! 확인문제

1 □ 안에 알맞은 수를 써넣으시오.

(1) $\dfrac{2}{3} - \dfrac{1}{3} = \dfrac{\boxed{} - \boxed{}}{3}$

(2) $3\dfrac{4}{5} - 2\dfrac{2}{5} = (3 - \boxed{}) + \left(\dfrac{\boxed{}}{5} - \dfrac{2}{5}\right)$

(3) $\dfrac{17}{7} - \dfrac{9}{7} = 2\dfrac{\boxed{}}{7} - \boxed{}\dfrac{2}{7} = (2 - \boxed{}) + \left(\dfrac{\boxed{}}{7} - \dfrac{2}{7}\right)$

2 □ 안에 알맞은 수를 써넣으시오.

(1) $3\dfrac{2}{3} - 1\dfrac{1}{2} = (\boxed{} - \boxed{}) + \left(\dfrac{2}{3} - \dfrac{1}{2}\right)$

(2) $5\dfrac{1}{2} - 2\dfrac{1}{4} = 3 + \left(\dfrac{\boxed{}}{\boxed{}} - \dfrac{\boxed{}}{\boxed{}}\right)$

(3) $4\dfrac{5}{8} - 1\dfrac{7}{12} = (\boxed{} - 1) + \left(\dfrac{5}{8} - \dfrac{\boxed{}}{\boxed{}}\right)$

3 □ 안에 알맞은 수를 써넣으시오.

(1) $3\dfrac{2}{3} - 2\dfrac{1}{2} = \dfrac{\boxed{}}{3} - \dfrac{\boxed{}}{2}$

(2) $2\dfrac{3}{4} - 1\dfrac{1}{8} = \dfrac{\boxed{}}{4} - \dfrac{\boxed{}}{8} = \dfrac{\boxed{} \times 2}{4 \times 2} - \dfrac{\boxed{}}{8}$

(3) $3\dfrac{5}{6} - 2\dfrac{3}{8} = \dfrac{\boxed{}}{6} - \dfrac{\boxed{}}{8} = \dfrac{\boxed{} \times 4}{6 \times 4} - \dfrac{\boxed{} \times \boxed{}}{8 \times \boxed{}}$

1 오른쪽 그림에 색칠하고, ☐ 안에 알맞은 수를 써넣으시오.

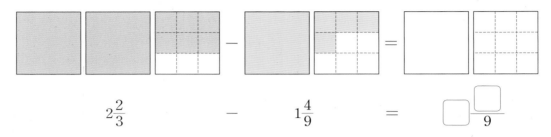

$$2\frac{2}{3} \qquad - \qquad 1\frac{4}{9} \qquad = \qquad \boxed{}\frac{\boxed{}}{9}$$

2 분모가 다른 두 대분수의 뺄셈을 하려고 합니다. ☐ 안에 알맞은 수를 써넣으시오.

$$2\frac{3}{4},\ 1\frac{1}{2}\ \Rightarrow\ 2\frac{3}{4},\ 1\frac{\boxed{}}{4}$$

$$2\frac{3}{4}-1\frac{1}{2}=2\frac{3}{4}-1\frac{\boxed{}}{4}=\left(\boxed{}-1\right)+\left(\frac{3}{4}-\frac{\boxed{}}{4}\right)=\boxed{}+\frac{\boxed{}}{4}=\boxed{}\frac{\boxed{}}{4}$$

3 $2\frac{3}{4}-1\frac{2}{3}$ 를 계산하려고 합니다. ☐ 안에 알맞은 수를 써넣으시오.

$$2\frac{3}{4}-1\frac{2}{3}=2\frac{3\times\boxed{}}{4\times\boxed{}}-1\frac{2\times\boxed{}}{3\times\boxed{}}=(2-1)+\left(\frac{\boxed{}}{12}-\frac{\boxed{}}{12}\right)=1\frac{\boxed{}}{\boxed{}}$$

4 $3\frac{7}{10}-2\frac{8}{15}$ 을 계산하려고 합니다. ☐ 안에 알맞은 수를 써넣으시오.

$$\boxed{}\,)\underline{\ 10 \qquad 15\ }$$
$$\boxed{} \qquad \boxed{}$$

➡ 10과 15의 최소공배수는 ☐입니다.

$$3\frac{7}{10}-2\frac{8}{15}=3\frac{7\times\boxed{}}{10\times\boxed{}}-2\frac{8\times\boxed{}}{15\times\boxed{}}=3\frac{\boxed{}}{\boxed{}}-2\frac{\boxed{}}{\boxed{}}=(3-2)+\left(\frac{\boxed{}}{\boxed{}}-\frac{\boxed{}}{\boxed{}}\right)=1\frac{\boxed{}}{\boxed{}}$$

5 대분수를 가분수로 고쳐서 계산하려고 합니다. ☐ 안에 알맞은 수를 써넣으시오.

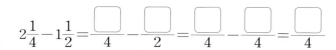

$$2\frac{1}{4} - 1\frac{1}{2} = \frac{\boxed{}}{4} - \frac{\boxed{}}{2} = \frac{\boxed{}}{4} - \frac{\boxed{}}{4} = \frac{\boxed{}}{4}$$

6 자연수는 자연수끼리, 진분수는 진분수끼리 빼서 계산하시오.

(1) $4\frac{2}{3} - 3\frac{1}{2}$

(2) $3\frac{1}{2} - 2\frac{1}{4}$

(3) $7\frac{5}{6} - 4\frac{3}{8}$

(4) $3\frac{8}{9} - 1\frac{5}{6}$

7 대분수를 가분수로 고쳐서 계산하시오.

(1) $3\frac{1}{2} - 1\frac{1}{3}$

(2) $3\frac{3}{4} - 2\frac{1}{2}$

(3) $4\frac{3}{4} - 2\frac{5}{6}$

(4) $2\frac{5}{6} - 1\frac{7}{10}$

1 오른쪽 그림에 색칠하고, ☐ 안에 알맞은 수를 써넣으시오.

$$2\frac{2}{3} - 1\frac{1}{4} = 2\frac{\boxed{}}{12} - 1\frac{\boxed{}}{12} = 1\frac{\boxed{}}{12}$$

2 $3\frac{5}{6} - 1\frac{3}{4}$ 을 두 가지 방법으로 계산하려고 합니다. ☐ 안에 알맞은 수를 써넣으시오.

(1) $3\frac{5}{6} - 1\frac{3}{4} = (3 - \boxed{}) + \left(\dfrac{10}{\boxed{}} - \dfrac{9}{\boxed{}}\right) = \boxed{}\dfrac{\boxed{}}{\boxed{}}$

(2) $3\frac{5}{6} - 1\frac{3}{4} = \dfrac{\boxed{}}{6} - \dfrac{\boxed{}}{4} = \dfrac{\boxed{}}{12} - \dfrac{\boxed{}}{12} = \dfrac{\boxed{}}{12} = \boxed{}\dfrac{\boxed{}}{\boxed{}}$

3 ☐ 안에 알맞은 수를 써넣으시오.

(1) $\dfrac{23}{6} - 2\frac{1}{4} = (\boxed{} - 2) + \left(\dfrac{10}{\boxed{}} - \dfrac{3}{\boxed{}}\right) = \boxed{}\dfrac{7}{\boxed{}}$

(2) $3\frac{3}{8} - \dfrac{7}{6} = (3 - \boxed{}) + \left(\dfrac{\boxed{}}{24} - \dfrac{\boxed{}}{24}\right) = \boxed{}\dfrac{\boxed{}}{24}$

4 대분수를 가분수로 고쳐서 계산하시오.

(1) $3\frac{1}{3} - 1\frac{1}{4} = \dfrac{\boxed{}}{3} - \dfrac{\boxed{}}{4} = $ _____

(2) $3\frac{2}{3} - 2\frac{1}{6} = \dfrac{\boxed{}}{3} - \dfrac{\boxed{}}{6} = $ _____

(3) $2\frac{3}{8} - 1\frac{1}{12} = \dfrac{\boxed{}}{8} - \dfrac{\boxed{}}{12} = $ _____

5 크기가 같은 분수끼리 선을 그어 연결하시오.

(1) $4\dfrac{3}{4}-2\dfrac{1}{3}$ •

(2) $2\dfrac{5}{6}-1\dfrac{3}{4}$ •

(3) $3\dfrac{5}{6}-1\dfrac{3}{8}$ •

• $3\dfrac{2}{3}-1\dfrac{5}{24}$

• $3\dfrac{2}{3}-1\dfrac{1}{4}$

• $2\dfrac{1}{3}-1\dfrac{1}{4}$

6 □ 안에 알맞은 대분수를 구하시오.

(1) $\square+1\dfrac{1}{4}=2\dfrac{3}{5}$ ( )

(2) $2\dfrac{1}{6}+\square=5\dfrac{3}{4}$ ( )

(3) $\square+3\dfrac{1}{6}=4\dfrac{7}{15}$ ( )

7 보기와 같이 ○ 안에 >, =, < 중에서 알맞은 것을 써넣고, 대분수의 자연수에서 1만큼을 분수로 바꾸어 계산하시오.

$$\left(\dfrac{1}{3}<\dfrac{3}{4}\right) \Rightarrow 4\dfrac{1}{3}-2\dfrac{3}{4}=3\dfrac{4}{3}-2\dfrac{3}{4}$$

(1) $2\dfrac{1}{3}-1\dfrac{1}{2}$ $\left(\dfrac{1}{3}\bigcirc\dfrac{1}{2}\right) \Rightarrow 2\dfrac{1}{3}-1\dfrac{1}{2}=$ _____

(2) $2\dfrac{3}{4}-1\dfrac{7}{8}$ $\left(\dfrac{3}{4}\bigcirc\dfrac{7}{8}\right) \Rightarrow 2\dfrac{3}{4}-1\dfrac{7}{8}=$ _____

(3) $4\dfrac{1}{6}-2\dfrac{2}{9}$ $\left(\dfrac{1}{6}\bigcirc\dfrac{2}{9}\right) \Rightarrow 4\dfrac{1}{6}-2\dfrac{2}{9}=$ _____

8 빈 칸에 알맞은 수를 써넣으시오.

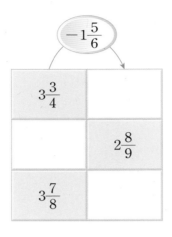

9 다음을 계산하시오.

(1) $2\dfrac{3}{4}-\dfrac{10}{7}$

(2) $5\dfrac{3}{4}-3\dfrac{5}{6}$

(3) $6-3\dfrac{2}{5}-1\dfrac{4}{7}$

(4) $3\dfrac{5}{6}-1\dfrac{3}{8}-1\dfrac{5}{12}$

10 ◯ 안에 >, =, < 중에서 알맞은 것을 써넣으시오.

$$5\dfrac{2}{5}-3\dfrac{8}{9} \bigcirc 4\dfrac{1}{3}-2\dfrac{4}{5}$$

11 □ 안에 들어갈 수 있는 자연수 중에서 가장 큰 수는 무엇입니까?

$$2\dfrac{\square}{12} < 4\dfrac{3}{4}-1\dfrac{5}{6}$$

(   )

12 [서술형] 어떤 수에서 $3\frac{1}{3}$을 빼야 할 것을 잘못하여 더했더니 $8\frac{6}{7}$이 되었습니다. 바르게 계산한 값을 구하시오.

정답 ○ _____

풀이 과정 ○ _____

_____

13 [서술형] 다음 세 분수 중 가장 큰 분수에서 가장 작은 분수를 뺀 후, 나머지 분수를 더한 값을 구하시오.

$$1\frac{3}{4} \qquad 1\frac{4}{5} \qquad 1\frac{7}{8}$$

정답 ○ _____

풀이 과정 ○ _____

_____

14 [서술형] 길이가 $8\frac{4}{7}$cm인 종이테이프 3장을 $2\frac{3}{8}$cm씩 겹치게 이어 붙였습니다. 이어 붙인 종이테이프의 전체 길이는 몇 cm인지 구하시오.

정답 ○ _____ cm

풀이 과정 ○ _____

_____

단원 총정리

1 약수와 배수

- 어떤 수를 나누어떨어지게 하는 수를 그 수의 약수라고 합니다.
- 어떤 수를 1배, 2배, 3배, …한 수를 그 수의 배수라고 합니다.

2 최대공약수와 최소공배수

- 8과 12의 공통된 약수 1, 2, 4를 8과 12의 공약수라고 합니다.
- 8과 12의 공약수 중에서 가장 큰 수인 4를 8과 12의 최대공약수라고 합니다.
- 2과 3의 공통된 배수 6, 12, 18, …을 2과 3의 공배수라고 합니다.
- 2과 3의 공배수 중에서 가장 작은 수인 6을 2과 3의 최소공배수라고 합니다.

3 약분과 통분

- 분모와 분자를 공약수(＝공통된 약수)로 나누어 간단한 분수로 만드는 것을 약분한다고 합니다.
- 분수의 분모를 같게 하는 것을 통분한다고 하고, 통분한 분모를 공통분모라고 합니다.

$$\left(\frac{3}{4}, \frac{5}{6}\right) \Rightarrow \left(\frac{3\times6}{4\times6}, \frac{5\times4}{6\times4}\right) = \left(\frac{18}{24}, \frac{20}{24}\right)$$ ◀ 두 분모의 곱을 공통분모로 하여 통분하기

$$\left(\frac{3}{4}, \frac{5}{6}\right) \Rightarrow \left(\frac{3\times3}{4\times3}, \frac{5\times2}{6\times2}\right) = \left(\frac{9}{12}, \frac{10}{12}\right)$$ ◀ 두 분모의 최소공배수를 공통분모로 하여 통분하기

4 분모가 다른 분수의 크기 비교

➡ 두 분수를 통분하여 분모를 같게 한 다음 분자의 크기를 비교합니다.
- 두 대분수의 자연수 크기가 다르면 자연수의 크기를 비교합니다.
- 두 대분수의 자연수 크기가 같으면 진분수의 크기를 비교합니다.

5 분모가 다른 분수의 덧셈과 뺄셈

- 분모가 다른 진분수의 덧셈과 뺄셈
  ➡ 통분한 후, 분모는 그대로 두고 분자끼리 계산합니다.
- 분모가 다른 대분수의 덧셈과 뺄셈
  ➡ 자연수는 자연수끼리, 진분수는 진분수끼리 계산합니다.
  ➡ 두 분수의 분모가 다를 때는 통분합니다.

$$1\frac{1}{2} + 2\frac{1}{4} = (1+2) + \left(\frac{1}{2} + \frac{1}{4}\right) = (1+2) + \left(\frac{2}{4} + \frac{1}{4}\right) = 3\frac{3}{4}$$

---

1 (1) 1은 모든 자연수의 약수입니다.
(2) 어떤 수의 배수 중에서 가장 작은 배수는 자기 자신입니다.

2
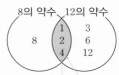
공약수   최대공약수
(색칠된 부분)

2

공배수   최소공배수
(색칠된 부분)

2 (1) 두 수의 공약수는 두 수의 최대공약수의 약수입니다.
(2) 두 수의 공배수는 두 수의 최소공배수의 배수입니다.

3 분모와 분자의 공약수가 1뿐인 분수를 기약분수라고 합니다. 분모와 분자의 공약수가 1뿐이라는 말은 더 이상 약분할 수 없는 분수를 말합니다.

3 공통분모는 무수히 많기 때문에 가장 간단히 계산할 수 있는 최소공배수를 공통분모로 하는 것이 좋습니다.

단원평가문제

1 ☐ 안에 알맞은 수를 써넣고, 약수를 구하시오.

(1)
6÷☐=6   6÷☐=3
6÷☐=2   6÷☐=1

6의 약수 : (   )

(2)
9÷☐=9   9÷☐=3
9÷☐=1

9의 약수 : (   )

2 64의 약수는 모두 몇 개입니까?

(   )개

3 식을 보고 옳은 설명에 ○표, 틀린 설명에 ×표 하시오.

$$4 \times 5 = 20$$

(1) 4와 5는 20의 약수입니다.   (   )

(2) 20의 약수는 4와 5뿐입니다.   (   )

(3) 20은 4의 배수이면서 5의 배수입니다.   (   )

4 8의 배수 중에서 가장 큰 두 자리 수를 구하시오.

(   )

5 다음 두 수의 공약수, 최대공약수를 구하시오.

(1) | 16   20 |

공약수　　　　: _____

최대공약수 : _____

(2) | 8   12 |

공약수　　　　: _____

최대공약수 : _____

6 두 수의 최대공약수를 바르게 구한 것에 ○표, 잘못 구한 것에 ×표 하시오.

$$
\begin{array}{r|rr}
2) & 36 & 60 \\
2) & 18 & 30 \\
\hline
 & 9 & 15
\end{array}
$$

최대공약수 : $2 \times 2 = 4$

(　　　　)

$$
\begin{array}{r|rr}
2) & 24 & 36 \\
2) & 12 & 18 \\
3) & 6 & 9 \\
\hline
 & 2 & 3
\end{array}
$$

최대공약수 : $2 \times 2 \times 3 = 12$

(　　　　)

7 60과 90을 어떤 수로 나누면 모두 나누어떨어집니다. 어떤 수가 될 수 있는 수 중에서 가장 큰 수를 구하시오.

(　　　　　　　　　　　)

8 28과 42의 최소공배수를 구하려고 합니다. ☐ 안에 알맞은 수를 써넣고, 최소공배수를 구하시오.

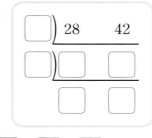

최소공배수 : ☐ × ☐ × ☐ × ☐ = (　　　　　　)

9 세 분수의 크기를 비교하여 (   ) 안에 알맞은 수를 써넣으시오.

$$\frac{8}{12} \qquad \frac{5}{6} \qquad \frac{7}{9}$$

(   ) > (   ) > (   )

10 약분하여 $\frac{4}{13}$가 되는 분수 중에서 분모가 가장 큰 두 자리 수 분수를 구하시오.

(   )

11 다음 조건을 만족하는 분수를 모두 구하시오.

- 분모와 분자의 합이 16입니다.
- 진분수이면서 기약분수입니다.

(   )

12 $\frac{5}{12}$와 $\frac{7}{15}$ 사이의 수 중에서 분모가 60인 분수를 모두 구하시오. (단, 기약분수로 나타내시오.)

(   )

13 ◯ 안에 >, =, < 중에서 알맞은 것을 써넣으시오.

$$1\frac{1}{6} \bigcirc 1\frac{2}{9}$$

14 오른쪽 그림에 알맞게 색칠하고, ☐ 안에 알맞은 수를 써넣으시오.

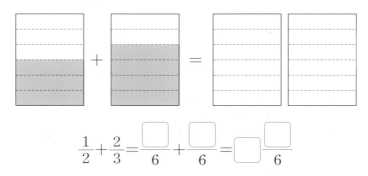

$$\frac{1}{2}+\frac{2}{3}=\frac{\boxed{}}{6}+\frac{\boxed{}}{6}=\boxed{}\frac{\boxed{}}{6}$$

15 다음을 계산하시오.

(1) $\dfrac{5}{6}+\dfrac{7}{8}$

(2) $\dfrac{3}{10}+\dfrac{7}{15}$

16 계산 결과를 비교하여 ◯ 안에 >, =, < 중에서 알맞은 것을 써넣으시오.

$$\frac{1}{3}+\frac{3}{5} \bigcirc \frac{7}{10}+\frac{2}{15}$$

17 가장 큰 수와 가장 작은 수의 합을 구하시오.

$$3\frac{1}{6} \qquad 1\frac{5}{8} \qquad 2\frac{3}{4}$$

(   )

18 다음을 계산하시오.

(1) $3\frac{1}{3} + 2\frac{1}{6} + 1\frac{1}{9}$

(2) $\frac{11}{4} + \frac{13}{6} + \frac{15}{8}$

19 ◯ 안에 $>$, $=$, $<$ 중에서 알맞은 것을 써넣으시오.

$$\frac{2}{3} - \frac{1}{4} \bigcirc \frac{3}{4} - \frac{1}{6}$$

20 크기가 같은 분수끼리 선을 그어 연결하시오.

$3\frac{5}{6} - 2\frac{1}{12}$ •　　　　　　• $2\frac{11}{12}$

$3\frac{2}{3} - 1\frac{3}{4}$ •　　　　　　• $1\frac{11}{12}$

$4\frac{1}{3} - 1\frac{5}{12}$ •　　　　　　• $1\frac{3}{4}$

21 ㉠에 들어갈 알맞은 수를 구하시오.

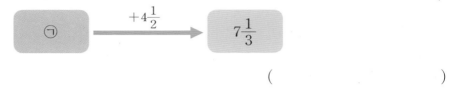

(   )

22 어떤 수에 $2\frac{3}{8}$을 더해야 할 것을 잘못하여 뺐더니 $1\frac{19}{24}$가 되었습니다. 바르게 계산한 값을 기약분수로 나타내시오.

(   )

23 다음을 계산하시오.

(1) $\dfrac{7}{8} - \dfrac{3}{4} + \dfrac{11}{12}$

(2) $2\dfrac{1}{6} + 3\dfrac{1}{4} - 1\dfrac{2}{3}$

24 ㉠과 ㉡에 알맞은 수를 구하시오.

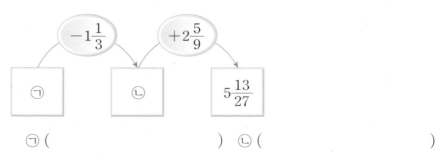

㉠ (   )   ㉡ (   )

정답/풀이 → 53쪽

서술형
25 다음 조건을 모두 만족하는 수를 구하시오.

> • 16의 배수입니다.
> • 24의 배수입니다.
> • 150보다는 크고 200보다 작습니다.

정답 ○ _____

풀이 과정 ○ _____

_____

서술형
26 다음 중 어떤 방법으로 간 거리가 몇 km 더 먼지 구하시오.

> ㉮ 집에서 놀이터를 지나 체육관으로 갑니다.
> ㉯ 집에서 곧바로 체육관으로 갑니다.

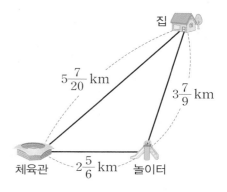

정답 ○ (   ) 방법으로 간 거리가
(   ) km 더 멉니다.

풀이 과정 ○ _____

_____

서술형
27 그림과 같이 양팔저울의 수평이 이루어지면 가장 오른쪽 추의 무게는 몇 kg인지 구하시오. (단, 저울의 수평이 이루어지면 저울 양쪽의 무게는 같습니다.)

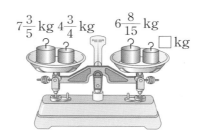

정답 ○ _____ kg

풀이 과정 ○ _____

_____

MEMO

II

5학년
2학기 분수편

진분수와 자연수의 곱셈

 그림을 이용한 (진분수)×(자연수)의 계산

- $\dfrac{1}{4} \times 3 = \dfrac{1}{4} + \dfrac{1}{4} + \dfrac{1}{4} = \dfrac{1 \times 3}{4} = \dfrac{3}{4}$

➡ $\dfrac{1}{4}$ 을 3번 더하라는 뜻입니다.

➡ 진분수의 분자와 자연수를 곱합니다.

 수직선을 이용한 (진분수)×(자연수)의 계산

- $\dfrac{2}{5} \times 3 = \dfrac{2}{5} + \dfrac{2}{5} + \dfrac{2}{5} = \dfrac{2 \times 3}{5} = \dfrac{6}{5} = 1\dfrac{1}{5}$

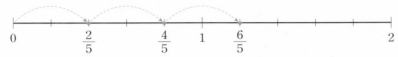

➡ $\dfrac{2}{5}$ 만큼 3번 이동한 것입니다. → $\dfrac{2}{5}$ 를 3번 더합니다.

3 곱셈식을 이용한 (진분수)×(자연수)의 계산

- 분모는 그대로 두고, 진분수의 분자와 자연수를 곱합니다.

$$\dfrac{1}{4} \times 3 = \dfrac{1 \times 3}{4} = \dfrac{3}{4}$$

$$\dfrac{2}{5} \times 3 = \dfrac{2 \times 3}{5} = \dfrac{6}{5} = 1\dfrac{1}{5}$$

 $1 \times 3 = 1 + 1 + 1$과 같이 1×3은 1을 3번 더하라는 뜻입니다.

깊은생각

- $\dfrac{3}{4} \times 6$의 계산 방법은 다음과 같이 여러 가지가 있습니다.

방법1 분자와 자연수를 곱한 다음에 약분하여 계산합니다.

$$\dfrac{3}{4} \times 6 = \dfrac{3 \times 6}{4} = \dfrac{\overset{9}{\cancel{18}}}{\underset{2}{\cancel{4}}} = \dfrac{9}{2} = 4\dfrac{1}{2}$$

방법2 분자와 자연수를 곱하는 과정에서 약분하여 계산합니다.

$$\dfrac{3}{4} \times 6 = \dfrac{3 \times \overset{3}{\cancel{6}}}{\underset{2}{\cancel{4}}} = \dfrac{3 \times 3}{2} = \dfrac{9}{2} = 4\dfrac{1}{2}$$

방법3 분모와 자연수를 약분한 다음에 계산합니다.

$$\dfrac{3}{\underset{2}{\cancel{4}}} \times \overset{3}{\cancel{6}} = \dfrac{3 \times 3}{2} = \dfrac{9}{2} = 4\dfrac{1}{2}$$

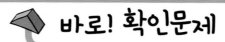
1 ☐ 안에 알맞은 수를 써넣으시오. (단, ☐ 안의 수는 모두 같은 수입니다.)

(1) $1 \times 3 = \boxed{} + \boxed{} + \boxed{}$

(2) $5 \times 4 = \boxed{} + \boxed{} + \boxed{} + \boxed{}$

(3) $7 \times 5 = \boxed{} + \boxed{} + \boxed{} + \boxed{} + \boxed{}$

2 ☐ 안에 알맞은 수를 써넣으시오.

(1) $\dfrac{1}{3} \times 2 = \dfrac{\boxed{}}{\boxed{}} + \dfrac{\boxed{}}{\boxed{}}$

(2) $\dfrac{3}{4} \times 4 = \dfrac{\boxed{}}{\boxed{}} + \dfrac{\boxed{}}{\boxed{}} + \dfrac{\boxed{}}{\boxed{}} + \dfrac{\boxed{}}{\boxed{}}$

(3) $\dfrac{5}{7} \times 5 = \dfrac{\boxed{} + \boxed{} + \boxed{} + \boxed{} + \boxed{}}{\boxed{}}$

3 그림을 보고, ☐ 안에 알맞은 수를 써넣으시오.

(1)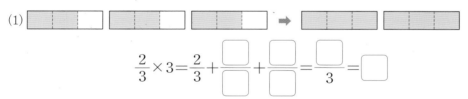

$$\frac{2}{3} \times 3 = \frac{2}{3} + \frac{\boxed{}}{\boxed{}} + \frac{\boxed{}}{\boxed{}} = \frac{\boxed{}}{3} = \boxed{}$$

(2)

$$\frac{3}{4} \times 2 = \frac{3}{4} + \frac{\boxed{}}{\boxed{}} = \frac{\boxed{} \times 2}{4} = \frac{\boxed{}}{4} = \boxed{}\frac{\boxed{}}{4} = \boxed{}\frac{\boxed{}}{2}$$

4 $\dfrac{2}{3} \times 5$와 계산 결과가 같은 식에 ○표 하시오.

$\dfrac{2}{3 \times 5}$	$\dfrac{2 \times 5}{3}$	$\dfrac{2 \times 5}{3 \times 5}$
( )	( )	( )

1 다음 곱셈식에 맞게 색칠하고, ☐ 안에 알맞은 수를 써넣으시오.

(1)

$$\frac{1}{5} \times 4 = \frac{\boxed{}}{5}$$

(2)

$$\frac{1}{4} \times 3 = \frac{\boxed{}}{4}$$

2 그림을 보고, ☐ 안에 알맞은 수를 써넣으시오.

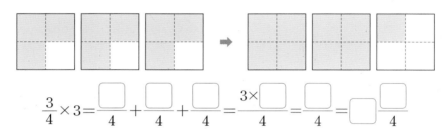

$$\frac{3}{4} \times 3 = \frac{\boxed{}}{4} + \frac{\boxed{}}{4} + \frac{\boxed{}}{4} = \frac{3 \times \boxed{}}{4} = \frac{\boxed{}}{4} = \boxed{} \frac{\boxed{}}{4}$$

3 그림을 보고, ☐ 안에 알맞은 수를 써넣으시오.

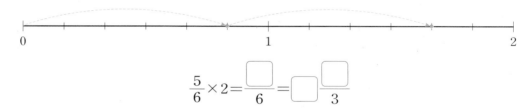

$$\frac{5}{6} \times 2 = \frac{\boxed{}}{6} = \boxed{} \frac{\boxed{}}{3}$$

4 ☐ 안에 알맞은 수를 써넣으시오.

(1) $\dfrac{2}{5} \times 3 = \dfrac{\boxed{}}{\boxed{}} + \dfrac{\boxed{}}{\boxed{}} + \dfrac{\boxed{}}{\boxed{}}$

(2) $\dfrac{5}{7} \times 2 = \dfrac{\boxed{} + \boxed{}}{\boxed{}}$

(3) $\dfrac{7}{9} \times 5 = \dfrac{\boxed{} \times \boxed{}}{\boxed{}}$

5 보기는 진분수와 자연수를 곱하는 방법입니다. ☐ 안에 알맞은 수를 써넣으시오.

$$\frac{4}{5} \times 3 = \frac{4 \times 3}{5} = \frac{12}{5} = 2\frac{2}{5}$$

(1) $\dfrac{2}{7} \times 3 = \dfrac{2 \times \boxed{}}{7} = \dfrac{\boxed{}}{7}$

(2) $\dfrac{2}{9} \times 5 = \dfrac{2 \times \boxed{}}{\boxed{}} = \dfrac{\boxed{}}{\boxed{}} = \boxed{}\dfrac{\boxed{}}{\boxed{}}$

(3) $\dfrac{7}{10} \times 2 = \dfrac{\boxed{} \times \boxed{}}{\boxed{}} = \dfrac{\boxed{}}{10} = \dfrac{\boxed{}}{5} = \boxed{}\dfrac{\boxed{}}{\boxed{}}$

6 보기와 같이 두 가지 방법으로 약분하여 계산하려고 합니다. ☐ 안에 알맞은 수를 써넣으시오.

$$\frac{4}{21} \times 3 = \frac{4 \times \overset{1}{3}}{\underset{7}{21}} = \frac{4}{7}$$

$$\frac{4}{\underset{7}{21}} \times \overset{1}{3} = \frac{4}{7}$$

(1) $\dfrac{3}{8} \times 4 = \dfrac{3 \times \overset{1}{4}}{\underset{\square}{8}} = \dfrac{\boxed{}}{\boxed{}} = \boxed{}\dfrac{\boxed{}}{\boxed{}}$

(2) $\dfrac{3}{\underset{\square}{8}} \times \overset{1}{4} = \dfrac{\boxed{}}{\boxed{}} = \boxed{}\dfrac{\boxed{}}{\boxed{}}$

7 $\dfrac{5}{12} \times 8$을 여러 가지 방법으로 계산하려고 합니다. ☐ 안에 알맞은 수를 써넣으시오.

(1) $\dfrac{5}{12} \times 8 = \dfrac{5 \times \boxed{}}{12} = \dfrac{\overset{\square}{40}}{\underset{3}{\diagup}} = \dfrac{\boxed{}}{\boxed{}} = \boxed{}\dfrac{\boxed{}}{\boxed{}}$

(2) $\dfrac{5}{12} \times 8 = \dfrac{5 \times \overset{2}{\diagup}}{\underset{\square}{12}} = \dfrac{\boxed{}}{\boxed{}} = \boxed{}\dfrac{\boxed{}}{\boxed{}}$

(3) $\dfrac{5}{\underset{3}{12}} \times \overset{\square}{8} = \dfrac{5 \times \boxed{}}{3} = \dfrac{\boxed{}}{\boxed{}} = \boxed{}\dfrac{\boxed{}}{\boxed{}}$

1 그림을 보고, ☐ 안에 알맞은 수를 써넣으시오.

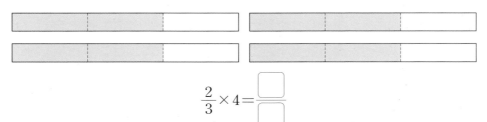

$$\frac{2}{3} \times 4 = \frac{\boxed{}}{\boxed{}}$$

2 그림을 보고, ☐ 안에 알맞은 수를 써넣으시오.

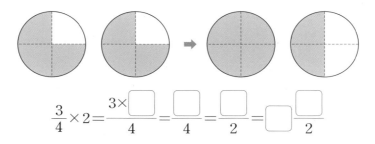

$$\frac{3}{4} \times 2 = \frac{3 \times \boxed{}}{4} = \frac{\boxed{}}{4} = \frac{\boxed{}}{2} = \boxed{} \frac{\boxed{}}{2}$$

3 ☐ 안에 알맞은 수를 써넣으시오.

(1) $\dfrac{1}{5} \times 3 = \dfrac{1}{5} + \dfrac{1}{5} + \dfrac{\boxed{}}{5} = \dfrac{1 \times \boxed{}}{5} = \dfrac{\boxed{}}{\boxed{}}$

(2) $\dfrac{2}{7} \times 5 = \dfrac{\boxed{}}{7} + \dfrac{\boxed{}}{7} + \dfrac{\boxed{}}{7} + \dfrac{\boxed{}}{7} + \dfrac{\boxed{}}{7} = \dfrac{2 \times \boxed{}}{7} = \dfrac{\boxed{}}{7} = \boxed{} \dfrac{\boxed{}}{7}$

4 ☐ 안에 알맞은 수를 써넣으시오.

(1) $\dfrac{3}{4} \times 2 = \dfrac{3 \times \boxed{}}{4} = \dfrac{\boxed{}}{4} = \dfrac{\boxed{}}{2} = \boxed{} \dfrac{\boxed{}}{2}$

(2) $\dfrac{2}{9} \times 6 = \dfrac{2 \times \boxed{}}{9} = \dfrac{\boxed{}}{9} = \dfrac{\boxed{}}{3} = \boxed{} \dfrac{\boxed{}}{3}$

(3) $\dfrac{3}{10} \times 15 = \dfrac{3 \times \boxed{}}{10} = \dfrac{\boxed{}}{10} = \dfrac{\boxed{}}{2} = \boxed{} \dfrac{\boxed{}}{2}$

5 보기와 같이 계산하시오.

$$\frac{5}{8} \times 6 = \frac{5 \times \overset{3}{6}}{\underset{4}{8}} = \frac{15}{4}$$

(1) $\dfrac{4}{15} \times 5 =$ _____

(2) $\dfrac{4}{15} \times 10 =$ _____

(3) $\dfrac{4}{15} \times 30 =$ _____

6 보기와 같이 계산하시오.

$$\frac{5}{\underset{2}{6}} \times \overset{3}{9} = \frac{5 \times 3}{2} = \frac{15}{2}$$

(1) $\dfrac{5}{12} \times 4 =$ _____

(2) $\dfrac{5}{12} \times 10 =$ _____

(3) $\dfrac{5}{12} \times 24 =$ _____

7 다음을 계산하시오.

(1) $\dfrac{2}{3} \times 7$ (2) $\dfrac{2}{5} \times 3$

(3) $\dfrac{2}{5} \times 15$ (4) $\dfrac{2}{7} \times 21$

8 다음을 계산하시오.

(1) $\dfrac{3}{8} \times 4$ (2) $\dfrac{7}{12} \times 9$

(3) $\dfrac{5}{12} \times 18$ (4) $\dfrac{3}{18} \times 21$

9 계산 결과를 비교하여 ◯ 안에 >, =, < 중에서 알맞은 것을 써넣으시오.

$$\frac{7}{9} \times 6 \bigcirc \frac{7}{12} \times 8$$

10 계산 결과가 나머지와 다른 하나의 기호를 적으시오.

$$\bigcirc\ \frac{3}{4} \times 5 \qquad \bigcirc\ \frac{5}{8} \times 6 \qquad \bigcirc\ \frac{5}{12} \times 9 \qquad \textcircled{ㄹ}\ \frac{7}{9} \times 6$$

(   )

11 다음 곱셈 결과는 진분수입니다. ☐ 안에 들어갈 수 있는 자연수를 모두 구하시오.

$$\frac{5}{24} \times \square$$

(   )

12 같은 물건을 달에서 재었을 때 그 무게는 지구에서의 무게의 $\frac{1}{6}$입니다. 지구에서 $72\,\mathrm{kg}$인 상현이가 달에서 몸무게를 재었다면 몇 kg인지 구하시오.

(   )kg

서술형
13 □ 안에 들어갈 수 있는 자연수는 모두 몇 개인지 구하시오.

$$\frac{7}{24} \times 16 > \square$$

경답 ○ _____ 개

풀이 과정 ○ _____

_____

서술형
14 끈으로 한 변의 길이가 각각 $\frac{5}{8}$ m, $\frac{4}{9}$ m인 정사각형과 정삼각형을 만들려고 합니다. 어떤 도형을 만드는데 몇 m의 끈이 더 많이 필요한지 구하시오.

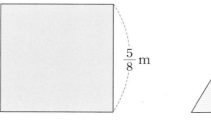 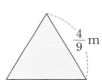

경답 ○ (_____)을 만드는 데 (_____)m의 끈이 더 많이 필요합니다.

풀이 과정 ○ _____

_____

서술형
15 서준이는 서울에서 부산까지 걸어가는 국토대장정을 하고 있습니다. 현재 전체의 $\frac{3}{5}$ 만큼 걸어갔습니다. 서울에서 부산까지의 거리가 400 km라고 하면 앞으로 남은 거리는 몇 km인지 구하시오.

경답 ○ _____ km

풀이 과정 ○ _____

_____

대분수와 자연수의 곱셈

1 그림을 이용한 (대분수)×(자연수)의 계산

$$1\frac{1}{3} \times 2 = 1\frac{1}{3} + 1\frac{1}{3} = (1+1) + \left(\frac{1}{3} + \frac{1}{3}\right) = 2 + \frac{2}{3} = 2\frac{2}{3}$$

➡ $1\frac{1}{3}$을 2번 더하라는 뜻입니다.

➡ $1\frac{1}{3} \times 2 = \left(1 + \frac{1}{3}\right) \times 2 = (1 \times 2) + \left(\frac{1}{3} \times 2\right) = 2 + \frac{2}{3} = 2\frac{2}{3}$

2 수직선을 이용한 (대분수)×(자연수)의 계산

$$1\frac{1}{2} \times 3 = 1\frac{1}{2} + 1\frac{1}{2} + 1\frac{1}{2} = 3 + \frac{3}{2} = 3 + 1\frac{1}{2} = 4\frac{1}{2}$$

➡ $1\frac{1}{2}$만큼 3번 이동한 것입니다. → $1\frac{1}{2}$을 3번 더합니다.

3 곱셈식을 이용한 (대분수)×(자연수)의 계산

• 대분수를 가분수로 바꾸고, 분자에 자연수를 곱합니다.

$$1\frac{2}{5} \times 3 = \frac{7}{5} \times 3 = \frac{7 \times 3}{5} = \frac{21}{5} = 4\frac{1}{5}$$

• 대분수를 자연수와 진분수로 분리
한 후, 각각 자연수를 곱합니다.

$$\blacklozenge\frac{\bullet}{\blacksquare} \times \blacktriangle = (\blacklozenge \times \blacktriangle) + \left(\frac{\bullet}{\blacksquare} \times \blacktriangle\right)$$

$$1\frac{2}{5} \times 3 = \left(1 + \frac{2}{5}\right) \times 3 = (1 \times 3) + \left(\frac{2}{5} \times 3\right) = 3 + \frac{6}{5} = 3 + 1\frac{1}{5} = 4\frac{1}{5}$$

1 분모가 같은 분수의 덧셈에서는 분모는 그대로 두고, 분자끼리 더하면 됩니다.

3 $\dfrac{\bullet}{\blacksquare} \times \blacktriangle = \dfrac{\bullet \times \blacktriangle}{\blacksquare}$

깊은생각

● (대분수)×(자연수)의 계산에서 약분할 때는 주의해야 합니다.

틀린 방법 : $1\dfrac{3}{\overset{4}{\underset{2}{}}} \times \overset{3}{6} = 1\dfrac{3}{2} \times 3$

옳은 방법 : $1\dfrac{3}{4} \times 6 = \left(1 + \dfrac{3}{4}\right) \times 6 = (1 \times 6) + \left(\dfrac{3}{\underset{2}{4}} \times \overset{3}{6}\right) = 6 + \left(\dfrac{3}{2} \times 3\right)$

즉, 대분수의 자연수와는 그대로 곱해주고, 진분수와의 곱셈에서 약분해야 합니다.

옳은 방법 : $1\dfrac{3}{4} \times 6 = \dfrac{7}{\underset{2}{4}} \times \overset{3}{6} = \dfrac{7 \times 3}{2}$

즉, 대분수를 가분수로 바꾸어 약분합니다.

1 다음을 계산하시오.

(1) $\dfrac{1}{2} \times 3$

(2) $\dfrac{2}{3} \times 4$

(3) $\dfrac{5}{6} \times 3$

(4) $\dfrac{3}{8} \times 12$

2 그림을 보고, ☐ 안에 알맞은 수를 써넣으시오.

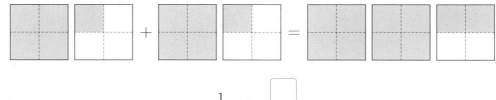

$$1\dfrac{1}{4} \times 2 = \dfrac{\boxed{}}{2}$$

3 ☐ 안에 알맞은 수를 써넣으시오.

(1) $\left(1 + \dfrac{1}{3}\right) \times 2 = \left(\boxed{} \times 2\right) + \left(\dfrac{\boxed{}}{\boxed{}} \times 2\right)$

(2) $\left(4 + \dfrac{3}{5}\right) \times 2 = \left(4 \times \boxed{}\right) + \left(\dfrac{3}{5} \times \boxed{}\right)$

(3) $1\dfrac{2}{3} \times 2 = \dfrac{\boxed{}}{3} \times 2$

(4) $2\dfrac{3}{5} \times 4) = \dfrac{\boxed{}}{5} \times 4$

4 $1\dfrac{5}{9} \times 6$을 옳게 계산한 것에 ○표 하시오.

$$1\dfrac{5}{\underset{3}{9}} \times \overset{2}{6} = 1\dfrac{5}{3} \times 2 = 2 + \left(\dfrac{5}{3} \times 2\right) \qquad (\qquad)$$

$$1\dfrac{5}{9} \times 6 = (1 \times 6) + \left(\dfrac{5}{\underset{3}{9}} \times \overset{2}{6}\right) = 6 + \left(\dfrac{5}{3} \times 2\right) \qquad (\qquad)$$

1 오른쪽 그림에 색칠하고, ☐ 안에 알맞은 수를 써넣으시오.

$$1\frac{2}{5} \times 2 = \boxed{}\frac{\boxed{}}{5}$$

2 그림을 보고, ☐ 안에 알맞은 수를 써넣으시오.

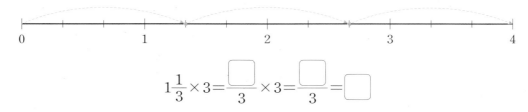

$$1\frac{1}{3} \times 3 = \frac{\boxed{}}{3} \times 3 = \frac{\boxed{}}{3} = \boxed{}$$

3 보기는 대분수를 가분수로 바꾸어 곱하는 방법입니다. ☐ 안에 알맞은 수를 써넣으시오.

$$2\frac{1}{4} \times 3 = \frac{9}{4} \times 3 = \frac{27}{4} = 6\frac{3}{4}$$

(1) $2\dfrac{3}{4} \times 5 = \dfrac{\boxed{}}{4} \times 5 = \dfrac{\boxed{}}{4} = \boxed{}\dfrac{\boxed{}}{4}$

(2) $3\dfrac{5}{6} \times 3 = \dfrac{\boxed{}}{6} \times 3 = \dfrac{\boxed{}}{6} = \boxed{}\dfrac{\boxed{}}{2}$

(3) $1\dfrac{5}{8} \times 2 = \dfrac{\boxed{}}{8} \times 2 = \dfrac{\boxed{}}{8} = \boxed{}\dfrac{\boxed{}}{4}$

4 보기는 대분수를 자연수와 진분수로 나누어 곱하는 방법입니다. ☐ 안에 알맞은 수를 써넣으시오.

$$5\frac{2}{3} \times 4 = (5 \times 4) + \left(\frac{2}{3} \times 4\right) = 20 + \frac{8}{3} = 22\frac{2}{3}$$

(1) $1\dfrac{4}{9} \times 5 = (\boxed{} \times 5) + \left(\dfrac{\boxed{}}{9} \times 5\right) = \boxed{} + \dfrac{\boxed{}}{9} = \boxed{}\dfrac{\boxed{}}{9}$

(2) $2\dfrac{3}{10} \times 7 = (2 \times \boxed{}) + \left(\dfrac{3}{10} \times \boxed{}\right) = \boxed{} + \dfrac{\boxed{}}{10} = \boxed{}\dfrac{\boxed{}}{10}$

5 보기는 약분을 이용하여 곱하는 방법입니다. ☐ 안에 알맞은 수를 써넣으시오.

$$2\frac{5}{6} \times 4 = (2 \times 4) + \left(\frac{5}{\underset{3}{6}} \times \overset{2}{4}\right) = 8 + \frac{10}{3} = 11\frac{1}{3}$$

(1) $2\dfrac{4}{9} \times 3 = (2 \times 3) + \left(\dfrac{4}{9} \times \dfrac{\boxed{}}{3}\overset{\boxed{}}{\underset{\boxed{}}{}}\right) = 6 + \dfrac{\boxed{}}{\boxed{}} = \boxed{}\dfrac{\boxed{}}{\boxed{}}$

(2) $2\dfrac{3}{10} \times 6 = (2 \times \boxed{}) + \left(\dfrac{3}{10} \times \diagup\!\!\!\!\boxed{}\right) = \boxed{} + \dfrac{\boxed{}}{\boxed{}} = \boxed{}\dfrac{\boxed{}}{\boxed{}}$

6 다음을 계산하시오.

(1) $2\dfrac{1}{4} \times 3$

(2) $3\dfrac{2}{7} \times 4$

(3) $4\dfrac{5}{6} \times 8$

(4) $5\dfrac{4}{9} \times 6$

1 오른쪽 그림에 색칠하고, ☐ 안에 알맞은 수를 써넣으시오.

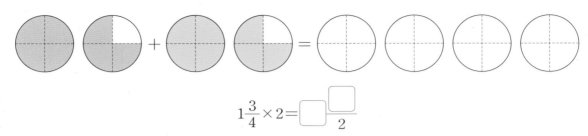

$$1\frac{3}{4} \times 2 = \boxed{}\frac{\boxed{}}{2}$$

2 ☐ 안에 알맞은 수를 써넣으시오.

(1) $2\frac{1}{3} \times 2 = 2\frac{1}{3} + 2\frac{1}{3} = \left(2 + \boxed{}\right) + \left(\frac{1}{3} + \frac{\boxed{}}{3}\right) = \boxed{}\frac{\boxed{}}{3}$

(2) $1\frac{3}{4} \times 3 = 1\frac{3}{4} + 1\frac{3}{4} + 1\frac{3}{4} = \left(1 \times \boxed{}\right) + \left(\frac{3}{4} \times \boxed{}\right) = \boxed{} + \frac{\boxed{}}{4} = \boxed{}\frac{\boxed{}}{4}$

3 대분수를 가분수로 바꾸어 계산하려고 합니다. ☐ 안에 알맞은 수를 써넣으시오.

(1) $1\frac{3}{5} \times 2 = \frac{\boxed{}}{5} \times 2 = \frac{\boxed{}}{5} = \boxed{}\frac{\boxed{}}{5}$

(2) $2\frac{5}{8} \times 4 = \frac{\boxed{}}{8} \times 4 = \frac{\boxed{}}{8} = \frac{\boxed{}}{2} = \boxed{}\frac{\boxed{}}{2}$

4 대분수를 자연수와 진분수로 나누어 계산하려고 합니다. ☐ 안에 알맞은 수를 써넣고 계산하시오.

(1) $3\frac{5}{7} \times 4 = \left(3 \times \boxed{}\right) + \left(\frac{5}{7} \times \boxed{}\right) = $ _____

(2) $1\frac{5}{12} \times 5 = \left(1 \times \boxed{}\right) + \left(\frac{5}{12} \times \boxed{}\right) = $ _____

5 약분을 이용하여 대분수와 자연수를 곱하려고 합니다. ◯ 안에 알맞은 수를 써넣고 계산하시오.

(1) $2\dfrac{5}{6} \times 8 = \left(2 \times \boxed{}\right) + \left(\dfrac{5}{6} \times \dfrac{\boxed{}}{8}\right) = $ _____

(2) $3\dfrac{4}{15} \times 9 = \left(3 \times \boxed{}\right) + \left(\dfrac{4}{15} \times \dfrac{\boxed{}}{9}\right) = $ _____

6 $1\dfrac{4}{9} \times 6$과 계산 결과가 같은 식에 모두 ◯표 하시오.

$1 + \left(\dfrac{4}{9} \times 6\right)$	$(1 \times 6) + \left(\dfrac{4}{9} \times 6\right)$	$\dfrac{13}{9} \times 6$	$6 + \left(\dfrac{4}{3} \times 2\right)$
( )	( )	( )	( )

7 빈 칸에 알맞은 수를 써넣으시오.

$\xrightarrow{\quad \times \quad}$

$4\dfrac{3}{10}$	5	
$5\dfrac{7}{9}$	12	

8 계산 결과가 큰 순서대로 기호를 적으시오.

㉠ $3\dfrac{2}{5} \times 7$	㉡ $2\dfrac{3}{5} \times 9$	㉢ $6\dfrac{1}{10} \times 4$	㉣ $4\dfrac{2}{15} \times 6$

(   )

9 다음 도형의 둘레의 길이를 구하시오.

(1) 한 변의 길이가 $1\dfrac{3}{4}$ cm인 정삼각형이 있습니다.　　　　　(　　　　　　　)cm

(2) 한 변의 길이가 $3\dfrac{1}{6}$ cm인 정사각형이 있습니다.　　　　　(　　　　　　　)cm

10 빈 칸에 알맞은 수를 써넣으시오.

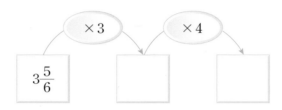

11 다음을 계산하시오.

(1) $5\dfrac{3}{4} \times 8$　　　　　　　　　　(2) $3\dfrac{4}{15} \times 5$

(3) $2\dfrac{7}{10} \times 6$　　　　　　　　　　(4) $3\dfrac{8}{15} \times 20$

12 ☐ 안에 들어갈 수 있는 자연수를 모두 구하시오.

$$2\dfrac{3}{8} \times \square \ < \ 10$$

(　　　　　　　　　　　)

정답/풀이 ➔ 61쪽

서술형

13 버튼을 한 번 누르면 $1\frac{4}{9}$ L씩 물이 나오는 정수기가 있습니다. 아침에 3번, 점심에 2번, 저녁에 1번 정수기 버튼을 눌러 물을 받았다면, 하루 동안 받은 물의 양은 모두 몇 L인지 구하시오.

정답 ○ _____ L

풀이 과정 ○ _____

_____

서술형

14 토끼와 거북이가 달리기 시합을 했습니다. 토끼는 1분에 $3\frac{2}{5}$ km를 갈 수 있고, 거북이는 5분에 $2\frac{3}{10}$ km를 갈 수 있습니다. 토끼와 거북이가 다음과 같이 시합을 진행했을 때, 누가 얼마나 더 멀리 갔는지 구하시오.

정답 ○ (_____)가 (_____)km 더 멀리 갔습니다.

풀이 과정 ○ _____

_____

서술형

15 다음 4장의 카드 중에서 3장을 뽑아 대분수를 만들고, 나머지 한 장을 자연수로 하여 대분수와 자연수를 곱하려고 합니다. 곱의 결과가 가장 큰 대분수를 구하시오.

$$\boxed{5} \quad \boxed{7} \quad \boxed{9} \quad \boxed{11}$$

정답 ○ _____

풀이 과정 ○ _____

자연수와 분수의 곱셈

1 그림을 이용한 (자연수)×(진분수)의 계산

- $6 \times \frac{1}{3}$ → 6을 3등분한 것 중에 하나라는 뜻입니다.

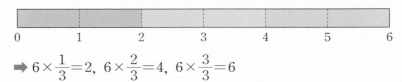

| 0 | 1 | 2 | 3 | 4 | 5 | 6 |

➡ $6 \times \frac{1}{3}=2$, $6 \times \frac{2}{3}=4$, $6 \times \frac{3}{3}=6$

2 곱셈식을 이용한 (자연수)×(진분수)의 계산

- (진분수)×(자연수)의 계산처럼 자연수와 진분수의 분자를 곱합니다.

$$6 \times \frac{1}{3} = \frac{6 \times 1}{3} = \frac{\overset{2}{\cancel{6}}}{\underset{1}{\cancel{3}}} = 2$$

- 약분이 가능한 경우는 약분하여 계산합니다.

$$\overset{2}{\cancel{6}} \times \frac{1}{\underset{1}{\cancel{3}}} = 2 \times 1 = 2$$

3 그림을 이용한 (자연수)×(대분수)의 계산

- $6 \times 1\frac{1}{3} = 6 \times \frac{4}{3}$ → 6을 3등분한 것 중에 하나가 4개라는 뜻입니다.

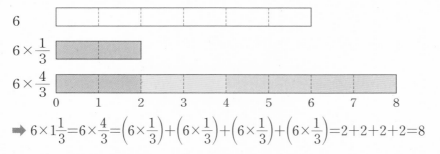

| 0 | 1 | 2 | 3 | 4 | 5 | 6 | 7 | 8 |

➡ $6 \times 1\frac{1}{3}=6 \times \frac{4}{3}=\left(6 \times \frac{1}{3}\right)+\left(6 \times \frac{1}{3}\right)+\left(6 \times \frac{1}{3}\right)+\left(6 \times \frac{1}{3}\right)=2+2+2+2=8$

4 곱셈식을 이용한 (자연수)×(대분수)의 계산

- 대분수를 가분수로 바꾸어 자연수와 가분수의 분자를 곱합니다.

$$6 \times 1\frac{1}{3} = 6 \times \frac{4}{3} = \frac{6 \times 4}{3} = \frac{\overset{8}{\cancel{24}}}{\underset{1}{\cancel{3}}} = 8$$

---

1 어떤 수에 1보다 작은 수를 곱하면 원래의 값보다 작아집니다. 예를 들어 $1 \times \frac{1}{3}=\frac{1}{3}$에서 $1>\frac{1}{3}$입니다.

2 (자연수)×(단위분수)의 값을 구하고, 그 값이 몇 개 있는지 생각하면 됩니다. $2 \times \frac{3}{4}$ → $2 \times \frac{1}{4}$이 3개가 있으므로 $\left(2 \times \frac{1}{4}\right) \times 3$으로 계산합니다.

3 어떤 수에 1보다 큰 수를 곱하면 원래의 값보다 커집니다. 예를 들어 $1 \times \frac{4}{3}=\frac{4}{3}$에서 $1<\frac{4}{3}$입니다.

4 $6 \times 1\frac{1}{3}$에서 대분수를 자연수와 진분수로 나눈 다음에 곱해도 됩니다.
$6 \times 1\frac{1}{3}$
$=6 \times \left(1+\frac{1}{3}\right)$
$=(6 \times 1)+\left(6 \times \frac{1}{3}\right)$

깊은생각

- 자연수의 곱셈은 곱하는 두 수의 순서가 바뀌어도 계산 결과가 같습니다.

$$3 \times 5 \quad = \quad 5 \times 3$$

- 분수의 곱셈도 마찬가지로 곱하는 두 수의 순서가 바뀌어도 계산 결과가 같습니다.

$$\frac{5}{6} \times 3 \quad = \quad 3 \times \frac{5}{6}$$

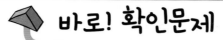

1 다음을 계산하시오.

(1) $2 \times \dfrac{1}{3}$

(2) $3 \times \dfrac{1}{4}$

(3) $2 \times \dfrac{3}{4}$

(4) $9 \times \dfrac{5}{6}$

2 ☐ 안에 알맞은 수를 써넣으시오.

(1) $3 \times \left(1+\dfrac{1}{2}\right)=\left(3 \times \boxed{}\right)+\left(3 \times \dfrac{\boxed{}}{\boxed{}}\right)$

(2) $2 \times \left(3+\dfrac{3}{4}\right)=\left(\boxed{} \times 3\right)+\left(\boxed{} \times \dfrac{3}{4}\right)$

(3) $3 \times 2\dfrac{1}{5}=3 \times \dfrac{\boxed{}}{5}$

(4) $2 \times 1\dfrac{3}{5}=2 \times \dfrac{\boxed{}}{5}$

3 $9 \times 1\dfrac{5}{6}$ 를 옳게 계산한 것에 ○표 하시오.

$$\overset{3}{\cancel{9}} \times 1\dfrac{5}{\underset{2}{\cancel{6}}}=3 \times 1\dfrac{5}{2}=3+\left(3 \times \dfrac{5}{2}\right) \qquad (\qquad)$$

$$9 \times 1\dfrac{5}{6}=9+\left(\overset{3}{\cancel{9}} \times \dfrac{5}{\underset{2}{\cancel{6}}}\right)=9+\left(3 \times \dfrac{5}{2}\right) \qquad (\qquad)$$

4 $3 \times 2\dfrac{1}{4}$ 과 계산 결과가 같은 식에 모두 ○표 하시오.

$(3 \times 2)+\dfrac{1}{4}$

$3 \times \dfrac{9}{4}$

$(3 \times 2)+\left(3 \times \dfrac{1}{4}\right)$

$2\dfrac{1}{4} \times 3$

$(\qquad)$ $(\qquad)$ $(\qquad)$ $(\qquad)$

1 ☐ 안에 알맞은 수를 써넣고, 계산 결과를 그림에 색칠하시오.

$4 \times \frac{1}{4} = \boxed{}$

$4 \times \frac{1}{8} = \frac{1}{\boxed{}}$

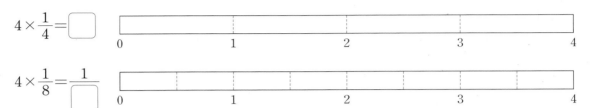

2 그림에 $10 \times \frac{1}{5}$ 만큼 색칠하고, ☐ 안에 알맞은 수를 써넣으시오.

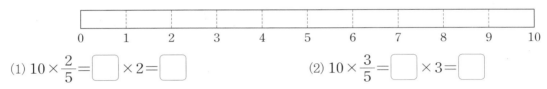

(1) $10 \times \frac{2}{5} = \boxed{} \times 2 = \boxed{}$

(2) $10 \times \frac{3}{5} = \boxed{} \times 3 = \boxed{}$

3 보기는 자연수와 진분수를 곱하는 방법입니다. ☐ 안에 알맞은 수를 써넣으시오.

$$3 \times \frac{2}{5} = \frac{3 \times 2}{5} = \frac{6}{5} = 1\frac{1}{5}$$

(1) $5 \times \frac{1}{7} = \frac{\boxed{} \times 1}{7} = \frac{\boxed{}}{\boxed{}}$

(2) $18 \times \frac{4}{9} = \frac{18 \times \boxed{}}{9} = \frac{\boxed{}}{9} = \boxed{}$

4 $12 \times \frac{5}{9}$ 를 여러 가지 방법으로 계산하려고 합니다. ☐ 안에 알맞은 수를 써넣으시오.

(1) $12 \times \frac{5}{9} = \frac{\boxed{} \times 5}{9} = \frac{60}{\underset{3}{9}} = \boxed{}\frac{\boxed{}}{\boxed{}}$

(2) $12 \times \frac{5}{9} = \frac{12 \times \boxed{}}{\underset{3}{9}} = \frac{\boxed{}}{\boxed{}} = \boxed{}\frac{\boxed{}}{\boxed{}}$

(3) $\underset{3}{12} \times \frac{5}{9} = \frac{\boxed{} \times 5}{3} = \frac{\boxed{}}{\boxed{}} = \boxed{}\frac{\boxed{}}{\boxed{}}$

5 ○ 안에 >, =, < 중에서 알맞은 것을 써넣으시오.

(1) $10 \bigcirc 10 \times \dfrac{8}{9}$

(2) $4 \bigcirc 4 \times 1\dfrac{3}{5}$

6 $3 \times 2\dfrac{1}{5}$ 을 두 가지 방법으로 계산하려고 합니다. ☐ 안에 알맞은 수를 써넣으시오.

(1) $3 \times 2\dfrac{1}{5} = 3 \times \dfrac{\boxed{}}{5} = \dfrac{\boxed{}}{5} = \boxed{}\dfrac{\boxed{}}{5}$

(2) $3 \times 2\dfrac{1}{5} = \left(3 \times \boxed{}\right) + \left(3 \times \dfrac{1}{\boxed{}}\right) = \boxed{} + \dfrac{\boxed{}}{5} = \boxed{}\dfrac{\boxed{}}{5}$

7 보기와 같이 계산하시오.

$$\bullet \times \blacktriangle\dfrac{\blacklozenge}{\blacksquare} = (\bullet \times \blacktriangle) + \left(\bullet \times \dfrac{\blacklozenge}{\blacksquare}\right)$$

(1) $5 \times 1\dfrac{3}{4} = $ _____

(2) $6 \times 2\dfrac{7}{9} = $ _____

8 보기와 같이 계산하시오.

$$6 \times 1\dfrac{3}{8} = (6 \times 1) + \left(\overset{3}{6} \times \dfrac{3}{\underset{4}{8}}\right)$$

(1) $6 \times 2\dfrac{5}{8} = $ _____

(2) $10 \times 1\dfrac{7}{15} = $ _____

(3) $18 \times 2\dfrac{1}{12} = $ _____

1 그림을 보고, ☐ 안에 알맞은 수를 써넣으시오.

| 0 | 3 | 6 | 9 | 12 |

(1) $9 \times \dfrac{2}{3} = \left(9 \times \dfrac{1}{3}\right) \times \boxed{} = \boxed{}$

(2) $9 \times 1\dfrac{1}{3} = 9 \times \dfrac{\boxed{}}{3} = \left(9 \times \dfrac{1}{3}\right) \times \boxed{} = \boxed{}$

2 계산 결과가 작은 것부터 차례대로 기호를 쓰시오.

$$\bigcirc\ 4 \times \dfrac{3}{8} \qquad \bigcirc\ 5 \times \dfrac{7}{10} \qquad \bigcirc\ 3 \times \dfrac{5}{6}$$

(   )

3 대분수를 가분수로 바꾸어 계산하시오.

(1) $2 \times 3\dfrac{1}{2}$ (2) $3 \times 2\dfrac{4}{5}$

(3) $4 \times 3\dfrac{1}{8}$ (4) $8 \times 2\dfrac{5}{6}$

4 $3 \times 2\dfrac{5}{6}$와 계산 결과가 같은 식에 모두 ○표 하시오.

| $(3 \times 2) + \dfrac{5}{6}$ | $(3 \times 2) + \left(3 \times \dfrac{5}{6}\right)$ | $\dfrac{17}{6} \times 3$ | $6 + \left(3 \times \dfrac{5}{6}\right)$ |

(   )   (   )   (   )   (   )

정답/풀이 → 64쪽

5 약분을 이용하여 자연수와 대분수를 곱하려고 합니다. ☐ 안에 알맞은 수를 써넣으시오.

(1) $6 \times 4\dfrac{3}{8} = \left(\boxed{} \times 4\right) + \left(\overset{\boxed{}}{6} \times \dfrac{3}{\underset{\boxed{}}{8}}\right) = \underline{\hspace{4cm}}$

(2) $15 \times 1\dfrac{3}{10} = \left(15 \times \boxed{}\right) + \left(\overset{\boxed{}}{15} \times \dfrac{\boxed{}}{\underset{\boxed{}}{10}}\right) = \underline{\hspace{4cm}}$

6 크기가 같은 분수끼리 선을 그어 연결하시오.

(1) $5 \times 3\dfrac{1}{2}$ •

(2) $6 \times 2\dfrac{5}{9}$ •

(3) $4 \times 1\dfrac{3}{10}$ •

• $5\dfrac{1}{5}$

• $17\dfrac{1}{2}$

• $15\dfrac{1}{3}$

7 다음을 계산하시오.

(1) $24 \times \dfrac{7}{12}$

(2) $5 \times \dfrac{13}{15}$

(3) $14 \times 2\dfrac{5}{21}$

(4) $33 \times 2\dfrac{3}{22}$

8 평행사변형의 넓이는 몇 cm^2입니까?

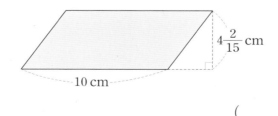

(　　　　　　　　)cm^2

9 □ 안에 들어갈 수 있는 자연수는 모두 몇 개입니까?

$$13 \times \frac{3}{52} < □ < 25 \times 1\frac{3}{20}$$

( )개

10 가로의 길이가 8 cm이고 세로의 길이가 가로의 $1\frac{5}{6}$배인 직사각형이 있습니다. 이 직사각형의 넓이는 몇 cm²입니까?

( )cm²

11 다음 중 잘못 계산한 기호를 쓰시오.

㉠ 1kg의 $\frac{1}{4}$은 25g입니다.

㉡ 2시간의 $\frac{1}{3}$은 40분입니다.

㉢ 3m의 $\frac{2}{5}$는 1 m 20cm입니다.

( )

12 서정이와 서준, 서진이는 용돈을 모아서 부모님께 선물을 사드렸습니다. 다음 대화를 듣고, 서진이가 낸 용돈은 얼마인지 구하시오.

서정 : 나는 8000원을 냈어.

서준 : 나는 서정이 누나의 $\frac{3}{5}$만큼 냈어.

서진 : 나는 서준이의 $1\frac{1}{4}$만큼 냈어.

( )원

서술형 13 길이가 12 cm인 종이띠가 있습니다. 색칠한 부분의 길이는 몇 cm인지 구하시오.

정답 ○ _____ cm

풀이 과정 ○ _____

서술형 14 희권이는 사탕 50개 중에서 $\frac{2}{5}$ 를 먹었습니다. 그리고 동생이 남은 사탕의 $\frac{7}{15}$ 을 먹었습니다. 동생이 먹은 사탕의 개수를 구하시오.

정답 ○ _____ 개

풀이 과정 ○ _____

서술형 15 전체 넓이가 36 km²인 과수원의 $\frac{1}{4}$ 만큼 사과나무가 있고, 나머지의 $\frac{5}{8}$ 만큼 포도나무가 있습니다. 포도나무가 심어진 땅은 km²인지 구하시오.

정답 ○ _____ km²

풀이 과정 ○ _____

서술형 16 한 시간에 60 km를 달리는 자동차가 있습니다. 이 자동차가 같은 빠르기로 4시간 15분을 달렸다면 달린 거리는 몇 km인지 구하시오.

정답 ○ _____ km

풀이 과정 ○ _____

진분수와 진분수의 곱셈

DAY 15

1 (단위분수)×(단위분수)의 계산

 $\Rightarrow$ $\dfrac{1}{5}$ 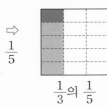 15등분한 것 중의 하나 → $\dfrac{1}{15}$

$\dfrac{1}{3}$ $\qquad$ $\dfrac{1}{3}$의 $\dfrac{1}{5}$

- 전체를 3등분하고 다시 5등분한 것입니다.

  ➡ 전체를 3×5등분한 것입니다.

  ➡ $\dfrac{1}{3} \times \dfrac{1}{5} = \dfrac{1 \times 1}{3 \times 5} = \dfrac{1}{15}$

2 (단위분수)×(진분수), (진분수)×(단위분수)의 계산

- $\dfrac{1}{3} \times \dfrac{2}{5}$

  ➡ $\dfrac{1}{3} \times \dfrac{2}{5} = \dfrac{2}{5} \times \dfrac{1}{3}$ (곱하는 순서를 바꾸어도 계산 결과는 같습니다.)

  ➡ $\dfrac{1}{3} \times \dfrac{2}{5}$는 $\dfrac{1}{3} \times \dfrac{1}{5}$이 2개입니다. 즉, $\dfrac{1}{15} \times 2 = \dfrac{2}{15}$

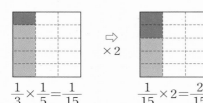 $\Rightarrow$ $\times 2$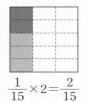

$\dfrac{1}{3} \times \dfrac{1}{5} = \dfrac{1}{15}$ $\qquad\qquad$ $\dfrac{1}{15} \times 2 = \dfrac{2}{15}$

3 (진분수)×(진분수)의 계산

- 분자는 분자끼리, 분모는 분모끼리 곱하여 계산합니다.

  $\dfrac{2}{3} \times \dfrac{4}{7} = \dfrac{2 \times 4}{3 \times 7} = \dfrac{8}{21}$

깊은생각

● 약분이 되는 분모와 분자를 찾아 약분하면 계산이 빠르고 정확해집니다.
하나의 분수에서 또는 곱하는 두 분수에서 분모와 분자가 약분이 가능한지 확인합니다.

$$\dfrac{\overset{1}{3}}{\underset{2}{6}} \times \dfrac{5}{7} = \dfrac{1}{2} \times \dfrac{5}{7} = \dfrac{1 \times 5}{2 \times 7} = \dfrac{5}{14}$$

$$\dfrac{\overset{1}{3}}{\underset{4}{48}} \times \dfrac{\overset{1}{21}}{\underset{3}{9}} = \dfrac{1}{4} \times \dfrac{1}{3} = \dfrac{1 \times 1}{4 \times 3} = \dfrac{1}{12}$$

오른쪽 칸:

1 $\dfrac{1}{3}$은 전체를 3등분한 것 중에 하나라는 뜻입니다.

2 두 분수의 곱셈은 (분모)×(분모)를 분모로, (분자)×(분자)를 분자로 하여 계산합니다. 단위분수의 분자는 1이므로 두 단위분수의 곱의 분자는 항상 1×1, 즉 1입니다.

3 분수의 곱셈은 곱하는 순서를 바꾸어도 결과는 같습니다. 즉,
$$■ \times ● = ● \times ■$$
입니다.

바로! 확인문제

정답/풀이 → 67쪽

1 ☐ 안에 알맞은 수를 넣으시오.

> (가) 전체를 2등분하였습니다.
>
> (나) 2등분한 것을 다시 3등분하였습니다.

(1) (가)에서 등분한 것 중 하나는 전체의 $\dfrac{\boxed{}}{\boxed{}}$ 입니다.

(2) (나)에서 등분한 것 중 하나는 전체의 $\dfrac{\boxed{}}{\boxed{}}$ 입니다.

2 ☐ 안에 알맞은 수를 써넣으시오.

(1) $\dfrac{1}{3} \times \dfrac{1}{4} = \dfrac{1 \times 1}{\boxed{} \times \boxed{}} = \dfrac{1}{\boxed{}}$

(2) $\dfrac{1}{2} \times \dfrac{1}{5} = \dfrac{1}{\boxed{} \times \boxed{}} = \dfrac{1}{\boxed{}}$

3 ☐ 안에 알맞은 수를 써넣으시오.

(1) $\dfrac{1}{2} \times \dfrac{3}{4} = \dfrac{1}{2} \times \dfrac{1}{4} \times \boxed{}$

(2) $\dfrac{1}{3} \times \dfrac{2}{3} = \dfrac{1}{3} \times \dfrac{1}{\boxed{}} \times \boxed{}$

4 ☐ 안에 알맞은 수를 써넣으시오.

(1) $\dfrac{3}{4} \times \dfrac{1}{5} = \dfrac{\boxed{} \times \boxed{}}{\boxed{} \times \boxed{}} = \dfrac{\boxed{}}{\boxed{}}$

(2) $\dfrac{3}{5} \times \dfrac{4}{7} = \dfrac{\boxed{} \times \boxed{}}{\boxed{} \times \boxed{}} = \dfrac{\boxed{}}{\boxed{}}$

1 그림을 보고, ☐ 안에 알맞은 수를 써넣으시오.

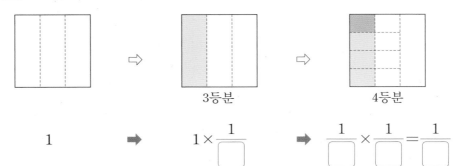

3등분   4등분

1 ⟹ $1 \times \dfrac{1}{\boxed{}}$ ⟹ $\dfrac{1}{\boxed{}} \times \dfrac{1}{\boxed{}} = \dfrac{1}{\boxed{}}$

2 ☐ 안에 알맞은 수를 써넣고, 분수에 맞게 색칠하시오.

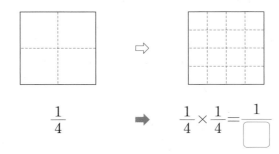

$\dfrac{1}{4}$ ⟹ $\dfrac{1}{4} \times \dfrac{1}{4} = \dfrac{1}{\boxed{}}$

3 ☐ 안에 알맞은 수를 써넣으시오.

(1) $\dfrac{1}{4}$의 $\dfrac{1}{3}$은 전체를 $\boxed{}$등분한 것 중의 하나입니다.

(2) $\dfrac{1}{5} \times \dfrac{1}{\boxed{}}$ 은 전체를 35등분한 것 중의 하나입니다.

4 ☐ 안에 알맞은 수를 써넣으시오.

(1) $\dfrac{1}{4} \times \dfrac{1}{5} = \dfrac{1 \times 1}{4 \times \boxed{}} = \dfrac{\boxed{}}{\boxed{}}$

(2) $\dfrac{1}{6} \times \dfrac{1}{9} = \dfrac{1 \times 1}{\boxed{} \times \boxed{}} = \dfrac{\boxed{}}{\boxed{}}$

5 그림을 보고, ☐ 안에 알맞은 수를 써넣으시오.

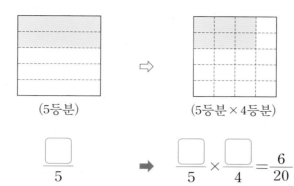

(5등분) (5등분×4등분)

$\dfrac{\boxed{}}{5}$ ➡ $\dfrac{\boxed{}}{5} \times \dfrac{\boxed{}}{4} = \dfrac{6}{20}$

6 ☐ 안에 알맞은 수를 써넣으시오.

(1) $\dfrac{1}{3} \times \dfrac{2}{5} = \left(\dfrac{1}{3} \times \dfrac{1}{5} \right) \times 2$이므로 $\dfrac{1}{3} \times \dfrac{2}{5}$ 는 전체를 $\boxed{}$ 등분한 것 중의 2개입니다.

(2) $\dfrac{2}{3} \times \dfrac{4}{5} = \left(\dfrac{1}{3} \times \dfrac{1}{5} \right) \times 8$이므로 $\dfrac{2}{3} \times \dfrac{4}{5}$ 는 전체를 15등분한 것 중의 $\boxed{}$ 개입니다.

7 ☐ 안에 알맞은 수를 써넣으시오.

(1) $\dfrac{5}{6} \times \dfrac{7}{9} = \dfrac{5 \times 7}{6 \times \boxed{}} = \dfrac{\boxed{}}{\boxed{}}$

(2) $\dfrac{3}{7} \times \dfrac{4}{5} = \dfrac{3 \times 4}{\boxed{} \times \boxed{}} = \dfrac{\boxed{}}{\boxed{}}$

8 $\dfrac{5}{6} \times \dfrac{3}{7}$ 을 여러 가지 방법으로 계산하려고 합니다. ☐ 안에 알맞은 수를 써넣으시오.

(1) $\dfrac{5}{6} \times \dfrac{3}{7} = \dfrac{5 \times \boxed{}}{\boxed{} \times 7} = \dfrac{15}{42} = \dfrac{\boxed{}}{\boxed{}}$

(2) $\dfrac{5}{6} \times \dfrac{3}{7} = \dfrac{5 \times 3}{6 \times 7} = \dfrac{\boxed{}}{\boxed{}}$

(3) $\dfrac{5}{6} \times \dfrac{3}{7} = \dfrac{\boxed{}}{\boxed{}}$

1 그림을 보고, ☐ 안에 알맞은 수를 써넣으시오.

$$\dfrac{1}{\boxed{}} \times \dfrac{1}{\boxed{}} = \dfrac{1}{\boxed{}}$$

2 ☐ 안에 알맞은 수를 써넣으시오.

(1) $\dfrac{1}{3}$의 $\dfrac{1}{3}$ 은 전체를 ☐ 등분한 것 중의 ☐ 개입니다.

(2) $\dfrac{1}{4}$의 $\dfrac{1}{7}$ 은 전체를 ☐ 등분한 것 중의 ☐ 개입니다.

3 다음을 계산하시오.

(1) $\dfrac{1}{7} \times \dfrac{1}{2}$ (2) $\dfrac{1}{4} \times \dfrac{1}{4}$

(3) $\dfrac{1}{10} \times \dfrac{1}{3}$ (4) $\dfrac{1}{8} \times \dfrac{1}{9}$

4 $\dfrac{5}{9} \times \dfrac{4}{7}$ 만큼 그림에 색칠하고, ☐ 안에 알맞은 수를 써넣으시오.

$$\dfrac{5}{9} \times \dfrac{4}{7} = \dfrac{\boxed{}}{\boxed{}}$$

5 ☐ 안에 알맞은 수를 써넣으시오.

(1) $\dfrac{1}{2}$의 $\dfrac{2}{5}$는 전체를 $2 \times \boxed{}$ 등분한 것 중의 $1 \times \boxed{}$ 개입니다.

(2) $\dfrac{3}{4} \times \dfrac{5}{9}$는 전체를 $\boxed{} \times \boxed{}$ 등분한 것 중의 $\boxed{} \times \boxed{}$ 개이므로 $\dfrac{\boxed{}}{\boxed{}}$ 입니다.

6 보기를 이용하여 계산하시오.

$$\frac{\blacktriangle}{\blacksquare} \times \frac{\blacklozenge}{\bullet} = \frac{\blacktriangle \times \blacklozenge}{\blacksquare \times \bullet}$$

(1) $\dfrac{1}{7} \times \dfrac{3}{4}$

(2) $\dfrac{3}{5} \times \dfrac{1}{8}$

(3) $\dfrac{8}{9} \times \dfrac{3}{4}$

(4) $\dfrac{5}{8} \times \dfrac{6}{10}$

7 약분을 이용하여 두 분수를 곱하시오.

(1) $\dfrac{2}{5} \times \dfrac{3}{4}$

(2) $\dfrac{5}{6} \times \dfrac{3}{7}$

(3) $\dfrac{3}{7} \times \dfrac{7}{9}$

(4) $\dfrac{9}{8} \times \dfrac{2}{15}$

8 세 분수를 곱하시오.

(1) $\dfrac{2}{3} \times \dfrac{3}{4} \times \dfrac{6}{7}$

(2) $\dfrac{3}{5} \times \dfrac{4}{6} \times \dfrac{5}{8}$

9 들어간 수에 일정한 규칙에 따라 어떤 수를 곱해주는 계산기가 있습니다. (가)에 알맞은 수를 구하시오.

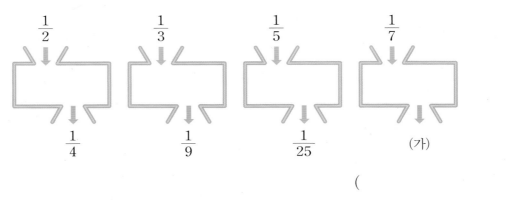

(   )

10 두 도형의 넓이의 차를 구하시오.

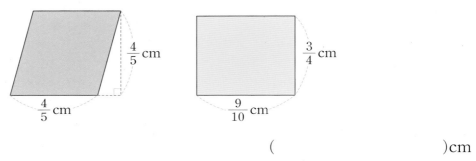

(   )cm

11 ☐ 안에 들어갈 수 있는 자연수는 모두 몇 개인지 구하시오.

$$\frac{5}{12} \times \frac{4}{7} > \frac{3}{7} - \frac{\square}{21}$$

(   )개

12 길이가 $\frac{8}{15}$ cm인 종이띠가 있습니다. 색칠한 부분의 길이는 몇 cm입니까?

(   )cm

서술형

13 철수는 종이띠 $\frac{7}{10}$ m 중 $\frac{5}{8}$ 를 잘라 그 중에서 $\frac{4}{9}$ 를 사용했습니다. 사용한 종이띠는 몇 m인지 구하시오.

> 정답 ○ _____ m

> 풀이 과정 ○ _____

_____

서술형

14 윤희는 역사책 한 권을 3일 동안 모두 읽으려고 합니다. 어제는 전체의 $\frac{2}{5}$ 를 읽었고, 오늘은 남은 양의 $\frac{1}{3}$ 을 읽었습니다. 내일은 책 전체의 얼마를 읽어야 목표에 도달할 수 있는지 구하시오.

> 정답 ○ _____

> 풀이 과정 ○ _____

_____

서술형

15 상현이네 반은 모두 30명입니다. 학예회날 반 전체의 $\frac{5}{6}$ 가 악기 연주를 하기로 했습니다. 그 중에서 $\frac{1}{5}$ 은 칼림바를, $\frac{2}{5}$ 는 피아노를, 나머지 $\frac{2}{5}$ 는 바이올린을 연주하면 피아노를 연주하는 학생은 칼림바를 연주하는 학생보다 몇 명 더 많은지 구하시오.

> 정답 ○ _____ 명

> 풀이 과정 ○ _____

_____

여러 가지 분수의 곱셈

1 그림을 이용한 (대분수)×(대분수)의 계산

- 가로와 세로의 길이가 각각 $2\frac{1}{3}$, $1\frac{3}{4}$인 직사각형을 색칠해봅시다.

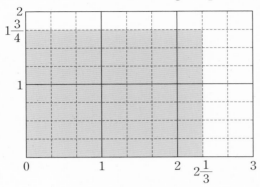

➡ 직사각형 한 칸의 넓이는 $\frac{1}{3}\times\frac{1}{4}=\frac{1}{12}$입니다.

➡ $\frac{1}{12}$이 49개이므로 색칠한 부분의 넓이는 $\frac{49}{12}$입니다.

➡ $2\frac{1}{3}\times1\frac{3}{4}=\frac{49}{12}$

2 (대분수)×(대분수)의 계산

- (가분수)×(가분수)로 바꾼 후 분자는 분자끼리, 분모는 분모끼리 곱합니다.

$$2\frac{1}{3}\times1\frac{3}{4}=\frac{7}{3}\times\frac{7}{4}=\frac{7\times7}{3\times4}=\frac{49}{12}=4\frac{1}{12}$$

- 뒤의 대분수를 자연수와 진분수로 나누어 계산합니다.

$$2\frac{1}{3}\times1\frac{3}{4}=2\frac{1}{3}\times\left(1+\frac{3}{4}\right) \quad \blacktriangleleft\ 1\frac{3}{4}=1+\frac{3}{4}$$

$$=\left(2\frac{1}{3}\times1\right)+\left(2\frac{1}{3}\times\frac{3}{4}\right) \quad \blacktriangleleft\ \blacksquare\times(\bullet+\blacktriangle)=(\blacksquare\times\bullet)+(\blacksquare\times\blacktriangle)$$

$$=\frac{7}{3}+\left(\frac{7}{3}\times\frac{3}{4}\right)=\frac{7}{3}+\frac{7}{4} \quad \blacktriangleleft\ 약분하기$$

$$=\frac{7\times4}{3\times4}+\frac{7\times3}{4\times3} \quad \blacktriangleleft\ 통분하기$$

$$=\frac{28}{12}+\frac{21}{12}=\frac{49}{12}=4\frac{1}{12}$$

깊은생각

- 분수의 곱셈에서 자연수를 가분수로 바꾸어 계산할 수 있습니다.

$$\frac{2}{3}\times4=\frac{2}{3}\times\frac{4}{1}=\frac{2\times4}{3\times1}=\frac{8}{3}=2\frac{2}{3}$$

$$3\times\frac{2}{5}=\frac{3}{1}\times\frac{2}{5}=\frac{3\times2}{1\times5}=\frac{6}{5}=1\frac{1}{5}$$

오른쪽 설명

1 (직사각형의 넓이)
  =(가로의 길이)
    ×(세로의 길이)

2 (대분수)×(대분수)의 계산은 (가분수)×(가분수)로 바꾼 후 분자는 분자끼리, 분모는 분모끼리 곱하는 것이 계산 실수를 줄일 수 있는 좋은 방법입니다.

2 $(\bullet+\blacktriangle)\times\blacksquare$
  $=(\bullet\times\blacksquare)+(\blacktriangle\times\blacksquare)$
  를 이용하는 방법도 있습니다.

$$2\frac{1}{3}\times1\frac{3}{4}$$

$$=\left(2+\frac{1}{3}\right)\times1\frac{3}{4}$$

$$=\left(2\times1\frac{3}{4}\right)\times\left(\frac{1}{3}+1\frac{3}{4}\right)$$

1 ☐ 안에 알맞은 수를 써넣으시오.

(1) $1\dfrac{1}{2} \times 2\dfrac{2}{3} = \dfrac{\boxed{}}{2} \times \dfrac{\boxed{}}{3}$

(2) $1\dfrac{2}{3} \times 1\dfrac{4}{5} = \dfrac{\boxed{}}{3} \times \dfrac{\boxed{}}{5} = \dfrac{\boxed{} \times \boxed{}}{3 \times 5}$

2 다음을 계산하시오.

(1) $2\dfrac{1}{3} \times 1\dfrac{2}{5}$

(2) $1\dfrac{2}{3} \times 2\dfrac{1}{4}$

3 보기를 이용하여 ☐ 안에 알맞은 수를 써넣으시오.

$$3 \times (2+1) = (3 \times 2) + (3 \times 1)$$

(1) $1\dfrac{1}{3} \times \left(2 + \dfrac{3}{4}\right) = \left(1\dfrac{1}{3} \times \boxed{}\right) + \left(1\dfrac{1}{3} \times \dfrac{\boxed{}}{\boxed{}}\right)$

(2) $3\dfrac{1}{4} \times \left(1 + \dfrac{2}{3}\right) = \left(3\dfrac{1}{4} \times \boxed{}\right) + \left(3\dfrac{1}{4} \times \dfrac{\boxed{}}{\boxed{}}\right) = \left(\dfrac{\boxed{}}{4} \times \boxed{}\right) + \left(\dfrac{\boxed{}}{4} \times \dfrac{\boxed{}}{\boxed{}}\right)$

4 ☐ 안에 알맞은 수를 써넣으시오.

(1) $12 \times \dfrac{7}{8} = \dfrac{\boxed{}}{1} \times \dfrac{7}{8}$

(2) $\dfrac{5}{9} \times 6 = \dfrac{5}{9} \times \dfrac{\boxed{}}{1}$

1 그림에서 파란색으로 색칠한 부분의 넓이를 구하려고 합니다. ☐ 안에 알맞은 수를 써넣으시오.

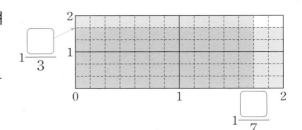

(1) 파란색으로 색칠한 작은 직사각형 하나의 넓이는

$$\dfrac{\boxed{}}{7}\times\dfrac{\boxed{}}{3}$$ 입니다.

(2) 파란색으로 색칠한 큰 직사각형의 넓이는 $1\dfrac{\boxed{}}{7}\times1\dfrac{\boxed{}}{3}=\dfrac{1}{21}\times\boxed{}$ 입니다.

2 그림에서 파란색으로 색칠한 큰 직사각형의 넓이를 구하려고 합니다. ☐ 안에 알맞은 수를 써넣으시오.

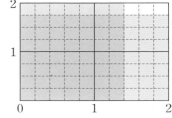

$$1\dfrac{2}{5}\times1\dfrac{3}{4}=\dfrac{\boxed{}}{20}=\boxed{}\dfrac{\boxed{}}{20}$$

3 ☐ 안에 알맞은 수를 써넣으시오.

(1) $1\dfrac{1}{2}\times2\dfrac{3}{4}=\dfrac{\boxed{}}{2}\times\dfrac{\boxed{}}{4}=\dfrac{\boxed{}}{\boxed{}}=\boxed{}\dfrac{\boxed{}}{\boxed{}}$

(2) $2\dfrac{1}{3}\times1\dfrac{2}{5}=\dfrac{\boxed{}}{3}\times\dfrac{\boxed{}}{5}=\dfrac{\boxed{}}{\boxed{}}=\boxed{}\dfrac{\boxed{}}{\boxed{}}$

4 보기를 참고하여 ☐ 안에 알맞은 수를 써넣으시오.

$$1\dfrac{3}{4}\times2\dfrac{2}{5}=\dfrac{7}{\underset{1}{4}}\times\dfrac{\overset{3}{12}}{5}=\dfrac{7\times3}{1\times5}=\dfrac{21}{5}=4\dfrac{1}{5}$$

(1) $2\dfrac{1}{3}\times1\dfrac{3}{7}=\dfrac{\overset{1}{7}}{\boxed{}}+\dfrac{\boxed{}}{\underset{1}{7}}=\dfrac{\boxed{}}{\boxed{}}=\boxed{}\dfrac{\boxed{}}{\boxed{}}$

(2) $1\dfrac{2}{3}\times2\dfrac{5}{8}=\dfrac{\boxed{}}{\underset{1}{3}}\times\dfrac{\overset{1}{21}}{\boxed{}}=\dfrac{\boxed{}}{\boxed{}}=\boxed{}\dfrac{\boxed{}}{\boxed{}}$

5 보기를 참고하여 ☐ 안에 알맞은 수를 써넣으시오.

$$1\frac{3}{4} \times 2\frac{2}{5} = 1\frac{3}{4} \times \left(2 + \frac{2}{5}\right) = \left(1\frac{3}{4} \times 2\right) + \left(1\frac{3}{4} \times \frac{2}{5}\right)$$

(1) $3\dfrac{1}{2} \times 2\dfrac{4}{5} = \left(3\dfrac{1}{2} \times \boxed{}\right) + \left(3\dfrac{1}{2} \times \dfrac{\boxed{}}{\boxed{}}\right)$

(2) $3\dfrac{2}{3} \times 4\dfrac{1}{2} = \left(\boxed{} \times 4\dfrac{1}{2}\right) + \left(\dfrac{\boxed{}}{\boxed{}} \times 4\dfrac{1}{2}\right)$

6 다음을 계산하시오.

(1) $1\dfrac{1}{8} \times 1\dfrac{1}{3}$

(2) $2\dfrac{1}{7} \times 1\dfrac{3}{5}$

7 자연수를 가분수로 바꾸어 계산하려고 합니다. ☐ 안에 알맞은 수를 써넣으시오.

(1) $\dfrac{5}{7} \times 6 = \dfrac{5}{7} \times \dfrac{\boxed{}}{1} = \dfrac{5 \times \boxed{}}{7 \times 1} = \dfrac{\boxed{}}{7} = \boxed{}\dfrac{\boxed{}}{\boxed{}}$

(2) $2\dfrac{4}{7} \times 5 = \dfrac{\boxed{}}{7} \times \dfrac{\boxed{}}{1} = \dfrac{\boxed{} \times \boxed{}}{7 \times 1} = \dfrac{\boxed{}}{7} = \boxed{}\dfrac{\boxed{}}{\boxed{}}$

8 ◯ 안에 >, =, < 중에서 알맞은 것을 써넣으시오.

$$2\frac{1}{4} \times 2\frac{2}{5} \quad\bigcirc\quad 1\frac{2}{5} \times 4$$

1　그림을 보고, ⬜ 안에 알맞은 수를 써넣으시오.

$$2\frac{3}{4} \times 1\frac{2}{3} = \frac{\square}{4} \times \frac{\square}{3} = \frac{\square}{\square} = \square\frac{\square}{\square}$$

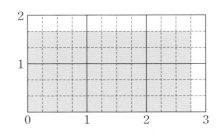

2　⬜ 안에 알맞은 수를 써넣고, 계산하시오.

(1) $1\frac{1}{2} \times 2\frac{3}{5} = \frac{\square}{2} \times \frac{\square}{5} = $ _____

(2) $1\frac{3}{4} \times 3\frac{2}{5} = \frac{\square}{4} \times \frac{\square}{5} = $ _____

3　⬜ 안에 알맞은 수를 써넣고, 계산하시오.

(1) $2\frac{4}{7} \times 1\frac{5}{9} = \frac{\square}{7} \times \frac{\square}{9} = $ _____

(2) $2\frac{4}{9} \times 2\frac{5}{11} = \frac{\square}{9} \times \frac{\square}{11} = $ _____

4　처음 잘못된 계산을 찾고, 바르게 계산하시오.

$$5\frac{1}{\underset{2}{4}} \times 1\overset{3}{\frac{6}{7}} = \frac{11}{\underset{1}{2}} \times \frac{\overset{5}{10}}{7} = 7\frac{6}{7}$$

$5\frac{1}{4} \times 1\frac{6}{7} = $ _____

5 보기를 참고하여 계산하시오.

$$(\blacksquare + \bullet) \times \blacktriangle = (\blacksquare \times \blacktriangle) + (\bullet \times \blacktriangle)$$

(1) $2\dfrac{4}{7} \times 1\dfrac{5}{9}$

(2) $2\dfrac{2}{9} \times 2\dfrac{7}{10}$

6 계산이 잘못된 것을 모두 찾아 기호를 쓰시오.

ⓐ $1\dfrac{1}{4} \times 2\dfrac{2}{5} = 3$ ⓒ $1\dfrac{1}{3} \times 3\dfrac{5}{6} = 5\dfrac{2}{9}$

ⓑ $1\dfrac{1}{6} \times 2\dfrac{7}{10} = 3\dfrac{3}{20}$ ⓓ $1\dfrac{7}{10} \times 2\dfrac{6}{7} = 4\dfrac{5}{7}$

(   )

7 색칠한 도형의 넓이를 구하시오.

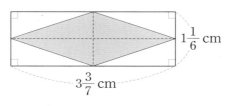

(   )cm^2

8 어떤 수에 $1\dfrac{1}{5}$ 을 곱해야 할 것을 잘못하여 뺐더니 $1\dfrac{2}{15}$ 가 되었습니다. 바르게 계산한 값은 얼마입니까?

(   )

9 $2\dfrac{2}{3}$의 $3\dfrac{5}{8}$는 얼마입니까?

(   )

10   □ 안에 들어갈 수 있는 자연수 중에서 가장 작은 값을 구하시오. (단, 주어진 분수는 모두 대분수입니다.)

$$1\dfrac{1}{8} \times 2\dfrac{8}{9} < 3\dfrac{\square}{4}$$

(   )

11   보기를 참고하여 계산하시오.

$$\dfrac{1}{2} \times \dfrac{\overset{1}{\cancel{4}}}{\underset{1}{\cancel{3}}} \times \dfrac{\overset{3}{\cancel{9}}}{\underset{1}{\cancel{4}}} = \dfrac{3}{2}$$

(1) $2\dfrac{3}{4} \times 1\dfrac{2}{5} \times 1\dfrac{3}{7}$

(2) $1\dfrac{2}{4} \times 1\dfrac{3}{5} \times 2\dfrac{3}{6}$

(3) $1\dfrac{2}{3} \times 3\dfrac{3}{4} \times 4\dfrac{4}{5}$

12   다음을 계산하시오.

(1) $3 \times 1\dfrac{1}{4} \times 1\dfrac{4}{5}$

(2) $4 \times 2\dfrac{2}{3} \times 5\dfrac{5}{8}$

(3) $2\dfrac{2}{3} \times 1\dfrac{4}{5} \times \dfrac{5}{6}$

(4) $4\dfrac{1}{6} \times 1\dfrac{2}{7} \times \dfrac{14}{15}$

서술형

13 두 개의 수도꼭지가 있습니다. A 수도꼭지는 1분에 $1\frac{4}{5}$ L씩, B 수도꼭지는 1분에 $2\frac{1}{6}$ L씩 물이 나옵니다. 수도꼭지를 동시에 틀기 시작하여 1분 15초 동안 물을 받았다면, 어느 수도꼭지에서 받는 물의 양이 몇 L 더 많은지 구하시오.

정답 ○ (   ) 수도꼭지에서 받은 물의 양이 (   )L 더 많습니다.

풀이 과정 ○ _____

_____

서술형

14 그림과 같이 가로의 길이가 $9\frac{3}{4}$ m, 세로의 길이가 $5\frac{3}{5}$ m인 과수원 일부분에 사과를 심었습니다. 사과를 심은 부분의 넓이는 몇 m²인지 구하시오.

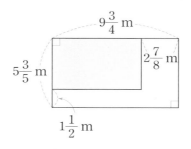

정답 ○ _____ m²

풀이 과정 ○ _____

_____

서술형

15 2분 동안 $\frac{4}{7}$ cm씩 타는 양초가 있습니다. 양초에 불을 붙인 지 8분이 지난 후 양초의 길이가 $\frac{3}{4}$ cm가 되었습니다. 처음 양초의 길이는 몇 cm인지 구하시오.

정답 ○ _____ cm

풀이 과정 ○ _____

_____

단원 총정리

1 (진분수)×(자연수)

- 분모는 그대로 두고, 진분수의 분자와 자연수를 곱합니다.

$$\frac{1}{4} \times 3 = \frac{1 \times 3}{4} = \frac{3}{4}$$

2 (대분수)×(자연수)

- 대분수를 가분수로 바꾸고, 분자에 자연수를 곱합니다.

$$1\frac{2}{5} \times 3 = \frac{7}{5} \times 3 = \frac{7 \times 3}{5} = \frac{21}{5} = 4\frac{1}{5}$$

- 대분수를 자연수와 진분수로 분리한 후 각각 자연수를 곱합니다.

$$\blacklozenge\frac{\bullet}{\blacksquare} \times \blacktriangle = (\blacklozenge \times \blacktriangle) + \left(\frac{\bullet}{\blacksquare} \times \blacktriangle\right)$$

$$1\frac{2}{5} \times 3 = \left(1 + \frac{2}{5}\right) \times 3$$
$$= (1 \times 3) + \left(\frac{2}{5} \times 3\right) = 3 + \frac{6}{5} = 3 + 1\frac{1}{5} = 4\frac{1}{5}$$

3 (자연수)×(대분수)

- 대분수를 가분수로 바꾸어 자연수와 진분수의 분자를 곱합니다.

$$6 \times 1\frac{1}{3} = 6 \times \frac{4}{3} = \frac{6 \times 4}{3} = \frac{24}{3} = 8$$

- 약분이 가능한 경우는 약분하여 계산합니다.

$$6 \times 1\frac{1}{3} = \overset{2}{6} \times \frac{4}{\underset{1}{3}} = 2 \times 4 = 8$$

4 (진분수)×(진분수)

- 분자는 분자끼리, 분모는 분모끼리 곱하여 계산합니다.

$$\frac{2}{3} \times \frac{4}{7} = \frac{2 \times 4}{3 \times 7} = \frac{8}{21}$$

5 (대분수)×(대분수)

- (가분수)×(가분수)로 바꾼 후 분자는 분자끼리, 분모는 분모끼리 곱합니다.

$$2\frac{1}{3} \times 1\frac{3}{4} = \frac{7}{3} \times \frac{7}{4} = \frac{7 \times 7}{3 \times 4} = \frac{49}{12} = 4\frac{1}{12}$$

- 뒤의 대분수를 자연수와 진분수로 나누어 계산합니다.

$$2\frac{1}{3} \times 1\frac{3}{4} = 2\frac{1}{3} \times \left(1 + \frac{3}{4}\right) \qquad \blacktriangleleft 1\frac{3}{4} = 1 + \frac{3}{4}$$
$$= \left(2\frac{1}{3} \times 1\right) + \left(2\frac{1}{3} \times \frac{3}{4}\right) \qquad \blacktriangleleft \blacksquare \times (\bullet + \blacktriangle) = (\blacksquare \times \bullet) + (\blacksquare \times \blacktriangle)$$
$$= \frac{7}{3} + \left(\frac{7}{3} \times \frac{3}{4}\right) = \frac{7}{3} + \frac{7}{4} \qquad \blacktriangleleft \text{약분하기}$$
$$= \frac{7 \times 4}{3 \times 4} + \frac{7 \times 3}{4 \times 3} \qquad \blacktriangleleft \text{통분하기}$$
$$= \frac{28}{12} + \frac{21}{12} = \frac{49}{12} = 4\frac{1}{12}$$

---

1 자연수를 대분수로 바꾸어 분모는 분모끼리, 분자는 분자끼리 곱하는 방법도 있습니다.

$$\frac{1}{4} \times 3 = \frac{1}{4} \times \frac{3}{1}$$
$$= \frac{1 \times 3}{4 \times 1} = \frac{3}{4}$$

3 대분수 상태에서 약분하면 잘못된 계산입니다.

$$\overset{2}{6} \times 1\frac{1}{\underset{1}{3}} \ (\times)$$

$$\overset{2}{6} \times \frac{4}{\underset{1}{3}} \ (\bigcirc)$$

3 $6 \times 1\frac{1}{3}$에서 대분수를 자연수와 진분수로 분리한 다음에 곱해도 됩니다.

$$6 \times 1\frac{1}{3}$$
$$= 6 \times \left(1 + \frac{1}{3}\right)$$
$$= (6 \times 1) + \left(6 \times \frac{1}{3}\right)$$

5 $(\bullet + \blacktriangle) \times \blacksquare$
$= (\bullet \times \blacksquare) + (\blacktriangle \times \blacksquare)$
를 이용하는 방법도 있습니다.

$$2\frac{1}{3} \times 1\frac{3}{4}$$
$$= \left(2 + \frac{1}{3}\right) \times 1\frac{3}{4}$$
$$= \left(2 \times 1\frac{3}{4}\right) \times \left(\frac{1}{3} + 1\frac{3}{4}\right)$$

V 분수의 곱셈은 곱하는 순서를 바꾸어도 결과는 같습니다. 즉,
$\blacksquare \times \bullet = \bullet \times \blacksquare$
입니다.

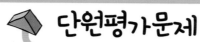
1 그림을 보고, ☐ 안에 알맞은 수를 써넣으시오.

(1)

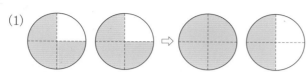

$$\frac{3}{4} \times 2 = \frac{3 \times \boxed{}}{4} = \frac{\boxed{}}{4} = \frac{\boxed{}}{2} = \boxed{}\frac{\boxed{}}{2}$$

(2)

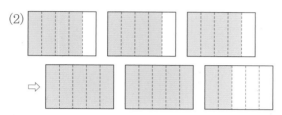

$$\frac{4}{5} \times 3 = \frac{4}{5} + \frac{4}{5} + \frac{4}{5} = \frac{4 \times \boxed{}}{5} = \frac{\boxed{}}{5} = \boxed{}\frac{\boxed{}}{\boxed{}}$$

2 수직선을 보고, ☐ 안에 알맞은 수를 써넣으시오.

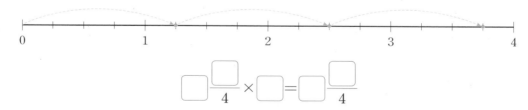

$$\boxed{}\frac{\boxed{}}{4} \times \boxed{} = \boxed{}\frac{\boxed{}}{4}$$

3 색칠된 부분의 넓이를 구한 식으로 옳은 것은 어느 것인가요?

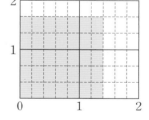

① $1\frac{1}{2} \times 5 = 7\frac{1}{2}$ ② $\frac{1}{6} \times 5 = \frac{5}{6}$

③ $1\frac{2}{5} \times 1\frac{2}{3} = 2\frac{1}{3}$ ④ $1\frac{3}{5} \times 1\frac{1}{3} = 2\frac{2}{15}$

⑤ $1\frac{2}{5} \times 2 = 2\frac{4}{5}$

4 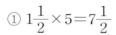 계산 결과가 가장 큰 식의 기호를 쓰시오.

> ㉠ $1\frac{2}{3} \times \frac{8}{9}$ ㉡ $1\frac{2}{3} \times 3\frac{1}{10}$ ㉢ $1\frac{2}{3} \times 1\frac{3}{7}$

(   )

5 $\dfrac{5}{12} \times \dfrac{4}{7}$를 여러 가지 방법으로 계산하려고 합니다. ☐ 안에 알맞은 수를 써넣으시오.

(1) $\dfrac{5}{12} \times \dfrac{4}{7} = \dfrac{5 \times \boxed{}}{12 \times \boxed{}} = \dfrac{20}{84} = \dfrac{\boxed{}}{\boxed{}}$

(2) $\dfrac{5}{12} \times \dfrac{4}{7} = \dfrac{5 \times \overset{\boxed{}}{4}}{\underset{\boxed{}}{12} \times 7} = \dfrac{\boxed{}}{\boxed{}}$

(3) $\dfrac{5}{\underset{\boxed{}}{12}} \times \dfrac{\overset{\boxed{}}{4}}{7} = \dfrac{\boxed{}}{\boxed{}}$

6 $1\dfrac{1}{8} \times 6$을 두 가지 방법으로 계산하려고 합니다. ☐ 안에 알맞은 수를 써넣으시오.

(1) $1\dfrac{1}{8} \times 6 = \dfrac{\boxed{}}{\underset{\boxed{}}{8}} \times \overset{\boxed{}}{6} = \dfrac{\boxed{}}{4} = \boxed{}\dfrac{\boxed{}}{\boxed{}}$

(2) $1\dfrac{1}{8} \times 6 = (1 \times 6) + \left(\dfrac{1}{\underset{\boxed{}}{8}} \times \overset{\boxed{}}{6}\right) = 6 + \dfrac{\boxed{}}{\boxed{}} = \boxed{}\dfrac{\boxed{}}{\boxed{}}$

7 철수의 잘못된 계산을 찾고, 바르게 계산하시오.

$$2\dfrac{3}{8} \times \overset{3}{\underset{4}{6}} = 6\dfrac{9}{4} = 8\dfrac{1}{4}$$

$2\dfrac{3}{8} \times 6 = \underline{\hspace{10cm}}$

8 ☐ 안에 들어갈 수 있는 자연수는 모두 몇 개인지 구하시오.

$$\dfrac{5}{9} \times \dfrac{3}{8} > \dfrac{\boxed{}}{24}$$

(   )개

9 크기가 같은 분수끼리 선을 그어 연결하시오.

(1) $10 \times 4\frac{1}{5}$ •   • 41

(2) $8 \times 5\frac{3}{4}$ •   • 42

(3) $12 \times 3\frac{5}{12}$ •   • 46

10 영희의 잘못된 계산을 찾고, 바르게 계산하시오.

$$3\frac{1}{9} \times 2\frac{3}{4} = \frac{\overset{5}{\cancel{10}}}{\underset{3}{\cancel{3}}} \times \frac{\overset{3}{\cancel{9}}}{\underset{2}{\cancel{4}}} = 7\frac{1}{2}$$

$3\frac{1}{9} \times 2\frac{3}{4} = $ _____

11 다음을 계산하시오.

(1) $\frac{1}{2} \times \frac{1}{3} \times \frac{1}{4}$

(2) $5\frac{1}{4} \times \frac{5}{7} \times \frac{1}{10}$

(3) $2\frac{1}{6} \times 7\frac{1}{7} \times \frac{3}{5}$

(4) $1\frac{2}{7} \times 3\frac{5}{9} \times 2\frac{1}{10}$

12 ◯ 안에 >, =, < 중에서 알맞은 것을 써넣으시오.

$$1\frac{1}{4} \times 1\frac{4}{5} \times \frac{8}{9} \quad \bigcirc \quad 1\frac{3}{4} \times 2\frac{2}{5} \times \frac{2}{3}$$

13 □ 안에 알맞은 수를 구하시오.

$$\frac{1}{4} \times \frac{1}{9} = \frac{1}{\square} \times \frac{1}{12}$$

(   )

14 다음 계산의 결과가 1이 될 때, □ 안에 알맞은 대분수를 구하시오.

$$\frac{3}{8} \times \square \times 1\frac{5}{7}$$

(   )

15 다음 도형의 넓이를 구하시오.

(1)
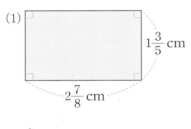
$1\frac{3}{5}$ cm
$2\frac{7}{8}$ cm

(2)
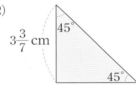
$3\frac{3}{7}$ cm   45°
45°

(   )cm²   (   )cm²

16 수 카드를 한 번씩만 이용하여 만들 수 있는 가장 큰 대분수와 가장 작은 대분수의 곱을 구하시오.

| 2 | 5 | 6 |

(   )

정답/풀이 → 76쪽

서술형

17 어떤 수는 $3\frac{1}{5}$의 $1\frac{3}{12}$입니다. 어떤 수의 $\frac{2}{3}$를 구하시오.

정답 ○ _____

풀이 과정 ○ _____

_____

서술형

18 색칠한 직사각형의 넓이는 몇 cm^2인지 구하시오.

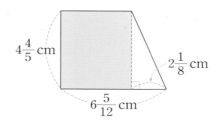

정답 ○ _____ cm^2

풀이 과정 ○ _____

_____

서술형

19 어떤 정사각형의 가로의 길이를 $\frac{1}{3}$배만큼 줄이고 세로의 길이를 $1\frac{1}{4}$배가 되도록 늘여 새로운 직사각형을 만들었습니다. 새롭게 만든 직사각형의 넓이는 처음 정사각형의 넓이의 몇 배인지 구하시오.

정답 ○ _____ 배

풀이 과정 ○ _____

_____

20 상현이네 집에 있는 당근의 무게는 6 kg이고 양파의 무게는 당근의 무게의 $1\frac{3}{5}$배라고 합니다. 당근과 양파의 무게의 합은 몇 kg인지 구하시오.

정답 ○ _____ kg

풀이 과정 ○ _____

_____

21 그림과 같이 한 변의 길이가 $1\frac{5}{7}$ cm인 정사각형을 똑같이 4부분으로 나누었습니다. 색칠한 부분의 넓이는 몇 cm²인지 구하시오.

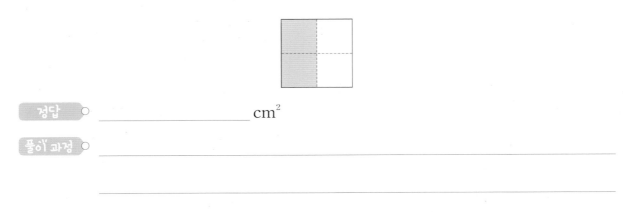

정답 ○ _____ cm²

풀이 과정 ○ _____

_____

22 떨어진 높이의 $\frac{3}{4}$ 만큼 위로 튀어 오르는 공이 있습니다. 이 공을 그림과 같이 32 m의 높이에서 떨어뜨렸을 때, 4번째로 튀어 오른 공은 바닥으로부터 몇 m의 높이에 있는지 구하시오.

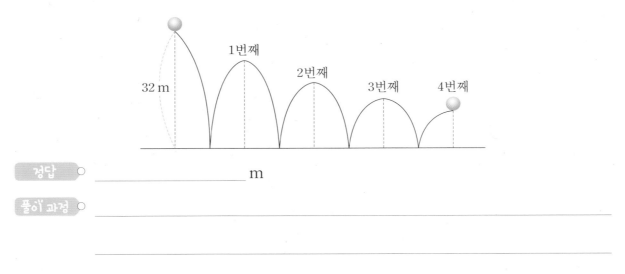

정답 ○ _____ m

풀이 과정 ○ _____

_____

MEMO

MEMO

Never give up!

No pain, no gain!

현직 초등교사 안쌤이랑 공부하면 '분수가 쉬워요!'

쌤이랑 초등수학 분수잡기

저자 무료강의
You Tube
초등교사안쌤TV

5 학년

안상현 지음 | 고희권 기획

정답 및 해설

쏠티북스

현직 초등교사 안쌤이랑 공부하면 '분수가 쉬워요!'

쌤이랑 초등수학 분수잡기

5학년

안상현 지음 | 고희권 기획

정답 및 해설

쏠티북스

약수와 배수

본문 p. 11

바로! 확인문제

1 (1) 4÷1=4, 4÷2=2, 4÷4=1
　(2) 5÷1=5, 5÷5=1
　(3) 10÷1=10, 10÷2=5, 10÷5=2, 10÷10=1

2 (1) 9÷1=9, 9÷3=3, 9÷9=1
　　 9를 나누어떨어지게 하는 1, 3, 9는 9의 약수입니다.
　(2) 15÷1=15, 15÷3=5, 15÷5=3, 15÷15=1
　　 15를 나누어떨어지게 하는 1, 3, 5, 15는 15의 약수입니다.

3 (1) 3×1=3, 3×2=6, 3×3=9, 3×4=12, …
　(2) 7×1=7, 7×2=14, 7×3=21, 7×4=28, …

4 (1) 6×1=6, 6×2=12, 6×3=18, 6×4=24, …
　　 6을 1배, 2배, 3배, 4배, …한 6, 12, 18, 24, …를 6의 배수라고 합니다.
　(2) 10×1=10, 10×2=20, 10×3=30,
　　 10×4=40, …
　　 10을 1배, 2배, 3배, 4배, …한 10, 20, 30, 40, …을 10의 배수라고 합니다.

본문 p. 12

기본문제 배운 개념 적용하기

1 8은 1, 2, 4, 8로 나누어떨어집니다.
　➡ 1, 2, 4, 8은 8의 약수입니다.

2 (1) 14÷1=14, 14÷2=7, 14÷7=2, 14÷14=1
　(2) 18÷1=18, 18÷2=9, 18÷3=6, 18÷6=3,
　　 18÷9=2, 18÷18=1

3 (1) 15÷1=15, 15÷3=5, 15÷5=3, 15÷15=1,
　　 15를 나누어떨어지게 하는 1, 3, 5, 15는 15의 약수입니다.
　　 (① ③ ⑤ 7 9 11 13 ⑮)
　(2) 24÷1=24, 24÷2=12, 24÷3=8, 24÷4=6,
　　 24÷6=4, 24÷8=3, 24÷12=2, 24÷24=1
　　 24를 나누어떨어지게 하는 1, 2, 3, 4, 6, 8, 12, 24는 24의 약수입니다.
　　 (① ② ③ ④ 5 ⑥ ⑧ ⑫ 14 ㉔)

4 (1) 25÷1=25, 25÷5=5, 25÷25=1
　　 25를 나누어떨어지게 하는 1, 5, 25는 25의 약수입니다.
　(2) 27÷27=1, 27÷9=3, 27÷3=9, 27÷1=27
　　 27을 나누어떨어지게 하는 27, 9, 3, 1은 27의 약수입니다.

5 4를 1배, 2배, 3배, 4배, …한 수를 4의 배수라고 합니다.
　4의 배수는 다음과 같습니다.
　4, 8, 12, 16, 20, 24, 28, 32, 36, 40, 44, 48

6 (1) 6을 1배, 2배, 3배, …한 6의 배수를 작은 수부터 차례대로 쓴 것입니다.
　　 6, 12, 18, 24, 30, 36, 42, …
　(2) 9를 1배, 2배, 3배, …한 9의 배수를 작은 수부터 차례대로 쓴 것입니다.
　　 9, 18, 27, 36, 45, 54, 63, …

7 2×4=8이므로 8÷2=4, 8÷4=2, 4×2=8입니다.
　(1) 8을 2로 나누면 나누어떨어지므로 2는 8의 약수입니다. (◯)
　(2) 8을 4로 나누면 나누어떨어지므로 4는 8의 약수입니다. (◯)

(3) 4를 1배, 2배, 3배, …한 수는 4, 8, 12, …이므로
2는 4의 배수가 아닙니다. (×)

(4) 2를 4배한 수가 8이므로 8은 2의 배수입니다.
(○)

(5) 4를 2배한 수가 8이므로 8은 4의 배수입니다.
(○)

8 18의 약수가 **1**, **2**, **3**, **6**, **9**, **18**이므로 18은 **1**, **2**, **3**, **6**, **9**, **18**의 배수입니다.

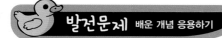

본문 p. 14

1 (1) 1, 2, 4, 8, 16
(2) 1, 2, 4, 5, 10, 20
(3) 1, 2, 3, 4, 6, 9, 12, 18, 36

2 (1) 5, 10, 15, 20, 25
(2) 8, 16, 24, 32, 40
(3) 11, 22, 33, 44, 55

3 50의 약수는 1, 2, 5, 10, 25, 50입니다.
이 약수 중에서 10보다 크고 30보다 작은 수는 **25**입니다.

4 (1) 1은 모든 수의 약수입니다.
(2) 어떤 수의 약수 중에서 가장 큰 수는 자기 자신입니다.
따라서 30의 약수 중에서 가장 큰 수는 **30**입니다.
(3) 어떤 수의 배수 중에서 가장 작은 수는 자기 자신입니다.
따라서 12의 배수 중에서 가장 작은 수는 **12**입니다.

| 다른 풀이 |

(2) 30의 약수는 1, 2, 3, 5, 6, 10, 15, 30이고 이 약수 중에서 가장 큰 수는 **30**입니다.
(3) 12의 배수는 12, 24, 36, 48, …입니다.
이 배수 중에서 가장 작은 수는 **12**입니다.

5 (1) 16÷4＝4이므로, 즉 16은 4로 나누어떨어지므로 4는 16의 약수입니다. (○)
(2) 16÷6＝2…4이므로, 즉 16은 6으로 나누어떨어지지 않으므로 6은 16의 약수가 아닙니다. (×)
(3) 27÷8＝3…3이므로, 즉 27은 8로 나누어떨어지지 않으므로 8은 27의 약수가 아닙니다. (×)
(4) 27÷9＝3이므로, 즉 27은 9로 나누어떨어지므로 9는 27의 약수입니다. (○)

| 다른 풀이 |

(1) 4×□＝16을 만족하는 □＝4가 있으므로
4는 16의 약수입니다. (○)
(2) 6×□＝16을 만족하는 □가 없으므로
6은 16의 약수가 아닙니다. (×)
(3) 8×□＝27을 만족하는 □가 없으므로
8은 27의 약수가 아닙니다. (×)
(4) 9×□＝27을 만족하는 □＝3이 있으므로
9는 27의 약수입니다. (○)

6 (1) 5를 4배한 수가 20이므로 20은 5의 배수입니다.
(○)
(2) 7을 몇 배 해도 29가 되지 않으므로 29는 7의 배수가 아닙니다. (×)
(3) 10을 몇 배 해도 31이 되지 않으므로 31은 10의 배수가 아닙니다. (×)
(4) 12를 3배한 수가 36이므로 36은 12의 배수입니다. (○)

| 다른 풀이 |

(1) 20÷5＝4, 5×4＝20이므로 5와 20은 약수와 배수 관계입니다.
따라서 20은 5의 배수입니다. (○)
(2) 29÷7＝4…1이므로 7과 29는 약수와 배수의 관계가 아닙니다.
따라서 29는 7의 배수가 아닙니다. (×)
(3) 31÷10＝3…1이므로 10과 31은 약수와 배수의 관계가 아닙니다.
따라서 31은 10의 배수가 아닙니다. (×)
(4) 36÷12＝3, 12×3＝36이므로 12와 36은 약수와 배수

의 관계입니다.

따라서 36은 12의 배수입니다. (○)

| 다른 풀이 |

(1) $5 \times \square = 20$을 만족하는 $\square = 4$가 있으므로
20은 5의 배수입니다. (○)

(2) $7 \times \square = 29$를 만족하는 $\square$가 없으므로
29는 7의 배수가 아닙니다. (×)

(3) $10 \times \square = 31$을 만족하는 $\square$가 없으므로
31은 10의 배수가 아닙니다. (×)

(4) $12 \times \square = 36$을 만족하는 $\square = 3$이 있으므로
36은 12의 배수입니다. (○)

7 48을 나누어떨어지게 하는 수는 48의 약수이므로 1,
2, 3, 4, 6, 8, 12, 16, 24, 48입니다.
따라서 조건을 만족하는 자연수는 모두 **10**개입니다.

8 4의 약수는 1, 2, 4입니다.
5의 약수는 1, 5입니다.
10의 약수는 1, 2, 5, 10입니다.
12의 약수는 1, 2, 3, 4, 6, 12입니다.
따라서 약수의 개수가 많은 수부터 차례대로 쓰면
12, **10**, **4**, **5**입니다.

9 $2 = 1 \times 2$　　　➡ 약수 : 2개
$3 = 1 \times 3$　　　➡ 약수 : 2개
$4 = 1 \times 4 = 2 \times 2$ ➡ 약수 : 3개
$5 = 1 \times 5$　　　➡ 약수 : 2개
$6 = 1 \times 6 = 2 \times 3$ ➡ 약수 : 4개
$7 = 1 \times 7$　　　➡ 약수 : 2개
$8 = 1 \times 8 = 2 \times 4$ ➡ 약수 : 4개
$9 = 1 \times 9 = 3 \times 3$ ➡ 약수 : 3개
……
$11 = 1 \times 11$
$13 = 1 \times 13$
$17 = 1 \times 17$
$19 = 1 \times 19$
$23 = 1 \times 23$
$29 = 1 \times 29$
따라서 2부터 30까지의 자연수 중에서 약수가 2개인
수는 2, 3, 5, 7, 11, 13, 17, 19, 23, 29로 **10**개입니
다.

| 참고 |

약수가 1과 자기 자신뿐인 수를 소수라고 합니다.
따라서 소수는 약수가 2개입니다.

10 • 36의 약수입니다.
$36 = 1 \times 36 = 2 \times 18 = 3 \times 12 = 4 \times 9 = 6 \times 6$이
므로 36의 약수는 1, 2, 3, 4, 6, 9, 12, 18, 36
입니다.
• 4의 배수입니다.
$4 \times 1 = 4$, $4 \times 2 = 8$, $4 \times 3 = 12$,
$4 \times 4 = 16$, $4 \times 5 = 20$, …
이므로 4의 배수는 4, 8, 12, 16, 20, …입니다.
36의 약수이면서 4의 배수인 수는 4, 12, 36입
니다.
• 약수가 6개입니다.
$4 = 1 \times 4 = 2 \times 2$이므로 4의 약수는 1, 2, 4로 3
개입니다.
$12 = 1 \times 12 = 2 \times 6 = 3 \times 4$이므로 12의 약수는
1, 2, 3, 4, 6, 12로 6개입니다.
$36 = 1 \times 36 = 2 \times 18 = 3 \times 12 = 4 \times 9 = 6 \times 6$이
므로 36의 약수는 1, 2, 3, 4, 6, 9, 12, 18, 36
로 9개입니다.
따라서 조건을 모두 만족하는 자연수는 **12**입니
다.

11 (1) 6의 약수는 1, 2, 3, 6입니다.
3의 약수는 1, 3입니다.
6의 약수는 모두 3의 약수입니다. (×)

(2) 4의 약수는 1, 2, 4입니다.
8의 약수는 1, 2, 4, 8입니다.
4의 약수는 모두 8의 약수입니다. (○)

(3) 2의 배수는 2, 4, 6, …입니다.
4의 배수는 4, 8, 12, …입니다.
2의 배수는 모두 4의 배수입니다. (×)

(4) 9의 배수는 9, 18, 27, …입니다.
3의 배수는 3, 6, 9, …입니다.
9의 배수는 모두 3의 배수입니다. (○)

12 15의 배수는 모두 $\square$의 배수이므로 $\square$는 15의 약
수입니다.
따라서 15의 약수는 1, 3, 5, 15이므로 $\square$ 안에 들
어갈 수 있는 자연수는 **1**, **3**, **5**, **15**입니다.

| 참고 |

■가 ●의 약수이면 ●의 배수는 모두 ■의 배수입니다.

13 5, 10, 15, 20, …은 모두 5의 배수입니다.
$5 \times 1 = 5$, $5 \times 2 = 10$, $5 \times 3 = 15$, …이므로 13번째에 오는 수는 $5 \times 13 = \mathbf{65}$입니다.

14 12의 배수를 작은 수부터 차례대로 나열하면 12, 24, 36, 48, 60, 72, 84, 96, 108, …입니다.
따라서 12의 배수 중에서 가장 작은 두 자리 수는 12이고 가장 큰 두 자리 수는 96이므로 두 수의 차는 $96 - 12 = \mathbf{84}$입니다.

15 10시, 10시 8분, 16분, 24분, 32분, 40분, 48분, 56분, 11시 4분, …에 운행하므로 오전 10시부터 오전 11시까지 모두 **8번** 운행합니다.

16 100을 어떤 수로 나누면 나머지가 4이므로
$100 - 4$, 즉 96을 어떤 수로 나누면 나누어떨어집니다.
이때 어떤 수는 96의 약수입니다.
$96 = 1 \times 96 = 2 \times 48 = 3 \times 32$
$\quad = 4 \times 24 = 6 \times 16 = 8 \times 12$
이므로 96의 약수는 1, 2, 3, 4, 6, 8, 12, 16, 24, 32, 48, 96입니다.
따라서 이 약수 중에서 가장 작은 두 자리 수는 **12**입니다.

DAY 02 최대공약수와 최소공배수

바로! 확인문제
본문 p. 19

1 (1) 두 수의 공통된 약수를 공약수라고 합니다.
4와 8의 공약수는 **1, 2, 4**입니다.
(2) 공약수 중에서 가장 큰 수를 최대공약수라고 합니다.
4와 8의 최대공약수는 **4**입니다.

2 (1) $15 = 1 \times 15 = 3 \times 5$이므로
15의 약수는 **1, 3, 5, 15**입니다.
(2) $20 = 1 \times 20 = 2 \times 10 = 4 \times 5$
20의 약수는 **1, 2, 4, 5, 10, 20**입니다.
(3) 15와 20의 공약수는 **1, 5**입니다.
(4) 15와 20의 최대공약수는 **5**입니다.

3 (1) 두 수의 공통된 배수를 공배수라고 합니다.
3과 4의 공배수는 **12, 24, …**입니다.
(2) 공배수 중에서 가장 작은 수를 최소공배수라고 합니다.
3과 4의 최소공배수는 **12**입니다.

4 (1) 6의 배수는 6, 12, 18, 24, 30, 36, 42, 48, 54, …입니다.
(2) 9의 배수는 9, 18, 27, 36, 45, 54, 63, …입니다.
(3) 6과 9의 공배수는 **18, 36, 54, …**입니다.
(4) 6과 9의 최소공배수는 **18**입니다.

본문 p. 20

기본문제 배운 개념 적용하기

1 (1) 1, 2, 3, 6
(2) 6

2 (1) 12의 약수는 1, **2**, **3**, **4**, **6**, 12

30의 약수는 1, **2**, **3**, 5, **6**, 10, 15, 30

(2) **1**, **2**, **3**, **6**

(3) **6**

3 (1) 공통된 배수를 공배수라고 합니다.

8과 12의 공배수는 **24**, **48**, ···입니다.

(2) 공배수 중에서 가장 작은 수를 최소공배수라고 합니다.

8과 12의 최소공배수는 **24**입니다.

4 (1) 6의 배수는

6, **12**, **18**, **24**, **30**, **36**, **42**, **48**, ···

8의 배수는

8, **16**, **24**, **32**, **40**, **48**, **56**, **64**, ···

(2) 6과 8의 공배수는 **24**, **48**, ···입니다.

(3) 6과 8의 최소공배수는 **24**입니다.

5 (1) 9의 약수는 1, 3, 9입니다.

15의 약수는 1, 3, 5, 15입니다.

9와 15의 공약수는 **1**, **3**입니다.

9와 15의 최대공약수는 **3**입니다.

(2) 18의 약수는 1, 2, 3, 6, 9, 18입니다.

24의 약수는 1, 2, 3, 4, 6, 8, 12, 24입니다.

18과 24의 공약수는 **1**, **2**, **3**, **6**입니다.

18과 24의 최대공약수는 **6**입니다.

6 (1) 3의 배수는 3, 6, 9, 12, 15, 18, ···입니다.

5의 배수는 5, 10, 15, 20, 25, ···입니다.

3과 5의 공배수는 15, 30, ···입니다.

3과 5의 최소공배수는 15입니다.

(2) 8의 배수는 8, 16, 24, 32, 40, 48, ···입니다.

12의 배수는 12, 24, 36, 48, ···입니다.

8과 12의 공배수는 24, 48, ···입니다.

8과 12의 최소공배수는 24입니다.

(3) 15의 배수는 15, 30, 45, 60, 75, 90, 105, 120, ···입니다.

20의 배수는 20, 40, 60, 80, 100, 120, ···입니다.

15와 20의 공배수는 60, 120, ···입니다.

15와 20의 최소공배수는 60입니다.

따라서 두 수의 최소공배수를 찾아 선을 그어 연결하면 다음과 같습니다.

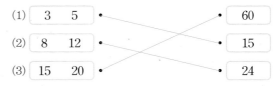

7 (1) 12의 약수는 1, 2, 3, 4, 6, 12입니다.

18의 약수는 1, 2, 3, 6, 9, 18입니다.

12와 18의 공통된 약수, 즉 공약수는 **1**, **2**, **3**, **6** 입니다.

(2) 두 수를 어떤 수로 나누면 두 수 모두 나누어떨어진다는 것은 어떤 수가 공약수라는 것을 의미합니다.

이 공약수 중에서 가장 큰 수는 최대공약수를 의미합니다.

15의 약수는 1, 3, 5, 15입니다.

21의 약수는 1, 3, 7, 21입니다.

15와 21의 공약수는 1, 3입니다.

15와 21의 최대공약수는 **3**입니다.

(3) 두 수의 공약수는 두 수의 최대공약수의 약수입니다.

구하는 두 수의 공약수는 최대공약수 21의 약수입니다.

21의 약수는 **1**, **3**, **7**, **21**입니다.

8 (1) 12의 배수는 12, 24, 36, 48, 60, 72, 84, 96, 108, ···입니다.

18의 배수는 18, 36, 54, 72, 90, 108, ···입니다.

12와 18의 공배수 중에서 가장 작은 수부터 차례대로 3개를 쓰면 **36**, **72**, **108**입니다.

(2) 8의 배수는 8, 16, 24, 32, 40, 48, 56, 64, 72, 80, ···입니다.

20의 배수는 20, 40, 60, 80, 100, 120, ···입니다.

8과 20의 공배수는 40, 80, ···이고 두 번째로 작은 수는 **80**입니다.

(3) 두 수의 공배수는 두 수의 최소공배수의 배수입니다.

구하는 두 수의 공배수는 최소공배수 32의 배수입니다.

32의 배수는 32, 64, 96, 128, …입니다.
이 배수 중에서 가장 큰 두 자리 수는 **96**입니다.

최대공약수 구하는 방법

바로! 확인문제   본문 p. 23

1 (1) 공통으로 들어 있는 수, 즉 15와 20의 공약수는
1, 5입니다.
공통으로 들어 있는 수 중에서 가장 큰 수, 즉 15
와 20의 최대공약수는 **5**입니다.
(2) 공통으로 들어 있는 수, 즉 12와 16의 공약수는
1, 2, 4입니다.
공통으로 들어 있는 수 중에서 가장 큰 수, 즉 12
와 16의 최대공약수는 **4**입니다.

2 (1) 공통으로 들어 있는 수가 2 하나 뿐이므로 4와 6
의 최대공약수는 **2**입니다.
(2) 공통으로 들어 있는 곱셈식이 2×2이므로 4와 12
의 최대공약수는 $2 \times 2 =$**4**입니다.
(3) 공통으로 들어 있는 곱셈식이 2×3이므로 12와
30의 최대공약수는 $2 \times 3 =$**6**입니다.
(4) 공통으로 들어 있는 곱셈식이 2×5이므로 20과
30의 최대공약수는 $2 \times 5 =$**10**입니다.

3 (1)
```
 3) 6  9
    2  3
```
최대공약수는 **3**입니다.
(2)
```
 2) 6  14
    3   7
```
최대공약수는 **2**입니다.

---

(3)
```
 2) 24  42
 3) 12  21
    4   7
```
최대공약수는 $2 \times 3 =$6입니다.
(4)
```
 3) 27  36
 3)  9  12
    3   4
```
최대공약수는 $3 \times 3 =$9입니다.

최소공배수 구하는 방법

바로! 확인문제   본문 p. 25

1 (1) 공통으로 들어 있는 수는 1, 5이고 가장 큰 수는
5입니다.
나머지 수는 3과 4이므로 15와 20의 최소공배수
는 $5 \times 3 \times 4 =$**60**입니다.
(2) 공통으로 들어 있는 수는 1, 2, 4이고 가장 큰 수
는 **4**입니다.
나머지 수는 3과 4이므로 12와 16의 최소공배수
는 $4 \times 3 \times 4 =$**48**입니다.

2 (1) 공통으로 들어 있는 수가 2이고 나머지가 2와 3
이므로 4와 6의 최소공배수는 $2 \times 2 \times 3$입니다.
(2) 공통으로 들어 있는 곱셈식이 2×2이고 나머지가
3이므로 4와 12의 최소공배수는 $2 \times 2 \times 3$입니다.
(3) 공통으로 들어 있는 곱셈식이 2×3이고 나머지가
2와 5이므로 12와 30의 최소공배수는
$2 \times 3 \times 2 \times 5$입니다.
(4) 공통으로 들어 있는 곱셈식이 2×5이고 나머지가
2와 3이므로 20과 30의 최소공배수는
$2 \times 5 \times 2 \times 3$입니다.

3 (1)
```
 3) 6  9
    2  3
```
최소공배수는 $3 \times 2 \times 3 =$18입니다.

(2)

$$
\begin{array}{r}
3)\underline{6\quad 15} \\
2\quad 5
\end{array}
$$

최소공배수는 $3\times2\times5=30$입니다.

(3)

$$
\begin{array}{r}
2)\underline{24\quad 42} \\
3)\underline{12\quad 21} \\
4\quad 7
\end{array}
$$

최소공배수는 $2\times3\times4\times7=168$입니다.

(4)

$$
\begin{array}{r}
3)\underline{27\quad 36} \\
3)\underline{9\quad 12} \\
3\quad 4
\end{array}
$$

최소공배수는 $3\times3\times3\times4=108$입니다.

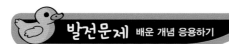

본문 p. 26

발전문제 배운 개념 응용하기

1 (1) 9의 약수 : 1, 3, 9

15의 약수 : 1, 3, 5, 15

9와 15의 공약수 : 1, 3

9와 15의 최대공약수 : 3

(2) 14의 약수 : 1, 2, 7, 14

21의 약수 : 1, 3, 7, 21

14와 21의 공약수 : 1, 7

14와 21의 최대공약수 : 7

2 (1) 두 수의 공약수는 두 수의 최대공약수의 약수입니다.

구하는 두 수의 공약수는 최대공약수 16의 약수입니다.

16의 약수는 1, 2, 4, 8, 16입니다.

(2) 두 수의 공약수는 두 수의 최대공약수의 약수입니다.

구하는 27과 어떤 수의 공약수는 최대공약수 9의 약수입니다.

9의 약수는 1, 3, 9입니다.

따라서 27과 어떤 수의 공약수는 모두 **3**개입니다.

3 (1) 3의 배수 : 3, 6, 9, 12, …

6의 배수 : 6, 12, 18, 24, …

3과 6의 공배수 : 6, 12, …

3과 6의 최소공배수 : 6

(2) 6의 배수 : 6, 12, 18, 24, …

9의 배수 : 9, 18, 27, 36, …

6과 9의 공배수 : 18, …

6과 9의 최소공배수 : 18

4 (1) 두 수의 공배수는 두 수의 최소공배수의 배수입니다.

구하는 두 수의 공배수는 최소공배수 36의 배수입니다.

36의 배수는 36, 72, 108, …입니다.

가장 작은 세 자리 수는 **108**입니다.

(2) 두 수의 공배수는 두 수의 최소공배수의 배수입니다.

구하는 9와 어떤 수의 공배수는 최소공배수 27의 배수입니다.

27의 배수는 27, 54, 81, …입니다.

가장 작은 수부터 차례로 3개를 쓰면 **27, 54, 81**입니다.

5 (1) 공통으로 들어 있는 수, 즉 15와 20의 공약수는 1, 5입니다.

공통으로 들어 있는 수 중에서 가장 큰 수, 즉 15와 20의 최대공약수는 **5**입니다.

(2) 공통으로 들어 있는 수, 즉 12와 20의 공약수는 1, 2, 4입니다.

공통으로 들어 있는 수 중에서 가장 큰 수, 즉 12와 20의 최대공약수는 **4**입니다.

6 (1) $8=2\times2\times2$

$20=2\times2\times5$

공통으로 들어 있는 곱셈식이 2×2이므로 8과 20의 최대공약수는 $2\times2=$**4**입니다.

(2) $24=2\times2\times2\times3$

$30=2\times3\times5$

공통으로 들어 있는 곱셈식이 2×3이므로 24와 30의 최대공약수는 $2\times3=$**6**입니다.

7 (1) 공통으로 들어 있는 수는 1, 2, 4이고 가장 큰 수는 4입니다.

$8=2\times4$, $12=3\times4$

나머지 수는 2와 3이므로 8과 12의 최소공배수는 $4\times2\times3$입니다.

(2) 공통으로 들어 있는 수는 1, 5이고 가장 큰 수는 5입니다.

$15=3\times5$, $20=4\times5$

나머지 수는 3과 4이므로 15와 20의 최소공배수는 $5\times3\times4$입니다.

8 (1) $8=2\times2\times2$

$12=2\times2\times3$

공통으로 들어 있는 곱셈식이 2×2이고 나머지가 2와 3이므로 8과 12의 최소공배수는

$2\times2\times2\times3$입니다.

(2) $18=2\times3\times3$

$24=2\times2\times2\times3$

공통으로 들어 있는 곱셈식이 2×3이고 나머지가 3과 2×2이므로 18과 24의 최소공배수는

$2\times3\times3\times2\times2$입니다.

9 (1)

```
3) 18  27
3)  6   9
    2   3
```

최대공약수는 3×3입니다.

(2)

```
2) 30  48
3) 15  24
    5   8
```

최대공약수는 2×3입니다.

(3)

```
2) 24  36
2) 12  18
3)  6   9
    2   3
```

최대공약수는 $2\times2\times3$입니다.

(4)

```
2) 36  84
2) 18  42
3)  9  21
    3   7
```

최대공약수는 $2\times2\times3$입니다.

10 (1)

```
2) 16  20
2)  8  10
    4   5
```

최소공배수는 $2\times2\times4\times5$입니다.

(2)

```
2) 18  24
3)  9  12
    3   4
```

최소공배수는 $2\times3\times3\times4$입니다.

(3)

```
2) 16  24
2)  8  12
2)  4   6
    2   3
```

최소공배수는 $2\times2\times2\times2\times3$입니다.

(4)

```
2) 36  54
3) 18  27
3)  6   9
    2   3
```

최소공배수는 $2\times3\times3\times2\times3$입니다.

11 100을 나누어떨어지게 하는 수는 100의 약수입니다.

100의 약수는 1, 2, 4, 5, 10, 20, 25, 50, 100입니다.

이 약수 중에서 10의 배수는 10, 20, 50, 100으로 모두 4개입니다.

12 • $20\div\square=$ (몫) $\cdots$ 2

20을 어떤 수로 나누면 나머지가 2입니다.

➡ $20-2=18$을 어떤 수로 나누면 나누어떨어집니다.

• $25\div\square=$ (몫) $\cdots$ 1

25를 어떤 수로 나누면 나머지가 1입니다.

➡ $25-1=24$를 어떤 수로 나누면 나누어떨어집니다.

18과 24를 어떤 수로 나누면 모두 나누어떨어집니다.

이때 어떤 수는 18과 24의 공약수 중에서 1을 제외한 수입니다.

18의 약수 : 1, 2, 3, 6, 9, 18

24의 약수 : 1, 2, 3, 4, 6, 8, 12, 24
18과 24의 공약수는 1, 3, 6이므로 구하는 수는
3, 6입니다.

13 어떤 수를 □라고 하면

$$
\begin{array}{r|ll}
9) & \Box & 63 \\
\hline
& \bigcirc & 7
\end{array}
$$

최소공배수는 $9 \times \bigcirc \times 7 = 189$이므로
$63 \times \bigcirc = 189$에서 $\bigcirc = 189 \div 63 = 3$입니다.
$\Box = 9 \times \bigcirc = 9 \times 3 = 27$입니다.

 바로! 확인문제 　　　　　본문 p. 31

1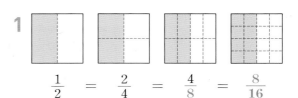

$$\frac{1}{2} = \frac{2}{4} = \frac{4}{8} = \frac{8}{16}$$

2 (1)

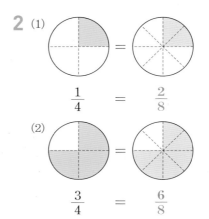

$$\frac{1}{4} = \frac{2}{8}$$

(2)

$$\frac{3}{4} = \frac{6}{8}$$

3 (1) 분모와 분자에 각각 0이 아닌 같은 수를 곱하면
　　 같은 크기의 분수가 됩니다.

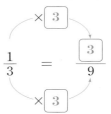

$$\frac{1}{3} = \frac{3}{9}$$

(2) 분모와 분자에 각각 0이 아닌 같은 수를 곱하면
　　 같은 크기의 분수가 됩니다.

$$\frac{4}{5} = \frac{8}{10}$$

(3) 분모와 분자를 각각 0이 아닌 같은 수로 나누면
　　 같은 크기의 분수가 됩니다.

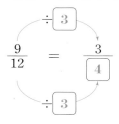

(4) 분모와 분자를 각각 0이 아닌 같은 수로 나누면 같은 크기의 분수가 됩니다.

$$\frac{9}{12} = \frac{3}{\boxed{4}}$$

4 (1) $\dfrac{4}{7} = \dfrac{4 \times 2}{7 \times 2} = \dfrac{8}{14}$

(2) $\dfrac{18}{27} = \dfrac{18 \div 9}{27 \div 9} = \dfrac{2}{3}$

본문 p. 32

기본문제 배운 개념 적용하기

1 (1)

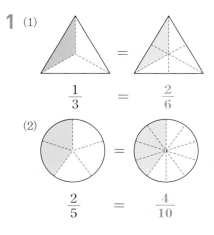

$$\frac{1}{3} = \frac{2}{6}$$

(2)

$$\frac{2}{5} = \frac{4}{10}$$

2 (1)

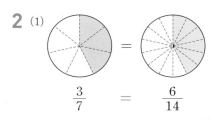

$$\frac{3}{7} = \frac{6}{14}$$

(2)

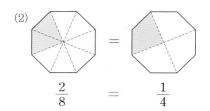

$$\frac{2}{8} = \frac{1}{4}$$

3 (1)

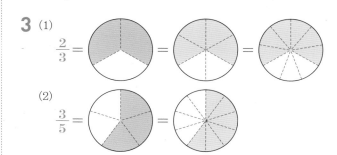

$$\frac{2}{3} =$$

(2)

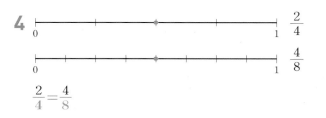

$$\frac{3}{5} =$$

4

$$\frac{2}{4}$$

$$\frac{4}{8}$$

$$\frac{2}{4} = \frac{4}{8}$$

5 (1) 분모와 분자에 각각 **2**를 곱했습니다.
(2) 분모와 분자를 각각 **4**로 나눴습니다.

6 (1) $1 \times 6 = 6$이므로 $\dfrac{1}{5}$의 분자에 6을 곱한 것입니다.

$$\frac{1}{5} = \frac{1 \times 6}{5 \times 6} = \frac{6}{30}$$

(2) $7 \times 2 = 14$이므로 $\dfrac{3}{7}$의 분모에 2를 곱한 것입니다.

$$\frac{3}{7} = \frac{3 \times 2}{7 \times 2} = \frac{6}{14}$$

(3) $20 \div 4 = 5$이므로 $\dfrac{16}{20}$의 분모를 4로 나눈 것입니다.

$$\frac{16}{20} = \frac{16 \div 4}{20 \div 4} = \frac{4}{5}$$

(4) $21 \div 3 = 7$이므로 $\dfrac{21}{27}$의 분자를 3으로 나눈 것입니다.

$$\frac{21}{27} = \frac{21 \div 3}{27 \div 3} = \frac{7}{9}$$

발전문제 배운 개념 응용하기

1 (1)

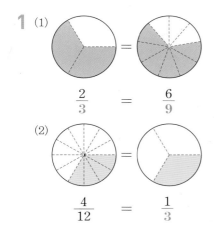

$$\frac{2}{3} \quad = \quad \frac{6}{9}$$

(2)

$$\frac{4}{12} \quad = \quad \frac{1}{3}$$

2

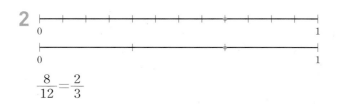

$$\frac{8}{12} = \frac{2}{3}$$

3 (1) $\frac{2}{8} = \frac{2 \times 2}{8 \times 2} = \frac{4}{16}$ (○)

(2) $\frac{12}{16} = \frac{12 \div 4}{16 \div 4} = \frac{3}{4}$ (×)

| 다른 풀이 |

(1) $\frac{4}{16} = \frac{4 \div 2}{16 \div 2} = \frac{2}{8}$ (○)

(2) $\frac{2}{3} = \frac{2 \times 6}{3 \times 6} = \frac{12}{18}$ (×)

4 (1) $\frac{1}{2} = \frac{1 \times 3}{2 \times 3} = \frac{3}{6}$

(2) $\frac{2}{3} = \frac{2 \times 5}{3 \times 5} = \frac{10}{15}$

(3) $\frac{3}{6} = \frac{3 \times 4}{6 \times 4} = \frac{12}{24}$

(4) $\frac{4}{5} = \frac{4 \times 7}{5 \times 7} = \frac{28}{35}$

5 (1) $\frac{4}{8} = \frac{4 \div 2}{8 \div 2} = \frac{2}{4}$

(2) $\frac{8}{14} = \frac{8 \div 2}{14 \div 2} = \frac{4}{7}$

(3) $\frac{15}{20} = \frac{15 \div 5}{20 \div 5} = \frac{3}{4}$

(4) $\frac{22}{33} = \frac{22 \div 11}{33 \div 11} = \frac{2}{3}$

6 (1) $\frac{2}{6} = \frac{4}{12} = \frac{6}{18} = \frac{8}{24} = \frac{10}{30}$

(2) $\frac{48}{64} = \frac{24}{32} = \frac{12}{16} = \frac{6}{8} = \frac{3}{4}$

7 $\frac{2}{5} = \frac{2 \times 2}{5 \times 2} = \frac{4}{10}$

$\frac{9}{18} = \frac{9 \div 9}{18 \div 9} = \frac{1}{2}$

$\frac{4}{12} = \frac{4 \div 4}{12 \div 4} = \frac{1}{3}$

$\frac{6}{7} = \frac{6 \times 2}{7 \times 2} = \frac{12}{14}$

$\frac{3}{9} = \frac{3 \div 3}{9 \div 3} = \frac{1}{3}$

따라서 크기가 같은 분수끼리 선을 그어 연결하면 다음과 같습니다.

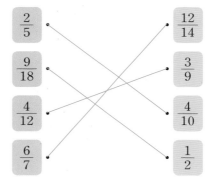

8 전체를 똑같이 8로 나눈 것 중의 1은 $\frac{1}{8}$입니다.

$$\frac{1}{8} = \frac{1 \times 3}{8 \times 3} = \frac{3}{24}$$

따라서 전체를 똑같이 8로 나눈 것 중의 1은 전체를 똑같이 24로 나눈 것 중의 3과 같습니다.

9 $\frac{3}{4} = \frac{3 \times 3}{4 \times 3} = \frac{9}{12}$

$\frac{1}{3} = \frac{1 \times 4}{3 \times 4} = \frac{4}{12}$

따라서 가장 더 적게 마신 사람은 **동찬**이입니다.

10 $\dfrac{2}{4}=\dfrac{2\times2}{4\times2}=\dfrac{4}{8}$, $\dfrac{2}{4}=\dfrac{2\times4}{4\times4}=\dfrac{8}{16}$

$\dfrac{3}{8}=\dfrac{3\times2}{8\times2}=\dfrac{6}{16}$

따라서 크기가 같은 두 분수는 $\dfrac{3}{8}$과 $\dfrac{6}{16}$입니다.

11 $\dfrac{4}{6}$와 크기가 같은 분수는

$\dfrac{2}{3}$, $\dfrac{8}{12}$, $\dfrac{12}{18}$, $\dfrac{16}{24}$, …입니다.

이때 분자와 분모의 합이 30인 분수는 $\dfrac{12}{18}$입니다.

12 $\dfrac{\square}{5}<\dfrac{9}{15}$에서 $\dfrac{\square\times3}{5\times3}=\dfrac{\square\times3}{15}$이므로

$\dfrac{\square\times3}{15}<\dfrac{9}{15}$입니다.

$\square\times3<9$를 만족하는 $\square=$**1**, **2**입니다.

약분과 기약분수

바로! 확인문제   본문 p. 39

1 (1) 12의 약수 : 1, **2**, 3, **4**, 6, 12
  20의 약수 : 1, **2**, **4**, 5, 10, 20

(2) 12와 20의 공약수 : **1**, **2**, **4**

(3) 12와 20의 최대공약수 : **4**

2 18의 약수 : 1, 2, 3, 6, 9, 18
27의 약수 : 1, 3, 9, 27
18과 27의 공약수 : 1, 3, 9

(1) 분모와 분자의 공약수 **3**으로 분모와 분자를 나눕니다.

$\dfrac{18}{27}=\dfrac{18\div3}{27\div3}=\dfrac{6}{9}$

(2) 분모와 분자의 공약수 **9**로 분모와 분자를 나눕니다.

$\dfrac{18}{27}=\dfrac{18\div9}{27\div9}=\dfrac{2}{3}$

3 20의 약수 : 1, 2, 4, 5, 10, 20
30의 약수 : 1, 2, 3, 5, 6, 10, 15, 30
20과 30의 공약수 : 1, 2, 5, 10
20과 30의 최대공약수 : 10
분모와 분자의 최대공약수 **10**으로 분모와 분자를 나눕니다.

$\dfrac{20}{30}=\dfrac{20\div10}{30\div10}=\dfrac{2}{3}$

4 (1) 2와 3의 공약수는 1 하나뿐입니다. (◯)

(2) 2와 4의 공약수는 1, 2입니다.   (×)

(3) 3과 5의 공약수는 1 하나뿐입니다. (◯)

(4) 6과 8의 공약수는 1, 2입니다.   (×)

기본문제 배운 개념 적용하기

1 (1) 약분한 수 : 2
(2) 약분한 수 : 2
약분한 수 : 4

2 (1) 6과 10의 공약수 : 1, 2
(2) 12와 28의 공약수 : 1, 2, 4
(3) 16과 24의 공약수 : 1, 2, 4, 8

3 (1) 12와 18의 공약수 : 1, 2, 3, 6
(2) $\dfrac{12}{18} = \dfrac{12 \div 2}{18 \div 2} = \dfrac{6}{9}$

$\dfrac{12}{18} = \dfrac{12 \div 3}{18 \div 3} = \dfrac{4}{6}$

$\dfrac{12}{18} = \dfrac{12 \div 6}{18 \div 6} = \dfrac{2}{3}$

4 (1) 6과 8의 공약수는 1, 2입니다.
$\dfrac{6}{8} = \dfrac{6 \div 2}{8 \div 2} = \dfrac{3}{4}$

(2) 16과 24의 공약수는 1, 2, 4, 8입니다.
$\dfrac{16}{24} = \dfrac{16 \div 2}{24 \div 2} = \dfrac{8}{12}$

$\dfrac{16}{24} = \dfrac{16 \div 4}{24 \div 4} = \dfrac{4}{6}$

$\dfrac{16}{24} = \dfrac{16 \div 8}{24 \div 8} = \dfrac{2}{3}$

(3) 24와 32의 공약수는 1, 2, 4, 8입니다.
$\dfrac{24}{32} = \dfrac{24 \div 2}{32 \div 2} = \dfrac{12}{16}$

$\dfrac{24}{32} = \dfrac{24 \div 4}{32 \div 4} = \dfrac{6}{8}$

$\dfrac{24}{32} = \dfrac{24 \div 8}{32 \div 8} = \dfrac{3}{4}$

(4) 24와 40의 공약수는 1, 2, 4, 8입니다.
$\dfrac{24}{40} = \dfrac{24 \div 2}{40 \div 2} = \dfrac{12}{20}$

$\dfrac{24}{40} = \dfrac{24 \div 4}{40 \div 4} = \dfrac{6}{10}$

$\dfrac{24}{40} = \dfrac{24 \div 8}{40 \div 8} = \dfrac{3}{5}$

5 분모와 분자의 공약수가 1뿐인 수를 기약분수라고 합니다.

$\dfrac{4}{7}$: 공약수는 1뿐입니다.　(○)

$\dfrac{8}{10}$: 공약수는 1, 2입니다.　(×)

$\dfrac{7}{12}$: 공약수는 1뿐입니다.　(○)

$\dfrac{10}{15}$: 공약수는 1, 5입니다.　(×)

$\dfrac{13}{22}$: 공약수는 1뿐입니다.　(○)

$\dfrac{18}{27}$: 공약수는 1, 3, 9입니다. (×)

6 (1) 6과 30의 최대공약수는 6입니다.
최대공약수로 약분할 때 기약분수가 됩니다.

$\dfrac{6}{30} = \dfrac{6 \div 6}{30 \div 6} = \dfrac{1}{5}$

따라서 기약분수는 $\dfrac{1}{5}$입니다.

(2) 18과 30의 최대공약수는 6입니다.
최대공약수로 약분할 때 기약분수가 됩니다.

$\dfrac{18}{30} = \dfrac{18 \div 6}{30 \div 6} = \dfrac{3}{5}$

따라서 기약분수는 $\dfrac{3}{5}$입니다.

(3) 20과 40의 최대공약수는 20입니다.
최대공약수로 약분할 때 기약분수가 됩니다.

$\dfrac{20}{40} = \dfrac{20 \div 20}{40 \div 20} = \dfrac{1}{2}$

따라서 기약분수는 $\dfrac{1}{2}$입니다.

(4) 30과 40의 최대공약수는 10입니다.

$\dfrac{30}{40} = \dfrac{30 \div 10}{40 \div 10} = \dfrac{3}{4}$

따라서 기약분수는 $\dfrac{3}{4}$입니다.

7 분모와 분자의 최대공약수로 약분할 때 기약분수가 됩니다.

(1)
```
2) 24   32
2) 12   16
2)  6    8
    3    4
```

24와 32의 최대공약수 $2 \times 2 \times 2 = 8$로 분모와 분자를 약분하면 기약분수가 됩니다.

(2)

$$\begin{array}{c|cc} 2) & 28 & 36 \\ 2) & 14 & 18 \\ \hline & 7 & 9 \end{array}$$

28과 36의 최대공약수 $2 \times 2 = 4$로 분모와 분자를 약분하면 기약분수가 됩니다.

(3)

$$\begin{array}{c|cc} 2) & 36 & 42 \\ 3) & 18 & 21 \\ \hline & 6 & 7 \end{array}$$

36과 42의 최대공약수 $2 \times 3 = 6$으로 분모와 분자를 약분하면 기약분수가 됩니다.

(4)

$$\begin{array}{c|cc} 2) & 20 & 52 \\ 2) & 10 & 26 \\ \hline & 5 & 13 \end{array}$$

20과 52의 최대공약수 $2 \times 2 = 4$로 분모와 분자를 약분하면 기약분수가 됩니다.

8 (1)

$$\begin{array}{c|cc} 7) & 14 & 21 \\ \hline & 2 & 3 \end{array}$$

최대공약수는 7입니다.

$\frac{14}{21}$의 분모와 분자를 최대공약수 7로 나누면 기약분수가 됩니다.

$$\frac{14}{21} = \frac{14 \div 7}{21 \div 7} = \frac{2}{3}$$

(2)

$$\begin{array}{c|cc} 2) & 24 & 36 \\ 2) & 12 & 18 \\ 3) & 6 & 9 \\ \hline & 2 & 3 \end{array}$$

최대공약수는 $2 \times 2 \times 3 = 12$입니다.

$\frac{24}{36}$의 분모와 분자를 최대공약수 12로 나누면 기약분수가 됩니다.

$$\frac{24}{36} = \frac{24 \div 12}{36 \div 12} = \frac{2}{3}$$

(3)

$$\begin{array}{c|cc} 2) & 40 & 48 \\ 2) & 20 & 24 \\ 2) & 10 & 12 \\ \hline & 5 & 6 \end{array}$$

최대공약수는 $2 \times 2 \times 2 = 8$입니다.

$\frac{40}{48}$의 분모와 분자를 최대공약수 8로 나누면 기약분수가 됩니다.

$$\frac{40}{48} = \frac{40 \div 8}{48 \div 8} = \frac{5}{6}$$

(4)

$$\begin{array}{c|cc} 2) & 40 & 64 \\ 2) & 20 & 32 \\ 2) & 10 & 16 \\ \hline & 5 & 8 \end{array}$$

최대공약수는 $2 \times 2 \times 2 = 8$입니다.

$\frac{40}{64}$의 분모와 분자를 최대공약수 8로 나누면 기약분수가 됩니다.

$$\frac{40}{64} = \frac{40 \div 8}{64 \div 8} = \frac{5}{8}$$

본문 p. 42

발전문제 배운 개념 응용하기

1 (1) $\frac{4}{32} = \frac{4 \div 2}{32 \div 2} = \frac{2}{16}$

➡ $\frac{2}{16} = \frac{2 \div 2}{16 \div 2} = \frac{1}{8}$ ➡ $\frac{4}{32} = \frac{1}{8}$

(2) $\frac{10}{20} = \frac{10 \div 2}{20 \div 2} = \frac{5}{10}$

➡ $\frac{5}{10} = \frac{5 \div 5}{10 \div 5} = \frac{1}{2}$ ➡ $\frac{10}{20} = \frac{1}{2}$

2 분모와 분자의 공약수로 약분할 수 있습니다.

(1) 11의 약수 : 1, 11

33의 약수 : 1, 3, 11, 33

11과 33의 공약수 : **1, 11**

(2) 36의 약수 : 1, 2, 3, 4, 6, 9, 12, 18, 36

45의 약수 : 1, 3, 5, 9, 15, 45

36과 45의 공약수 : **1, 3, 9**

(3) 분모와 분자의 공약수로 약분할 수 있습니다.

두 수의 공약수는 두 수의 최대공약수의 약수입니다.

$$\begin{array}{c|cc} 2) & 42 & 36 \\ 3) & 21 & 18 \\ \hline & 7 & 6 \end{array}$$

42와 36의 최대공약수는 $2 \times 3 = 6$입니다.

두 수의 공약수는 최대공약수 6의 약수이므로 **1,
2, 3, 6**입니다.

(4) 분모와 분자의 공약수로 약분할 수 있습니다.

두 수의 공약수는 두 수의 최대공약수의 약수입니다.

$$
\begin{array}{r|cc}
2) & 12 & 60 \\
2) & 6 & 30 \\
3) & 3 & 15 \\
\hline
 & 1 & 5
\end{array}
$$

12와 60의 최대공약수는 $2 \times 2 \times 3 = 12$입니다.

두 수의 공약수는 최대공약수 12의 약수이므로
1, 2, 3, 4, 6, 12입니다.

3 (1) 두 수의 공약수는 두 수의 최대공약수의 약수입
니다.

$$
\begin{array}{r|cc}
2) & 16 & 36 \\
2) & 8 & 18 \\
\hline
 & 4 & 9
\end{array}
$$

36과 16의 최대공약수는 $2 \times 2 = 4$입니다.

두 수의 공약수는 최대공약수 4의 약수이므로 1,
2, 4입니다.

분모와 분자를 2, 4로 차례로 나누면

$$\frac{16}{36} = \frac{16 \div 2}{36 \div 2} = \frac{8}{18}$$

$$\frac{16}{36} = \frac{16 \div 4}{36 \div 4} = \frac{4}{9}$$

$$\frac{16}{36} = \frac{8}{18} = \frac{4}{9}$$

(2) 48의 약수 : 1, 2, 3, 4, 6, 8, 12, 16, 24, 48

56의 약수 : 1, 2, 4, 7, 8, 14, 28, 56

48과 56의 공약수 : 1, 2, 4, 8

분모와 분자를 2, 4, 8로 차례로 나누면

$$\frac{48}{56} = \frac{48 \div 2}{56 \div 2} = \frac{24}{28}$$

$$\frac{48}{56} = \frac{48 \div 4}{56 \div 4} = \frac{12}{14}$$

$$\frac{48}{56} = \frac{48 \div 8}{56 \div 8} = \frac{6}{7}$$

$$\frac{48}{56} = \frac{24}{28} = \frac{12}{14} = \frac{6}{7}$$

4 (1) $\dfrac{2}{3} = \dfrac{2 \times 4}{3 \times 4} = \dfrac{8}{12} \neq \dfrac{8}{27}$ (×)

$$\frac{2}{3} = \frac{2 \times 9}{3 \times 9} = \frac{18}{27} \neq \frac{8}{27}$$ (×)

(2) $\dfrac{16}{20} = \dfrac{16 \div 2}{20 \div 2} = \dfrac{8}{10}$ (○)

(3) $\dfrac{5}{15} = \dfrac{5 \div 5}{15 \div 5} = \dfrac{1}{3}$

$$\frac{8}{24} = \frac{8 \div 8}{24 \div 8} = \frac{1}{3}$$

$$\frac{5}{15} = \frac{8}{24}$$ (○)

(4) $\dfrac{8}{28} = \dfrac{8 \div 4}{28 \div 4} = \dfrac{2}{7}$

$$\frac{15}{35} = \frac{15 \div 5}{35 \div 5} = \frac{3}{7}$$

$$\frac{8}{28} \neq \frac{15}{35}$$ (×)

5 분모와 분자의 공약수로 약분할 수 있습니다.

두 수의 공약수는 두 수의 최대공약수의 약수입니다.

(1)
$$
\begin{array}{r|cc}
3) & 6 & 9 \\
\hline
 & 2 & 3
\end{array}
$$

두 수의 최대공약수는 3입니다.

두 수의 공약수는 최대공약수 3의 약수이므로 1,
3입니다.

$$\frac{6}{9} = \frac{6 \div 3}{9 \div 3} = \frac{2}{3}$$

(2)
$$
\begin{array}{r|cc}
2) & 8 & 24 \\
2) & 4 & 12 \\
2) & 2 & 6 \\
\hline
 & 1 & 3
\end{array}
$$

두 수의 최대공약수는 $2 \times 2 \times 2 = 8$입니다.

두 수의 공약수는 최대공약수 8의 약수이므로 1,
2, 4, 8입니다.

$$\frac{8}{24} = \frac{8 \div 2}{24 \div 2} = \frac{4}{12}$$

$$\frac{8}{24} = \frac{8 \div 4}{24 \div 4} = \frac{2}{6}$$

$$\frac{8}{24} = \frac{8 \div 8}{24 \div 8} = \frac{1}{3}$$

(3)
$$
\begin{array}{r|cc}
3) & 15 & 30 \\
5) & 5 & 10 \\
\hline
 & 1 & 2
\end{array}
$$

두 수의 최대공약수는 $3 \times 5 = 15$입니다.

두 수의 공약수는 최대공약수 15의 약수이므로 1,
3, 5, 15입니다.

$$\frac{15}{30} = \frac{15 \div 3}{30 \div 3} = \frac{5}{10}$$

$$\frac{15}{30} = \frac{15 \div 5}{30 \div 5} = \frac{3}{6}$$

$$\frac{15}{30} = \frac{15 \div 15}{30 \div 15} = \frac{1}{2}$$

(4)
```
3) 18  45
3)  6  15
    2   5
```

두 수의 최대공약수는 $3 \times 3 = 9$입니다.
두 수의 공약수는 최대공약수 9의 약수이므로 1, 3, 9입니다.

$$\frac{18}{45} = \frac{18 \div 3}{45 \div 3} = \frac{6}{15}$$

$$\frac{18}{45} = \frac{18 \div 9}{45 \div 9} = \frac{2}{5}$$

6 (1) $\dfrac{45}{60} = \dfrac{45 \div 5}{60 \div 5} = \dfrac{9}{12}$ 이므로 어떤 수는 **5**입니다.

(2) $\dfrac{36}{78} = \dfrac{36 \div 6}{78 \div 6} = \dfrac{6}{13}$ 이므로 분모가 13인 분수는

$\dfrac{6}{13}$ 입니다.

7 분모와 분자의 최대공약수로 약분하면 더 이상 약분할 수 없는 기약분수가 됩니다.

(1)
```
2) 12  30
3)  6  15
    2   5
```

최대공약수 $2 \times 3 = 6$으로 약분하면 더 이상 약분할 수 없는 기약분수가 됩니다.

$$\frac{12}{30} = \frac{12 \div 6}{30 \div 6} = \frac{2}{5}$$

(2)
```
2) 24  54
3) 12  27
    4   9
```

최대공약수 $2 \times 3 = 6$으로 약분하면 더 이상 약분할 수 없는 기약분수가 됩니다.

$$\frac{24}{54} = \frac{24 \div 6}{54 \div 6} = \frac{4}{9}$$

(3)
```
2) 42  98
7) 21  49
    3   7
```

최대공약수 $2 \times 7 = 14$로 약분하면 더 이상 약분할 수 없는 기약분수가 됩니다.

$$\frac{42}{98} = \frac{42 \div 14}{98 \div 14} = \frac{3}{7}$$

(4)
```
2) 48  80
2) 24  40
2) 12  20
2)  6  10
    3   5
```

최대공약수 $2 \times 2 \times 2 \times 2 = 16$으로 약분하면 더 이상 약분할 수 없는 기약분수가 됩니다.

$$\frac{48}{80} = \frac{48 \div 16}{80 \div 16} = \frac{3}{5}$$

8 (1) $\dfrac{6}{7} = \dfrac{6 \times 8}{7 \times 8} = \dfrac{48}{56}$

(2) $\dfrac{4}{13} = \dfrac{4 \times 6}{13 \times 6} = \dfrac{24}{78}$

$\dfrac{4}{13} = \dfrac{4 \times 7}{13 \times 7} = \dfrac{28}{91}$

$\dfrac{4}{13} = \dfrac{4 \times 8}{13 \times 8} = \dfrac{32}{104}$

따라서 분모가 가장 큰 두 자리 수 분수는

$\dfrac{28}{91}$ 입니다.

9 $\dfrac{21}{28} = \dfrac{21 \div 7}{28 \div 7} = \dfrac{3}{4}$

$\dfrac{36}{48} = \dfrac{36 \div 12}{48 \div 12} = \dfrac{3}{4}$

$\dfrac{42}{56} = \dfrac{42 \div 14}{56 \div 14} = \dfrac{3}{4}$

$\dfrac{52}{56} = \dfrac{52 \div 4}{56 \div 4} = \dfrac{13}{14}$

따라서 기약분수로 나타낸 수가 다른 하나는

ㄹ $\dfrac{52}{56}$ 입니다.

10 (1)
```
2) 24  36
2) 12  18
3)  6   9
    2   3
```

24와 36의 최대공약수 $2 \times 2 \times 3 = 12$로 분모와 분자를 약분하면 기약분수가 됩니다.

$$\frac{24}{36}=\frac{24\div12}{36\div12}=\frac{2}{3}$$

(2)
$$\begin{array}{r} 2)\underline{24\quad40} \\ 2)\underline{12\quad20} \\ 2)\underline{6\quad10} \\ 3\quad5 \end{array}$$

24와 40의 최대공약수 $2\times2\times2=8$로 분모와 분자를 약분하면 기약분수가 됩니다.

$$\frac{24}{40}=\frac{24\div8}{40\div8}=\frac{3}{5}$$

(3)
$$\begin{array}{r} 2)\underline{28\quad44} \\ 2)\underline{14\quad22} \\ 7\quad11 \end{array}$$

28과 44의 최대공약수 $2\times2=4$로 분모와 분자를 약분하면 기약분수가 됩니다.

$$\frac{28}{44}=\frac{28\div4}{44\div4}=\frac{7}{11}$$

(4)
$$\begin{array}{r} 2)\underline{42\quad70} \\ 7)\underline{21\quad35} \\ 3\quad5 \end{array}$$

42와 70의 최대공약수 $2\times7=14$로 분모와 분자를 약분하면 기약분수가 됩니다.

$$\frac{42}{70}=\frac{42\div14}{70\div14}=\frac{3}{5}$$

11 (1) $\frac{1}{12}$, $\frac{2}{12}=\frac{1}{6}$, $\frac{3}{12}=\frac{1}{4}$, $\frac{4}{12}=\frac{1}{3}$, $\frac{5}{12}$,

$\frac{6}{12}=\frac{1}{2}$, $\frac{7}{12}$, $\frac{8}{12}=\frac{2}{3}$, $\frac{9}{12}=\frac{3}{4}$,

$\frac{10}{12}=\frac{5}{6}$, $\frac{11}{12}$

따라서 □ 안에 들어갈 수 있는 수는 **1, 5, 7, 11**입니다.

(2) $\frac{1}{18}$, $\frac{2}{18}=\frac{1}{9}$, $\frac{3}{18}=\frac{1}{6}$, $\frac{4}{18}=\frac{2}{9}$, $\frac{5}{18}$,

$\frac{6}{18}=\frac{1}{3}$, $\frac{7}{18}$, $\frac{8}{18}=\frac{4}{9}$, $\frac{9}{18}=\frac{1}{2}$,

$\frac{10}{18}=\frac{5}{9}$, $\frac{11}{18}$, $\frac{12}{18}=\frac{2}{3}$, $\frac{13}{18}$, $\frac{14}{18}=\frac{7}{9}$,

$\frac{15}{18}=\frac{5}{6}$, $\frac{17}{18}$

따라서 기약분수는 $\frac{1}{18}$, $\frac{5}{18}$, $\frac{7}{18}$, $\frac{11}{18}$, $\frac{13}{18}$,

$\frac{17}{18}$입니다.

12 분모와 분자의 합이 16인 진분수는
$\frac{1}{15}$, $\frac{2}{14}$, $\frac{3}{13}$, $\frac{4}{12}$, $\frac{5}{11}$, $\frac{6}{10}$, $\frac{7}{9}$입니다.
이 중에서 기약분수는 $\frac{1}{15}$, $\frac{3}{13}$, $\frac{5}{11}$, $\frac{7}{9}$입니다.

13 분모와 분자의 최대공약수로 약분할 때 기약분수가 됩니다.

$$\begin{array}{r} 2)\underline{12\quad20} \\ 2)\underline{6\quad10} \\ 3\quad5 \end{array}$$

12와 20의 최대공약수는 $2\times2=4$입니다.
12와 20의 공약수는 12와 20의 최대공약수 4의 약수 1, 2, 4입니다.
최대공약수 4로 분모와 분자를 약분하면
$\frac{12}{20}=\frac{12\div4}{20\div4}=\frac{3}{5}$입니다.
따라서 틀린 말을 하는 사람은 **호경**이입니다.

14 ·분모와 분자의 공약수가 1뿐인 분수입니다.
분모와 분자의 공약수가 1뿐인 분수는 더 이상 약분되지 않는 기약분수를 의미합니다.

·$\frac{8}{28}$과 크기가 같은 분수입니다.
분수의 분모와 분자에 각각 0이 아닌 같은 수를 곱하거나 분수의 분모와 분자를 각각 0이 아닌 같은 수로 나눌 때 크기가 같은 분수가 됩니다.

·분모와 분자 모두 10보다 크지 않은 수입니다.
분모가 10보다 크지 않은 수이므로 $\frac{8}{28}$을 약분 한 수를 의미합니다.

$\frac{8}{28}=\frac{4}{14}=\frac{2}{7}$이므로 구하는 분수는 $\frac{2}{7}$이고 분모와 분자의 합은 $7+2=$**9**입니다.

15 카드 중 2장을 뽑아 만들 수 있는 진분수는
$\frac{2}{3}$, $\frac{2}{6}$, $\frac{2}{10}$, $\frac{3}{6}$, $\frac{3}{10}$, $\frac{6}{10}$입니다.
이 중에서 더 이상 약분이 되지 않는 기약분수는
$\frac{2}{3}$, $\frac{3}{10}$으로 모두 **2**개입니다.

통분과 공통분모

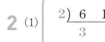 **바로! 확인문제** 본문 p. 47

1 (1) $\frac{2}{3}$의 분모와 분자에 차례로 2, 3, 4, 5, …를 곱한 것입니다.

$$\frac{2}{3}=\frac{4}{6}=\frac{6}{9}=\frac{8}{12}=\frac{10}{15}=\cdots$$

(2) $\frac{3}{5}$의 분모와 분자에 차례로 2, 3, 4, 5, …를 곱한 것입니다.

$$\frac{3}{5}=\frac{6}{10}=\frac{9}{15}=\frac{12}{20}=\frac{15}{25}=\cdots$$

2 (1)
```
2) 6  10
   3   5
```
최소공배수 : $2\times3\times5$

(2)
```
3) 6  15
   2   5
```
최소공배수 : $3\times2\times5$

(3)
```
2) 12  18
3)  6   9
    2   3
```
최소공배수 : $2\times3\times2\times3$

(4)
```
2) 18  30
3)  9  15
    3   5
```
최소공배수 : $2\times3\times3\times5$

3 (1) $\left(\frac{3}{4},\ \frac{7}{12}\right)$ ➡ $\left(\frac{3\times12}{4\times12},\ \frac{7\times4}{12\times4}\right)$

(2) $\left(\frac{4}{5},\ \frac{3}{7}\right)$ ➡ $\left(\frac{4\times7}{5\times7},\ \frac{3\times5}{7\times5}\right)$

4 (1)
```
2) 4  12
2) 2   6
   1   3
```
4와 12의 최소공배수는 $2\times2\times1\times3=12$입니다.

$$\left(\frac{3}{4},\ \frac{7}{12}\right)\ ➡\ \left(\frac{3\times3}{4\times3},\ \frac{7}{12}\right)$$

(2)
```
3) 6  9
   2  3
```
6과 9의 최소공배수는 $3\times2\times3=18$입니다.

$$\left(\frac{5}{6},\ \frac{4}{9}\right)\ ➡\ \left(\frac{5\times3}{6\times3},\ \frac{4\times2}{9\times2}\right)$$

본문 p. 48

 기본문제 배운 개념 적용하기

1 $\frac{2}{3}=\frac{4}{6}=\frac{6}{9}=\frac{8}{12}$

2 (1) $\frac{3}{4}=\frac{6}{8}=\frac{9}{12}=\frac{12}{16}=\frac{15}{20}=\frac{18}{24}=\cdots$

(2) $\frac{5}{7}=\frac{10}{14}=\frac{15}{21}=\frac{20}{28}=\frac{25}{35}=\frac{30}{42}=\cdots$

3 (1) $\left(\frac{3}{6},\ \frac{4}{6}\right)$, $\left(\frac{6}{12},\ \frac{8}{12}\right)$, …

(2) 6, 12, …

4 공통분모가 될 수 있는 수는 8과 12의 공배수입니다. 8과 12의 공배수는 8과 12의 최소공배수의 배수입니다.

```
2) 8  12
2) 4   6
   2   3
```

8과 12의 최소공배수는 $2\times2\times2\times3=24$입니다. 따라서 공통분모가 될 수 있는 수는 최소공배수 24의 배수이므로 24, 48, 72입니다.

5 $\left(\dfrac{2}{3}, \dfrac{3}{4}\right)$ ➡ $\left(\dfrac{2\times4}{3\times4}, \dfrac{3\times3}{4\times3}\right)$

6 (1) $\left(\dfrac{2}{5}, \dfrac{1}{7}\right)$ ➡ $\left(\dfrac{2\times7}{5\times7}, \dfrac{1\times5}{7\times5}\right)$

(2) $\left(\dfrac{5}{6}, \dfrac{2}{3}\right)$ ➡ $\left(\dfrac{5\times3}{6\times3}, \dfrac{2\times6}{3\times6}\right)$

(3) $\left(\dfrac{1}{6}, \dfrac{4}{9}\right)$ ➡ $\left(\dfrac{1\times9}{6\times9}, \dfrac{4\times6}{9\times6}\right)=\left(\dfrac{9}{54}, \dfrac{24}{54}\right)$

(4) $\left(\dfrac{3}{8}, \dfrac{5}{12}\right)$ ➡ $\left(\dfrac{3\times12}{8\times12}, \dfrac{5\times8}{12\times8}\right)=\left(\dfrac{36}{96}, \dfrac{40}{96}\right)$

7 두 수의 공배수는 두 수의 최소공배수의 배수입니다.

(1)
$$\begin{array}{r} 1)\underline{3\quad 4} \\ 3\quad 4 \end{array}$$

3과 4의 최소공배수는 $1\times3\times4=12$입니다.
3과 4의 공배수 : **12, 24, 36**

(2)
$$\begin{array}{r} 2)\underline{6\quad 8} \\ 3\quad 4 \end{array}$$

6과 8의 최소공배수는 $2\times3\times4=24$입니다.
6과 8의 공배수 : **24, 48, 72**

(3)
$$\begin{array}{r} 2)\underline{8\quad 20} \\ 2)\underline{4\quad 10} \\ 2\quad 5 \end{array}$$

8과 20의 최소공배수는 $2\times2\times2\times5=40$입니다.
8과 20의 공배수 : **40, 80, 120**

8 (1)
$$\begin{array}{r} 1)\underline{3\quad 5} \\ 3\quad 5 \end{array}$$

3과 5의 최소공배수는 $1\times3\times5=15$입니다.
$\left(\dfrac{2}{3}, \dfrac{1}{5}\right)$ ➡ $\left(\dfrac{2\times5}{3\times5}, \dfrac{1\times3}{5\times3}\right)$

(2)
$$\begin{array}{r} 2)\underline{4\quad 8} \\ 2)\underline{2\quad 4} \\ 1\quad 2 \end{array}$$

4와 8의 최소공배수는 $2\times2\times1\times2=8$입니다.
$\left(\dfrac{3}{4}, \dfrac{5}{8}\right)$ ➡ $\left(\dfrac{3\times2}{4\times2}, \dfrac{5}{8}\right)$

(3)
$$\begin{array}{r} 3)\underline{6\quad 15} \\ 2\quad 5 \end{array}$$

6과 15의 최소공배수는 $3\times2\times5=30$입니다.
$\left(\dfrac{1}{6}, \dfrac{4}{15}\right)$ ➡ $\left(\dfrac{1\times5}{6\times5}, \dfrac{4\times2}{15\times2}\right)$

(4)
$$\begin{array}{r} 2)\underline{8\quad 12} \\ 2)\underline{4\quad 6} \\ 2\quad 3 \end{array}$$

8과 12의 최소공배수는 $2\times2\times2\times3=24$입니다.
$\left(\dfrac{5}{8}, \dfrac{7}{12}\right)$ ➡ $\left(\dfrac{5\times3}{8\times3}, \dfrac{7\times2}{12\times2}\right)$

발전문제 배운 개념 응용하기

본문 p. 50

1 $\dfrac{1}{4}$과 $\dfrac{1\times3}{4\times3}=\dfrac{3}{12}$ 은 크기가 같은 분수입니다.

2 $\dfrac{3\times2}{4\times2}=\dfrac{6}{8}$, $\dfrac{3\times3}{4\times3}=\dfrac{9}{12}$

3 $\dfrac{3}{4}=\dfrac{6}{8}=\dfrac{9}{12}=\dfrac{12}{16}=\dfrac{15}{20}=\dfrac{18}{24}=\cdots$
$\dfrac{1}{6}=\dfrac{2}{12}=\dfrac{3}{18}=\dfrac{4}{24}=\dfrac{5}{30}=\cdots$
$\dfrac{3}{4}$과 $\dfrac{1}{6}$을 통분하면
$\left(\dfrac{9}{12}, \dfrac{2}{12}\right)$, $\left(\dfrac{18}{24}, \dfrac{4}{24}\right)$, $\cdots$입니다.

4 (1) 공통분모가 될 수 있는 수는 6과 8의 공배수입니다.
6과 8의 공배수는 6과 8의 최소공배수의 배수입니다.

$$\begin{array}{r} 2)\underline{6\quad 8} \\ 3\quad 4 \end{array}$$

6과 8의 최소공배수는 $2\times3\times4=24$입니다.

따라서 공통분모가 될 수 있는 수는 최소공배수 24의 배수이므로 **24**입니다.

(2) 공통분모가 될 수 있는 수는 6과 9의 공배수입니다.

6과 9의 공배수는 6과 9의 최소공배수의 배수입니다.

$$\begin{array}{r|cc} 3) & 6 & 9 \\ \hline & 2 & 3 \end{array}$$

6과 9의 최소공배수는 $3\times2\times3=18$입니다.
따라서 공통분모가 될 수 있는 수는 최소공배수 18의 배수이므로 **18, 36**입니다.

5 (1) $\left(\dfrac{4}{7},\dfrac{5}{9}\right)\Rightarrow\left(\dfrac{4\times9}{7\times9},\dfrac{5\times7}{9\times7}\right)=\left(\dfrac{36}{63},\dfrac{35}{63}\right)$

(2) $\left(\dfrac{1}{6},\dfrac{9}{10}\right)\Rightarrow\left(\dfrac{1\times10}{6\times10},\dfrac{9\times6}{10\times6}\right)=\left(\dfrac{10}{60},\dfrac{54}{60}\right)$

(3) $\left(1\dfrac{2}{5},1\dfrac{4}{7}\right)$

$\Rightarrow\left(\dfrac{7}{5},\dfrac{11}{7}\right)=\left(\dfrac{7\times7}{5\times7},\dfrac{11\times5}{7\times5}\right)$

$=\left(\dfrac{49}{35},\dfrac{55}{35}\right)=\left(1\dfrac{14}{35},1\dfrac{20}{35}\right)$

(4) $\left(2\dfrac{3}{4},2\dfrac{5}{6}\right)$

$\Rightarrow\left(\dfrac{11}{4},\dfrac{17}{6}\right)=\left(\dfrac{11\times6}{4\times6},\dfrac{17\times4}{6\times4}\right)$

$=\left(\dfrac{66}{24},\dfrac{68}{24}\right)=\left(2\dfrac{18}{24},2\dfrac{20}{24}\right)$

6 (1) $\begin{array}{r|cc} 1) & 7 & 11 \\ \hline & 7 & 11 \end{array}$

7과 11의 최소공배수는 $1\times7\times11=77$입니다.

$\left(\dfrac{1}{7},\dfrac{5}{11}\right)\Rightarrow\left(\dfrac{1\times11}{7\times11},\dfrac{5\times7}{11\times7}\right)=\left(\dfrac{11}{77},\dfrac{35}{77}\right)$

(2) $\begin{array}{r|cc} 2) & 4 & 6 \\ \hline & 2 & 3 \end{array}$

4와 6의 최소공배수는 $2\times2\times3=12$입니다.

$\left(\dfrac{3}{4},\dfrac{5}{6}\right)\Rightarrow\left(\dfrac{3\times3}{4\times3},\dfrac{5\times2}{6\times2}\right)=\left(\dfrac{9}{12},\dfrac{10}{12}\right)$

(3) $\begin{array}{r|cc} 2) & 14 & 8 \\ \hline & 7 & 4 \end{array}$

14와 8의 최소공배수는 $2\times7\times4=56$입니다.

$\left(\dfrac{7}{14},\dfrac{5}{8}\right)\Rightarrow\left(\dfrac{7\times4}{14\times4},\dfrac{5\times7}{8\times7}\right)=\left(\dfrac{28}{56},\dfrac{35}{56}\right)$

(4) $\begin{array}{r|cc} 5) & 15 & 20 \\ \hline & 3 & 4 \end{array}$

15와 20의 최소공배수는 $5\times3\times4=60$입니다.

$\left(\dfrac{8}{15},\dfrac{9}{20}\right)\Rightarrow\left(\dfrac{8\times4}{15\times4},\dfrac{9\times3}{20\times3}\right)=\left(\dfrac{32}{60},\dfrac{27}{60}\right)$

7 (1) $\left(\dfrac{8}{15},\dfrac{7}{12}\right)$

$\Rightarrow\left(\dfrac{8\times12}{15\times12},\dfrac{7\times15}{12\times15}\right)=\left(\dfrac{96}{180},\dfrac{105}{180}\right)$

(2) $\begin{array}{r|cc} 3) & 15 & 12 \\ \hline & 5 & 4 \end{array}$

15와 12의 최소공배수는 $3\times5\times4=60$입니다.

$\left(\dfrac{8}{15},\dfrac{7}{12}\right)\Rightarrow\left(\dfrac{8\times4}{15\times4},\dfrac{7\times5}{12\times5}\right)=\left(\dfrac{32}{60},\dfrac{35}{60}\right)$

8 (1) 두 분모의 최소공배수를 공통분모로 하여 통분할 때 두 가장 작은 공통분모로 통분됩니다.

$\begin{array}{r|cc} 2) & 8 & 10 \\ \hline & 4 & 5 \end{array}$

8과 10의 최소공배수는 $2\times4\times5=40$입니다.

$\left(\dfrac{3}{8},\dfrac{7}{10}\right)\Rightarrow\left(\dfrac{3\times5}{8\times5},\dfrac{7\times4}{10\times4}\right)=\left(\dfrac{15}{40},\dfrac{28}{40}\right)$

(2) 두 분모의 최소공배수를 공통분모로 하여 통분할 때 두 분자의 차가 가장 작게 됩니다.

$\begin{array}{r|cc} 3) & 6 & 9 \\ \hline & 2 & 3 \end{array}$

6과 9의 최소공배수는 $3\times2\times3=18$입니다.

$\left(\dfrac{5}{6},\dfrac{4}{9}\right)\Rightarrow\left(\dfrac{5\times3}{6\times3},\dfrac{4\times2}{9\times2}\right)=\left(\dfrac{15}{18},\dfrac{8}{18}\right)$

9 $\left(\dfrac{1}{2},\dfrac{3}{5}\right)\Rightarrow\left(\dfrac{1\times5}{2\times5},\dfrac{3\times2}{5\times2}\right)=\left(\dfrac{5}{10},\dfrac{6}{10}\right)$

$\begin{array}{r|cc} 2) & 8 & 14 \\ \hline & 4 & 7 \end{array}$

8과 14의 최소공배수가 $2\times4\times7=56$이므로

$$\left(\frac{5}{8},\ \frac{9}{14}\right) \Rightarrow \left(\frac{5\times7}{8\times7},\ \frac{9\times4}{14\times4}\right)=\left(\frac{35}{56},\ \frac{36}{56}\right)$$

$$\begin{array}{r|cc} 2) & 32 & 48 \\ \hline 2) & 16 & 24 \\ \hline 2) & 8 & 12 \\ \hline 2) & 4 & 6 \\ \hline & 2 & 3 \end{array}$$

32와 48의 최소공배수가 $2\times2\times2\times2\times2\times3=96$ 이므로

$$\left(\frac{15}{32},\ \frac{23}{48}\right) \Rightarrow \left(\frac{15\times3}{32\times3},\ \frac{23\times2}{48\times2}\right)=\left(\frac{45}{96},\ \frac{46}{96}\right)$$

따라서 두 분수를 통분한 것을 찾아 선을 그어 연결하면 다음과 같습니다.

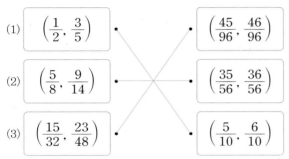

(1) $\left(\dfrac{1}{2},\ \dfrac{3}{5}\right)$ — $\left(\dfrac{45}{96},\ \dfrac{46}{96}\right)$

(2) $\left(\dfrac{5}{8},\ \dfrac{9}{14}\right)$ — $\left(\dfrac{35}{56},\ \dfrac{36}{56}\right)$

(3) $\left(\dfrac{15}{32},\ \dfrac{23}{48}\right)$ — $\left(\dfrac{5}{10},\ \dfrac{6}{10}\right)$

10 $\dfrac{4}{7}=\dfrac{8}{14}=\dfrac{12}{21}=\dfrac{16}{28}=\dfrac{20}{35}=\dfrac{24}{42}=\dfrac{28}{49}=\dfrac{32}{56}=\cdots$ 이므로 분모가 30보다 크고 50보다 작은 분수 중에서 $\dfrac{4}{7}$와 크기가 같은 분수는 $\dfrac{20}{35},\ \dfrac{24}{42},\ \dfrac{28}{49}$로 모두 **3**개입니다.

11 분모가 90이 되도록 두 분수 $\dfrac{7}{18},\ \dfrac{11}{30}$을 통분합니다.

$$\begin{array}{r|cc} 2) & 18 & 30 \\ \hline 3) & 9 & 15 \\ \hline & 3 & 5 \end{array}$$

18과 30의 최소공배수가 $2\times3\times3\times5=90$이므로

$$\frac{7}{18}=\frac{7\times5}{18\times5}=\frac{35}{90}\text{와}\ \frac{11}{30}=\frac{11\times3}{30\times3}=\frac{33}{90}$$

사이의 수는 $\dfrac{\mathbf{34}}{90}$입니다.

12 (1) $\left(\dfrac{16}{40},\ \dfrac{25}{40}\right)$

$$\Rightarrow \left(\frac{16\div8}{40\div8},\ \frac{25\div5}{40\div5}\right)=\left(\frac{\mathbf{2}}{\mathbf{5}},\ \frac{\mathbf{5}}{\mathbf{8}}\right)$$

(2) $\left(\dfrac{20}{42},\ \dfrac{35}{42}\right)$

$$\Rightarrow \left(\frac{20\div2}{42\div2},\ \frac{35\div7}{42\div7}\right)=\left(\frac{\mathbf{10}}{\mathbf{21}},\ \frac{\mathbf{5}}{\mathbf{6}}\right)$$

13 두 분모 12, 15의 최소공배수의 배수로 통분할 수 있습니다.

$$\begin{array}{r|cc} 3) & 12 & 15 \\ \hline & 4 & 5 \end{array}$$

최소공배수가 $3\times4\times5=60$이므로 공통분모로 가능한 수는 60, 120, 180, 240, …입니다.
이때 100보다 크고 200보다 작은 수는 120, 180 이므로 그 합은 $120+180=\mathbf{300}$입니다.

14 $\left(\dfrac{9}{24},\ \dfrac{20}{24}\right)$

$$\Rightarrow \left(\frac{9\div3}{24\div3},\ \frac{20\div4}{24\div4}\right)=\left(\frac{3}{8},\ \frac{5}{6}\right)$$

$\bigcirc+\bigcirc=3+6=\mathbf{9}$입니다.

15 최소공배수를 공통분모로 했을 때 가장 작은 공통분모가 됩니다.

$$\begin{array}{r|cc} 3) & 15 & 9 \\ \hline & 5 & 3 \end{array}$$

15와 9의 최소공배수는 $3\times5\times3=45$입니다.

$$\left(\frac{11}{15},\ \frac{7}{9}\right) \Rightarrow \left(\frac{11\times3}{15\times3},\ \frac{7\times5}{9\times5}\right)=\left(\frac{33}{45},\ \frac{35}{45}\right)$$

$\bigcirc=45,\ \bigcirc=35$이므로
$\bigcirc-\bigcirc=45-35=\mathbf{10}$입니다.

분모가 다른 분수의 크기 비교

바로! 확인문제 본문 p. 55

1 (1) 4>2이므로 $\frac{4}{5}>\frac{2}{5}$입니다.

(2) 11<15이므로 $\frac{11}{8}<\frac{15}{8}$입니다.

(3) 3>2이므로 $3\frac{1}{7}>2\frac{4}{7}$입니다.

(4) 2<4이므로 $3\frac{2}{5}<3\frac{4}{5}$입니다.

(5) $1\frac{3}{4}=\frac{7}{4}$이고 7>5이므로 $1\frac{3}{4}>\frac{5}{4}$입니다.

(6) $1\frac{3}{6}=\frac{9}{6}$이고 10>9이므로 $\frac{10}{6}>1\frac{3}{6}$입니다.

2 $\frac{3}{4}=\frac{3\times7}{4\times7}=\frac{21}{28}$

$\frac{5}{7}=\frac{5\times4}{7\times4}=\frac{20}{28}$

3 $\left(\frac{1}{2},\frac{3}{5}\right)\Rightarrow\left(\frac{1\times5}{2\times5},\frac{3\times2}{5\times2}\right)$

$\Rightarrow\left(\frac{5}{10},\frac{6}{10}\right)\Rightarrow\frac{5}{10}<\frac{6}{10}$

$\Rightarrow\frac{1}{2}<\frac{3}{5}$

4 두 대분수의 자연수 크기가 같으므로 진분수의 크기를 비교합니다.

$\left(1\frac{3}{4},1\frac{5}{7}\right)\Rightarrow\left(\frac{3}{4},\frac{5}{7}\right)$

$\Rightarrow\left(\frac{3\times7}{4\times7},\frac{5\times4}{7\times4}\right)=\left(\frac{21}{28},\frac{20}{28}\right)$

$\Rightarrow\frac{21}{28}>\frac{20}{28}\Rightarrow1\frac{3}{4}>1\frac{5}{7}$

본문 p. 56

기본문제 배운 개념 적용하기

1

$\frac{3}{6}$ > $\frac{2}{6}$

$\frac{3}{6}=\frac{1}{2}$, $\frac{2}{6}=\frac{1}{3}$

따라서 $\frac{3}{6}>\frac{2}{6}$이므로 $\frac{1}{2}>\frac{1}{3}$입니다.

2 $\frac{3}{4}=\frac{3\times3}{4\times3}=\frac{9}{12}$, $\frac{5}{6}=\frac{5\times2}{6\times2}=\frac{10}{12}$

따라서 $\frac{9}{12}<\frac{10}{12}$이므로 $\frac{3}{4}<\frac{5}{6}$입니다.

3 $\left(\frac{1}{3},\frac{2}{5}\right)\Rightarrow\left(\frac{1\times5}{3\times5},\frac{2\times3}{5\times3}\right)$

$\Rightarrow\left(\frac{5}{15}<\frac{6}{15}\right)$

$\Rightarrow\frac{1}{3}<\frac{2}{5}$

4 $\left(\frac{5}{6},\frac{7}{8}\right)\Rightarrow$

$$\begin{array}{r}2)\ \underline{6\quad8}\\3\quad4\end{array}$$

6과 8의 최소공배수는 $2\times3\times4=24$입니다.

$\Rightarrow\left(\frac{5\times4}{6\times4},\frac{7\times3}{8\times3}\right)$

$\Rightarrow\left(\frac{20}{24},\frac{21}{24}\right)$

$\frac{20}{24}<\frac{21}{24}$입니다.

$\Rightarrow\frac{5}{6}<\frac{7}{8}$

5 (1)

$$\begin{array}{r}3)\ \underline{3\quad6}\\1\quad2\end{array}$$

3과 6의 최소공배수는 $3\times1\times2=6$입니다.

$\frac{2}{3}=\frac{2\times2}{3\times2}=\frac{4}{6}$

따라서 $\frac{4}{6}<\frac{5}{6}$이므로 $\frac{2}{3}<\frac{5}{6}$입니다.

(2)

$$\begin{array}{r|rr} 2) & 8 & 12 \\ 2) & 4 & 6 \\ \hline & 2 & 3 \end{array}$$

8과 12의 최소공배수는 $2 \times 2 \times 2 \times 3 = 24$입니다.

$$\frac{3}{8} = \frac{3 \times 3}{8 \times 3} = \frac{9}{24}$$

$$\frac{5}{12} = \frac{5 \times 2}{12 \times 2} = \frac{10}{24}$$

따라서 $\frac{9}{24} < \frac{10}{24}$이므로 $\frac{3}{8} < \frac{5}{12}$입니다.

6 $\left(\frac{2}{3}, \frac{3}{4}\right) \Rightarrow \left(\frac{2 \times 4}{3 \times 4}, \frac{3 \times 3}{4 \times 3}\right) = \left(\frac{8}{12}, \frac{9}{12}\right)$

$\frac{8}{12} < \frac{9}{12}$입니다.

$\Rightarrow \frac{2}{3} < \frac{3}{4}$

$\left(\frac{3}{4}, \frac{4}{5}\right) \Rightarrow \left(\frac{3 \times 5}{4 \times 5}, \frac{4 \times 4}{5 \times 4}\right) = \left(\frac{15}{20}, \frac{16}{20}\right)$

$\frac{15}{20} < \frac{16}{20}$입니다.

$\Rightarrow \frac{3}{4} < \frac{4}{5}$

$\left(\frac{4}{5}, \frac{2}{3}\right) \Rightarrow \left(\frac{4 \times 3}{5 \times 3}, \frac{2 \times 5}{3 \times 5}\right) = \left(\frac{12}{15}, \frac{10}{15}\right)$

$\frac{12}{15} > \frac{10}{15}$입니다.

$\Rightarrow \frac{4}{5} > \frac{2}{3}$

따라서 $\frac{2}{3} < \frac{3}{4} < \frac{4}{5}$입니다.

7 두 대분수의 자연수 크기가 같으면 진분수의 크기를 비교합니다.

$\left(1\frac{3}{8}, 1\frac{5}{12}\right) \Rightarrow \left(\frac{3}{8}, \frac{5}{12}\right)$

$$\Rightarrow \begin{array}{r|rr} 2) & 8 & 12 \\ 2) & 4 & 6 \\ \hline & 2 & 3 \end{array}$$

8과 12의 최소공배수는 $2 \times 2 \times 2 \times 3 = 24$입니다.

$\Rightarrow \left(\frac{3 \times 3}{8 \times 3}, \frac{5 \times 2}{12 \times 2}\right) = \left(\frac{9}{24}, \frac{10}{24}\right)$

$\frac{9}{24} < \frac{10}{24}$입니다.

$\Rightarrow 1\frac{3}{8} < 1\frac{5}{12}$

8 (1) 두 대분수의 자연수 크기가 다르면 자연수의 크기를 비교합니다.

$1 < 2$이므로 $1\frac{3}{4} < 2\frac{1}{3}$입니다.

(2) 두 대분수의 자연수 크기가 같으면 진분수의 크기를 비교합니다.

$\frac{2}{3} = \frac{2 \times 2}{3 \times 2} = \frac{4}{6}$이므로 $\frac{4}{6} < \frac{5}{6}$입니다.

따라서 $2\frac{2}{3} < 2\frac{5}{6}$입니다.

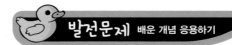

1 (1) 15

(2) $\frac{1}{3} = \frac{1 \times 5}{3 \times 5} = \frac{5}{15}$

(3) $\frac{2}{5} = \frac{2 \times 3}{5 \times 3} = \frac{6}{15}$

(4)

$\frac{1}{3}$	
$\Rightarrow \frac{5}{15}$	
$\frac{2}{5}$	
$\Rightarrow \frac{6}{15}$	

(5) $\frac{5}{15} < \frac{6}{15}$이므로 $\frac{1}{3} < \frac{2}{5}$입니다.

2 (1) $\frac{1}{2}$은 $\frac{1}{2} = \frac{1 \times 4}{2 \times 4} = \frac{4}{8}$이므로 $\frac{1}{8}$이 **4**개, $\frac{3}{8}$은 $\frac{1}{8}$이 **3**개입니다.

$\frac{4}{8} > \frac{3}{8}$이므로 $\frac{1}{2} > \frac{3}{8}$입니다.

(2) $\frac{3}{10}$은 $\frac{3}{10} = \frac{3 \times 3}{10 \times 3} = \frac{9}{30}$이므로 $\frac{1}{30}$이 **9**개,

$\frac{4}{15}$는 $\frac{4}{15} = \frac{4 \times 2}{15 \times 2} = \frac{8}{30}$이므로 $\frac{1}{30}$이 **8**개입니다.

$\frac{9}{30} > \frac{8}{30}$이므로 $\frac{3}{10} > \frac{4}{15}$입니다.

3 (1) $\left(\frac{1}{3}, \frac{2}{7}\right)$

3과 7의 최소공배수는 **21**입니다.

24 DAY 06 분모가 다른 분수의 크기 비교

$$\left(\frac{1}{3}, \frac{2}{7}\right) = \left(\frac{1 \times 7}{3 \times 7}, \frac{2 \times 3}{7 \times 3}\right) = \left(\frac{7}{21}, \frac{6}{21}\right)$$

$\frac{7}{21} > \frac{6}{21}$이므로 $\frac{1}{3} > \frac{2}{7}$입니다.

(2) $\left(\frac{4}{5}, \frac{9}{10}\right)$

5와 10의 최소공배수는 **10**입니다.

$$\left(\frac{4}{5}, \frac{9}{10}\right) = \left(\frac{4 \times 2}{5 \times 2}, \frac{9}{10}\right) = \left(\frac{8}{10}, \frac{9}{10}\right)$$

$\frac{8}{10} < \frac{9}{10}$이므로 $\frac{4}{5} < \frac{9}{10}$입니다.

(3) $\left(\frac{3}{8}, \frac{5}{12}\right)$

$$\begin{array}{r|cc} 2) & 8 & 12 \\ 2) & 4 & 6 \\ \hline & 2 & 3 \end{array}$$

8과 12의 최소공배수는 $2 \times 2 \times 2 \times 3 = $ **24**입니다.

$$\left(\frac{3}{8}, \frac{5}{12}\right) = \left(\frac{3 \times 3}{8 \times 3}, \frac{5 \times 2}{12 \times 2}\right) = \left(\frac{9}{24}, \frac{10}{24}\right)$$

$\frac{9}{24} < \frac{10}{24}$이므로 $\frac{3}{8} < \frac{5}{12}$입니다.

4 (1) 4와 7의 최소공배수는 28입니다.

$$\frac{3}{4} = \frac{3 \times 7}{4 \times 7} = \frac{21}{28}$$

$$\frac{5}{7} = \frac{5 \times 4}{7 \times 4} = \frac{20}{28}$$

$\frac{21}{28} > \frac{20}{28}$이므로 $\frac{3}{4} > \frac{5}{7}$입니다.

(2) 7과 14의 최소공배수는 14입니다.

$$\frac{4}{7} = \frac{4 \times 2}{7 \times 2} = \frac{8}{14}$$

$\frac{8}{14} < \frac{9}{14}$이므로 $\frac{4}{7} < \frac{9}{14}$입니다.

(3) 8과 12의 최소공배수는 24입니다.

$$\frac{5}{8} = \frac{5 \times 3}{8 \times 3} = \frac{15}{24}$$

$$\frac{7}{12} = \frac{7 \times 2}{12 \times 2} = \frac{14}{24}$$

$\frac{15}{24} > \frac{14}{24}$이므로 $\frac{5}{8} > \frac{7}{12}$입니다.

5 (분자) $\times 2 >$ (분모)이면 그 분수는 $\frac{1}{2}$보다 크고

(분자) $\times 2 <$ (분모)이면 그 분수는 $\frac{1}{2}$보다 작습니다.

$\frac{5}{8}$에서 $5 \times 2 > 8$이므로 $\frac{5}{8} > \frac{1}{2}$입니다.

$\frac{4}{9}$에서 $4 \times 2 < 9$이므로 $\frac{4}{9} < \frac{1}{2}$입니다.

따라서 $\frac{5}{8} > \frac{1}{2} > \frac{4}{9}$이므로 $\frac{5}{8} > \frac{4}{9}$입니다.

6 $\frac{3}{4}$과 $\frac{5}{6}$를 먼저 통분합니다.

$$\begin{array}{r|cc} 2) & 4 & 6 \\ \hline & 2 & 3 \end{array}$$

4와 6의 최소공배수는 $2 \times 2 \times 3 = 12$입니다.

$$\frac{3}{4} = \frac{3 \times 3}{4 \times 3} = \frac{9}{12}, \frac{5}{6} = \frac{5 \times 2}{6 \times 2} = \frac{10}{12}$$

$\frac{9}{12} < \frac{10}{12}$이므로 $\frac{3}{4} < \frac{5}{6}$입니다.

$\frac{5}{6}$와 $\frac{7}{8}$을 통분합니다.

$$\begin{array}{r|cc} 2) & 6 & 8 \\ \hline & 3 & 4 \end{array}$$

6과 8의 최소공배수는 $2 \times 3 \times 4 = 24$입니다.

$$\frac{5}{6} = \frac{5 \times 4}{6 \times 4} = \frac{20}{24}, \frac{7}{8} = \frac{7 \times 3}{8 \times 3} = \frac{21}{24}$$

$\frac{20}{24} < \frac{21}{24}$이므로 $\frac{5}{6} < \frac{7}{8}$입니다.

따라서 $\frac{3}{4} < \frac{5}{6} < \frac{7}{8}$이므로 가장 큰 분수는 $\frac{7}{8}$,

가장 작은 분수는 $\frac{3}{4}$입니다.

| 다른 풀이 |

세 수 4, 6, 8의 최소공배수는 24입니다.

$$\frac{3}{4} = \frac{3 \times 6}{4 \times 6} = \frac{18}{24}$$

$$\frac{5}{6} = \frac{5 \times 4}{6 \times 4} = \frac{20}{24}$$

$$\frac{7}{8} = \frac{7 \times 3}{8 \times 3} = \frac{21}{24}$$

$\frac{18}{24} < \frac{20}{24} < \frac{21}{24}$이므로 $\frac{3}{4} < \frac{5}{6} < \frac{7}{8}$입니다.

따라서 가장 큰 분수는 $\frac{7}{8}$, 가장 작은 분수는 $\frac{3}{4}$입니다.

| 참고 |

세 수의 최소공배수는 두 수의 최소공배수와 나머지 한 수의 최소공배수를 구하면 됩니다.

4와 6의 최소공배수는 12입니다.

12와 나머지 한 수 8의 최소공배수는 24입니다.

7 (1) 두 대분수의 자연수 크기가 다르면 자연수의

크기를 비교합니다.

$2<3$이므로 $2\frac{5}{6}<3\frac{6}{7}$입니다.

(2) 두 대분수의 자연수 크기가 같으면 진분수의 크기를 비교합니다.

$\frac{4}{10}$와 $\frac{7}{15}$의 크기를 비교합니다.

$$\begin{array}{r|ll} 5) & 10 & 15 \\ \hline & 2 & 3 \end{array}$$

10과 15의 최소공배수는 $5\times2\times3=30$입니다.

$\frac{4}{10}=\frac{4\times3}{10\times3}=\frac{12}{30}$, $\frac{7}{15}=\frac{7\times2}{15\times2}=\frac{14}{30}$

$\frac{12}{30}<\frac{14}{30}$이므로 $\frac{4}{10}<\frac{7}{15}$입니다.

따라서 $3\frac{4}{10}<3\frac{7}{15}$입니다.

(3) $\frac{13}{8}=1\frac{5}{8}$입니다.

두 대분수의 자연수 크기가 같으면 진분수의 크기를 비교합니다.

$\frac{5}{8}$와 $\frac{7}{10}$의 크기를 비교합니다.

$$\begin{array}{r|ll} 2) & 8 & 10 \\ \hline & 4 & 5 \end{array}$$

8과 10의 최소공배수는 $2\times4\times5=40$입니다.

$\frac{5}{8}=\frac{5\times5}{8\times5}=\frac{25}{40}$, $\frac{7}{10}=\frac{7\times4}{10\times4}=\frac{28}{40}$

$\frac{25}{40}<\frac{28}{40}$이므로 $\frac{5}{8}<\frac{7}{10}$입니다.

따라서 $\frac{13}{8}<1\frac{7}{10}$입니다.

8 $\frac{29}{15}=1\frac{14}{15}$입니다.

두 대분수의 자연수 크기가 같으면 진분수의 크기를 비교합니다.

$\frac{\square}{3}<\frac{14}{15}$, $\frac{\square\times5}{3\times5}<\frac{14}{15}$, $\square\times5<14$

부등식을 만족하는 $\square$의 값은 **1**, **2**입니다.

9 $\frac{1}{3}=\frac{1\times5}{3\times5}=\frac{5}{15}$, $\frac{2}{3}=\frac{2\times5}{3\times5}=\frac{10}{15}$,

$\frac{1}{5}=\frac{1\times3}{5\times3}=\frac{3}{15}$, $\frac{2}{5}=\frac{2\times3}{5\times3}=\frac{6}{15}$,

$\frac{3}{5}=\frac{3\times3}{5\times3}=\frac{9}{15}$, $\frac{4}{5}=\frac{4\times3}{5\times3}=\frac{12}{15}$

$\frac{4}{15}$보다 크고 $\frac{11}{15}$보다 작은 분수는 $\frac{1}{3}$, $\frac{2}{3}$, $\frac{2}{5}$, $\frac{3}{5}$입니다.

10 $\frac{4}{3}=1\frac{1}{3}$, $1\frac{1}{4}$, $2\frac{5}{6}$, $\frac{19}{8}=2\frac{3}{8}$, $2\frac{6}{8}$

$2\frac{3}{8}<2\frac{6}{8}$이므로 가장 큰 분수는 $2\frac{5}{6}$, $2\frac{6}{8}$ 중의 하나이고 가장 작은 분수는 $1\frac{1}{3}$, $1\frac{1}{4}$ 중의 하나입니다.

$2\frac{5}{6}$와 $2\frac{6}{8}$에서 두 대분수의 자연수 크기가 같으므로 진분수의 크기를 비교합니다.

$\frac{5}{6}$와 $\frac{6}{8}$에서 6과 8의 최소공배수는 24입니다.

$\frac{5}{6}=\frac{5\times4}{6\times4}=\frac{20}{24}$, $\frac{6}{8}=\frac{6\times3}{8\times3}=\frac{18}{24}$

$\frac{20}{24}>\frac{18}{24}$이므로 $\frac{5}{6}>\frac{6}{8}$입니다.

따라서 가장 큰 분수는 $2\frac{5}{6}$입니다.

$1\frac{1}{3}$과 $1\frac{1}{4}$에서 두 대분수의 자연수의 크기가 같으므로 진분수의 크기를 비교합니다.

$\frac{1}{3}$과 $\frac{1}{4}$에서 3과 4의 최소공배수는 12입니다.

$\frac{1}{3}=\frac{1\times4}{3\times4}=\frac{4}{12}$, $\frac{1}{4}=\frac{1\times3}{4\times3}=\frac{3}{12}$

$\frac{4}{12}>\frac{3}{12}$이므로 $\frac{1}{3}>\frac{1}{4}$입니다.

따라서 가장 작은 분수는 $1\frac{1}{4}$입니다.

11 두 대분수의 자연수 크기가 같으면 진분수의 크기를 비교합니다.

$$\begin{array}{r|ll} 3) & 9 & 15 \\ \hline & 3 & 5 \end{array}$$

9와 15의 최소공배수는 $3\times3\times5=45$입니다.

$\frac{4}{9}=\frac{4\times5}{9\times5}=\frac{20}{45}$, $\frac{7}{15}=\frac{7\times3}{15\times3}=\frac{21}{45}$

$\frac{20}{45}<\frac{21}{45}$이므로 $\frac{4}{9}<\frac{7}{15}$입니다.

따라서 $2\frac{4}{9}<2\frac{7}{15}$이므로 우유를 더 많이 마신 사람은 **철수**입니다.

12 세 수 4, 24, 12의 최소공배수는 24입니다.

$\dfrac{3}{4} < \dfrac{\square}{24} < \dfrac{11}{12}$ 에서

$\dfrac{3 \times 6}{4 \times 6} < \dfrac{\square}{24} < \dfrac{11 \times 2}{12 \times 2}$

$\dfrac{18}{24} < \dfrac{\square}{24} < \dfrac{22}{24}$

$18 < \square < 22$

따라서 $\square$ 안에 들어갈 수 있는 자연수는 19, 20, 21로 모두 **3**개입니다.

| 참고 |

세 수의 최소공배수는 두 수의 최소공배수와 나머지 한 수의 최소공배수를 구하면 됩니다.

4와 24의 최소공배수는 24입니다.

24와 나머지 한 수 12의 최소공배수는 24입니다.

13

$$\begin{array}{c|cc} 2) & 8 & 12 \\ 2) & 4 & 6 \\ \hline & 2 & 3 \end{array}$$

8과 12의 최소공배수는 $2 \times 2 \times 2 \times 3 = 24$입니다.

$\dfrac{3}{8} = \dfrac{3 \times 3}{8 \times 3} = \dfrac{9}{24}$

$\dfrac{7}{12} = \dfrac{7 \times 2}{12 \times 2} = \dfrac{14}{24}$

$\dfrac{9}{24} < \square < \dfrac{14}{24}$ 를 만족하는 진분수는 $\dfrac{10}{24}$, $\dfrac{11}{24}$, $\dfrac{12}{24}$, $\dfrac{13}{24}$입니다.

이 진분수 중에서 기약분수는 $\dfrac{11}{24}$, $\dfrac{13}{24}$이므로 그 합은 $\dfrac{11}{24} + \dfrac{13}{24} = \mathbf{1}$입니다.

14 $\dfrac{17}{9} = 1\dfrac{8}{9}$입니다.

두 대분수의 자연수 크기가 같으면 진분수의 크기를 비교합니다.

$$\begin{array}{c|cc} 3) & 12 & 9 \\ \hline & 4 & 3 \end{array}$$

12와 9의 최소공배수는 $3 \times 4 \times 3 = 36$입니다.

$\dfrac{11}{12} = \dfrac{11 \times 3}{12 \times 3} = \dfrac{33}{36}$

$\dfrac{8}{9} = \dfrac{8 \times 4}{9 \times 4} = \dfrac{32}{36}$

$\dfrac{33}{36} > \dfrac{32}{36}$이므로 $\dfrac{11}{12} > \dfrac{8}{9}$입니다.

따라서 $1\dfrac{11}{12} > \dfrac{17}{9}$이므로 밀가루를 더 많이 사용한 사람은 **철수**입니다.

DAY 07 분모가 다른 진분수의 덧셈

 바로! 확인문제 본문 p. 63

1 $\dfrac{1}{3}=\dfrac{1\times4}{3\times4}=\dfrac{4}{12},\ \dfrac{1}{4}=\dfrac{1\times3}{4\times3}=\dfrac{3}{12}$

$\dfrac{1}{3}+\dfrac{1}{4}=\dfrac{4}{12}+\dfrac{3}{12}=\dfrac{4+3}{12}=\dfrac{7}{12}$

2 (1) $\left(\dfrac{1}{4},\ \dfrac{1}{6}\right)=\left(\dfrac{1\times6}{4\times6},\ \dfrac{1\times4}{6\times4}\right)=\left(\dfrac{6}{24},\ \dfrac{4}{24}\right)$

(2) $\left(\dfrac{1}{6},\ \dfrac{2}{9}\right)=\left(\dfrac{1\times9}{6\times9},\ \dfrac{2\times6}{9\times6}\right)=\left(\dfrac{9}{54},\ \dfrac{12}{54}\right)$

3 (1)
$$\begin{array}{r|cc} 2) & 4 & 6 \\ \hline & 2 & 3 \end{array}$$

4와 6의 최소공배수는 $2\times2\times3=12$입니다.

$\left(\dfrac{1}{4},\ \dfrac{1}{6}\right)=\left(\dfrac{1\times3}{4\times3},\ \dfrac{1\times2}{6\times2}\right)=\left(\dfrac{3}{12},\ \dfrac{2}{12}\right)$

(2)
$$\begin{array}{r|cc} 3) & 6 & 9 \\ \hline & 2 & 3 \end{array}$$

6과 9의 최소공배수는 $3\times2\times3=18$입니다.

$\left(\dfrac{1}{6},\ \dfrac{2}{9}\right)=\left(\dfrac{1\times3}{6\times3},\ \dfrac{2\times2}{9\times2}\right)=\left(\dfrac{3}{18},\ \dfrac{4}{18}\right)$

4 (1) $\dfrac{1}{2}+\dfrac{2}{5}=\dfrac{1\times5}{2\times5}+\dfrac{2\times2}{5\times2}$

$=\dfrac{5}{10}+\dfrac{4}{10}=\dfrac{5+4}{10}=\dfrac{9}{10}$

(2)
$$\begin{array}{r|cc} 2) & 6 & 8 \\ \hline & 3 & 4 \end{array}$$

6과 8의 최소공배수는 $2\times3\times4=24$입니다.

$\dfrac{1}{6}+\dfrac{3}{8}=\dfrac{1\times4}{6\times4}+\dfrac{3\times3}{8\times3}$

$=\dfrac{4}{24}+\dfrac{9}{24}=\dfrac{4+9}{24}=\dfrac{13}{24}$

 기본문제 배운 개념 적용하기

본문 p. 64

1 $\dfrac{1}{3}+\dfrac{2}{6}=\dfrac{1\times2}{3\times2}+\dfrac{2}{6}=\dfrac{2}{6}+\dfrac{2}{6}=\dfrac{2+2}{6}=\dfrac{4}{6}$

2 $\dfrac{1}{2}=\dfrac{1\times5}{2\times5}=\dfrac{5}{10},\ \dfrac{1}{5}=\dfrac{1\times2}{5\times2}=\dfrac{2}{10}$

$\dfrac{1}{2}+\dfrac{1}{5}=\dfrac{5}{10}+\dfrac{2}{10}=\dfrac{5+2}{10}=\dfrac{7}{10}$

3
$$\begin{array}{r|cc} 2) & 4 & 6 \\ \hline & 2 & 3 \end{array}$$

4와 6의 최소공배수는 $2\times2\times3=12$입니다.

$\dfrac{3}{4}=\dfrac{3\times3}{4\times3}=\dfrac{9}{12},\ \dfrac{5}{6}=\dfrac{5\times2}{6\times2}=\dfrac{10}{12}$

$\dfrac{3}{4}+\dfrac{5}{6}=\dfrac{9}{12}+\dfrac{10}{12}=\dfrac{9+10}{12}$

$=\dfrac{19}{12}=1\dfrac{7}{12}$

4 $\dfrac{3}{5}+\dfrac{2}{7}=\dfrac{3\times7}{5\times7}+\dfrac{2\times5}{7\times5}$

$=\dfrac{21}{35}+\dfrac{10}{35}=\dfrac{21+10}{35}$

$=\dfrac{31}{35}$

5 (1) $\dfrac{1}{2}+\dfrac{1}{4}=\dfrac{1\times4}{2\times4}+\dfrac{1\times2}{4\times2}$

$=\dfrac{4}{8}+\dfrac{2}{8}=\dfrac{4+2}{8}$

$=\dfrac{\overset{3}{\cancel{6}}}{\cancel{8}_{4}}=\dfrac{3}{4}$

(2) $\dfrac{1}{2}+\dfrac{1}{4}=\dfrac{1\times2}{2\times2}+\dfrac{1}{4}$

$=\dfrac{2}{4}+\dfrac{1}{4}=\dfrac{2+1}{4}$

$=\dfrac{3}{4}$

6 (1) $\dfrac{3}{8}+\dfrac{5}{12}=\dfrac{3\times12}{8\times12}+\dfrac{5\times8}{12\times8}$

$$=\frac{36}{96}+\frac{40}{96}=\frac{36+40}{96}$$

$$=\frac{\overset{19}{\cancel{76}}}{\underset{24}{\cancel{96}}}=\frac{19}{24}$$

(2)
$$
\begin{array}{r|cc}
2) & 8 & 12 \\
2) & 4 & 6 \\
\hline
 & 2 & 3
\end{array}
$$

8과 12의 최소공배수는 $2\times2\times2\times3=24$입니다.

$$\frac{3}{8}+\frac{5}{12}=\frac{3\times3}{8\times3}+\frac{5\times2}{12\times2}$$

$$=\frac{9}{24}+\frac{10}{24}=\frac{9+10}{24}$$

$$=\frac{19}{24}$$

7 (1) $\dfrac{2}{3}+\dfrac{3}{4}=\dfrac{2\times4}{3\times4}+\dfrac{3\times3}{4\times3}$

$$=\frac{8}{12}+\frac{9}{12}=\frac{17}{12}=1\frac{5}{12}$$

(2) $\dfrac{3}{4}+\dfrac{5}{8}=\dfrac{3\times2}{4\times2}+\dfrac{5}{8}$

$$=\frac{6}{8}+\frac{5}{8}=\frac{11}{8}=1\frac{3}{8}$$

(3) 6과 10의 최소공배수는 30입니다.

$$\frac{1}{6}+\frac{3}{10}=\frac{1\times5}{6\times5}+\frac{3\times3}{10\times3}$$

$$=\frac{5}{30}+\frac{9}{30}=\frac{\overset{7}{\cancel{14}}}{\underset{15}{\cancel{30}}}=\frac{7}{15}$$

(4) 9와 15의 최소공배수는 45입니다.

$$\frac{4}{9}+\frac{4}{15}=\frac{4\times5}{9\times5}+\frac{4\times3}{15\times3}$$

$$=\frac{20}{45}+\frac{12}{45}=\frac{32}{45}$$

8 $\dfrac{1}{2}=\dfrac{1\times4}{2\times4}=\dfrac{4}{8}$, $\dfrac{3}{4}=\dfrac{3\times2}{4\times2}=\dfrac{6}{8}$

가장 큰 수는 $\dfrac{6}{8}$, 가장 작은 수는 $\dfrac{4}{8}$이므로 그 합은

$$\frac{6}{8}+\frac{4}{8}=\frac{\overset{5}{\cancel{10}}}{\underset{4}{\cancel{8}}}=\frac{5}{4}=1\frac{1}{4}$$입니다.

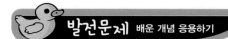
발전문제 배운 개념 응용하기

1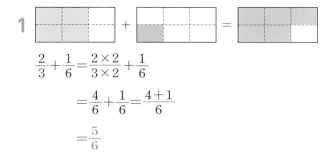

$$\frac{2}{3}+\frac{1}{6}=\frac{2\times2}{3\times2}+\frac{1}{6}$$

$$=\frac{4}{6}+\frac{1}{6}=\frac{4+1}{6}$$

$$=\frac{5}{6}$$

2 두 분모의 최소공배수의 배수가 공통분모가 됩니다.

(1) 3과 9의 최소공배수가 9이므로 공통분모가 될 수 있는 수는 9, 18, 27, 36, …입니다.

따라서 공통분모가 될 수 없는 수는 ㉠ 6, ㉢ 12입니다.

(2) 6과 8의 최소공배수가 24이므로 공통분모가 될 수 있는 수는 24, 48, 72, 96, …입니다.

따라서 공통분모가 될 수 없는 수는 ㉠ 12, ㉣ 54입니다.

3 처음으로 잘못 계산한 부분은 $\dfrac{2\times3}{5\times4}$입니다.

$$\frac{3}{4}+\frac{2}{5}=\frac{3\times5}{4\times5}+\boxed{\frac{2\times3}{5\times4}}$$

바르게 계산하면 다음과 같습니다.

$$\frac{3}{4}+\frac{2}{5}=\frac{3\times5}{4\times5}+\frac{2\times4}{5\times4}$$

$$=\frac{15}{20}+\frac{8}{20}=\frac{23}{20}$$

$$=1\frac{3}{20}$$

4 (1) $\dfrac{2}{5}+\dfrac{1}{6}=\dfrac{2\times6}{5\times6}+\dfrac{1\times5}{6\times5}$

$$=\frac{12}{30}+\frac{5}{30}=\frac{17}{30}$$

(2) $\dfrac{3}{5}+\dfrac{5}{15}=\dfrac{3\times3}{5\times3}+\dfrac{5}{15}$

$$=\frac{9}{15}+\frac{5}{15}=\frac{14}{15}$$

(3) 8과 12의 최소공배수는 24입니다.

$$\frac{1}{8}+\frac{5}{12}=\frac{1\times3}{8\times3}+\frac{5\times2}{12\times2}$$
$$=\frac{3}{24}+\frac{10}{24}=\frac{13}{24}$$

5 (1) $\frac{2}{3}+\frac{6}{7}=\frac{2\times7}{3\times7}+\frac{6\times3}{7\times3}$
$$=\frac{14}{21}+\frac{18}{21}=\frac{32}{21}$$
$$=1\frac{11}{21}$$

(2) $\frac{4}{5}+\frac{5}{12}=\frac{4\times12}{5\times12}+\frac{5\times5}{12\times5}$
$$=\frac{48}{60}+\frac{25}{60}=\frac{73}{60}$$
$$=1\frac{13}{60}$$

6 (1) $\frac{1}{4}+\frac{1}{5}=\frac{5+4}{4\times5}$

(2) $\frac{1}{7}+\frac{1}{9}=\frac{9+7}{7\times9}$

(3) $\frac{1}{10}+\frac{1}{11}=\frac{11+10}{10\times11}=\frac{21}{110}$

(4) $\frac{1}{6}+\frac{1}{15}=\frac{15+6}{6\times15}=\frac{21}{90}$

7 (1) $\frac{2}{5}+\frac{3}{8}=\frac{2\times8}{5\times8}+\frac{3\times5}{8\times5}$
$$=\frac{16}{40}+\frac{15}{40}=\frac{31}{40}$$

(2) $\frac{1}{7}+\frac{1}{4}=\frac{4+7}{7\times4}=\frac{11}{28}$

(3) 6과 4의 최소공배수는 12입니다.
$$\frac{5}{6}+\frac{3}{4}=\frac{5\times2}{6\times2}+\frac{3\times3}{4\times3}$$
$$=\frac{10}{12}+\frac{9}{12}=\frac{19}{12}$$
$$=1\frac{7}{12}$$

(4) 10과 4의 최소공배수는 20입니다.
$$\frac{7}{10}+\frac{3}{4}=\frac{7\times2}{10\times2}+\frac{3\times5}{4\times5}$$
$$=\frac{14}{20}+\frac{15}{20}=\frac{29}{20}$$
$$=1\frac{9}{20}$$

따라서 크기가 같은 분수끼리 선을 그어 연결하면
다음과 같습니다.

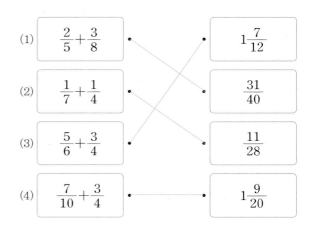

8 4와 6의 최소공배수는 12입니다.
$$\frac{3}{4}+\frac{1}{6}=\frac{3\times3}{4\times3}+\frac{1\times2}{6\times2}=\frac{9}{12}+\frac{2}{12}=\frac{11}{12}$$
3과 12의 최소공배수는 12입니다.
$$\frac{1}{3}+\frac{7}{12}=\frac{1\times4}{3\times4}+\frac{7}{12}=\frac{4}{12}+\frac{7}{12}=\frac{11}{12}$$
따라서 $\frac{3}{4}+\frac{1}{6}=\frac{1}{3}+\frac{7}{12}$입니다.

9 세 수의 최소공배수는 두 수의 최소공배수와 나머지
한 수의 최소공배수를 구하면 됩니다.

(1) 2와 3의 최소공배수는 6입니다
  6과 나머지 한 수 4의 최소공배수는 12입니다.
$$\frac{1}{2}+\frac{2}{3}+\frac{3}{4}=\frac{1\times6}{2\times6}+\frac{2\times4}{3\times4}+\frac{3\times3}{4\times3}$$
$$=\frac{6}{12}+\frac{8}{12}+\frac{9}{12}$$
$$=\frac{23}{12}=1\frac{11}{12}$$

(2) 3과 7의 최소공배수는 21입니다.
$$\frac{2}{3}+\frac{4}{7}+\frac{9}{21}=\frac{2\times7}{3\times7}+\frac{4\times3}{7\times3}+\frac{9}{21}$$
$$=\frac{14}{21}+\frac{12}{21}+\frac{9}{21}$$
$$=\frac{35}{21}=1\frac{14}{21}=1\frac{2}{3}$$

(3) 3과 5의 최소공배수는 15입니다.
  15와 나머지 한 수 10의 최소공배수는 30입니다.
$$\frac{1}{3}+\frac{2}{5}+\frac{3}{10}=\frac{1\times10}{3\times10}+\frac{2\times6}{5\times6}+\frac{3\times3}{10\times3}$$
$$=\frac{10}{30}+\frac{12}{30}+\frac{9}{30}$$
$$=\frac{31}{30}=1\frac{1}{30}$$

(4) 6과 8의 최소공배수는 24입니다.
  24와 나머지 한 수 12의 최소공배수는 24입니다.

$$\frac{1}{6}+\frac{5}{8}+\frac{3}{12}=\frac{1\times4}{6\times4}+\frac{5\times3}{8\times3}+\frac{3\times2}{12\times2}$$
$$=\frac{4}{24}+\frac{15}{24}+\frac{6}{24}$$
$$=\frac{25}{24}=1\frac{1}{24}$$

10 직사각형의 둘레의 길이는

$$\frac{1}{3}+\frac{1}{3}+\frac{4}{15}+\frac{4}{15}$$
$$=\frac{2}{3}+\frac{8}{15}=\frac{2\times5}{3\times5}+\frac{8}{15}$$
$$=\frac{10}{15}+\frac{8}{15}=\frac{18}{15}$$
$$=1\frac{3}{15}(cm)$$

입니다.

11

$$\begin{array}{r} 2\,)\ 10\quad 12 \\ \hline \quad 5\quad\ 6 \end{array}$$

10과 12의 최소공배수는 $2\times5\times6=60$입니다.

$$\frac{7}{10}+\frac{\square}{12}=\frac{7\times6}{10\times6}+\frac{\square\times5}{12\times5}$$
$$=\frac{42}{60}+\frac{\square\times5}{60}$$
$$=\frac{42+\square\times5}{60}$$

덧셈의 결과가 진분수이므로

$42+\square\times5<60$, $\square\times5<60-42$, $\square\times5<18$이
어야 합니다.

따라서 □ 안에 들어갈 수 있는 자연수는 1, 2, 3
이므로 모두 **3**개입니다.

12
$$\frac{5}{9}+\frac{\square}{5}=\frac{5\times5}{9\times5}+\frac{\square\times9}{5\times9}$$
$$=\frac{25}{45}+\frac{\square\times9}{45}$$
$$=\frac{25+\square\times9}{45}$$

$$1\frac{2}{3}=\frac{5}{3}=\frac{5\times15}{3\times15}=\frac{75}{45}$$

$\dfrac{25+\square\times9}{45}<\dfrac{75}{45}$이므로

$25+\square\times9<75$입니다.

$\square\times9<75-25$, $\square\times9<50$

따라서 □ 안에 들어갈 수 있는 자연수는 1, 2, 3,
4, 5이므로 모두 **5**개입니다.

13
$$\frac{1}{4}+\frac{5}{7}+\frac{1}{7}=\frac{1}{4}+\frac{6}{7}$$
$$=\frac{1\times7}{4\times7}+\frac{6\times4}{7\times4}$$
$$=\frac{7}{28}+\frac{24}{28}=\frac{31}{28}$$
$$=1\frac{3}{28}$$

따라서 상현이가 만든 석류 음료수는 $1\frac{3}{28}$L입니
다.

14 8과 6의 최소공배수는 24입니다.

$$\frac{5}{8}+\frac{5}{8}+\frac{1}{6}=\frac{10}{8}+\frac{1}{6}$$
$$=\frac{10\times3}{8\times3}+\frac{1\times4}{6\times4}$$
$$=\frac{30}{24}+\frac{4}{24}=\frac{34}{24}$$
$$=1\frac{\overset{5}{10}}{\underset{12}{24}}=1\frac{5}{12}$$

따라서 가족들이 먹은 피자는 모두 1판의 $1\frac{5}{12}$입
니다.

바로! 확인문제

본문 p. 71

1 (1) $\dfrac{1}{3} + \dfrac{2}{3} = \dfrac{1+2}{3}$

(2) $2\dfrac{1}{5} + 3\dfrac{2}{5} = (2+3) + \left(\dfrac{1}{5} + \dfrac{2}{5}\right)$

(3) $\dfrac{10}{7} + \dfrac{16}{7} = 1\dfrac{3}{7} + 2\dfrac{2}{7}$

$\qquad\qquad = (1+2) + \left(\dfrac{3}{7} + \dfrac{2}{7}\right)$

2 (1) $1\dfrac{1}{2} + 2\dfrac{2}{3} = (1+2) + \left(\dfrac{1}{2} + \dfrac{2}{3}\right)$

(2) $2\dfrac{1}{3} + 3\dfrac{1}{6} = 5 + \left(\dfrac{1}{3} + \dfrac{1}{6}\right)$

(3) $4\dfrac{1}{8} + 3\dfrac{5}{12} = (4+3) + \left(\dfrac{1}{8} + \dfrac{5}{12}\right)$

3 (1) $1\dfrac{3}{4} + 2\dfrac{1}{2} = \dfrac{7}{4} + \dfrac{5}{2}$

(2) $3\dfrac{2}{5} + 1\dfrac{1}{10} = \dfrac{17}{5} + \dfrac{11}{10} = \dfrac{17 \times 2}{5 \times 2} + \dfrac{11}{10}$

(3)

$$
\begin{array}{r}
2\,)\ \underline{6 \quad\ \ 8} \\
3 \quad\ \ 4
\end{array}
$$

6과 8의 최소공배수는 $2 \times 3 \times 4 = 24$입니다.

$1\dfrac{2}{6} + 2\dfrac{3}{8} = \dfrac{8}{6} + \dfrac{19}{8} = \dfrac{8 \times 4}{6 \times 4} + \dfrac{19 \times 3}{8 \times 3}$

본문 p. 72

기본문제 배운 개념 적용하기

1 $\dfrac{2}{3} = \dfrac{2 \times 2}{3 \times 2} = \dfrac{4}{6}$ 입니다.

$$1\dfrac{2}{3},\ 2\dfrac{1}{6} \ \blacktriangleright\ 1\dfrac{4}{6},\ 2\dfrac{1}{6}$$

$1\dfrac{2}{3} + 2\dfrac{1}{6} = 1\dfrac{4}{6} + 2\dfrac{1}{6}$

$\qquad\qquad = (1+2) + \left(\dfrac{4}{6} + \dfrac{1}{6}\right)$

$\qquad\qquad = 3 + \dfrac{5}{6} = 3\dfrac{5}{6}$

2 $1\dfrac{2}{3} + 2\dfrac{3}{4} = 1\dfrac{2 \times 4}{3 \times 4} + 2\dfrac{3 \times 3}{4 \times 3}$

$\qquad\qquad = 1\dfrac{8}{12} + 2\dfrac{9}{12}$

$\qquad\qquad = (1+2) + \left(\dfrac{8}{12} + \dfrac{9}{12}\right)$

$\qquad\qquad = 3 + \dfrac{17}{12} = 3 + 1\dfrac{5}{12}$

$\qquad\qquad = 4\dfrac{5}{12}$

3

$$
\begin{array}{r}
3\,)\ \underline{6 \quad\ \ 9} \\
2 \quad\ \ 3
\end{array}
$$

6과 9의 최소공배수는 $3 \times 2 \times 3 = 18$입니다.

$1\dfrac{1}{6} + 2\dfrac{4}{9} = 1\dfrac{1 \times 3}{6 \times 3} + 2\dfrac{4 \times 2}{9 \times 2}$

$\qquad\qquad = 1\dfrac{3}{18} + 2\dfrac{8}{18}$

$\qquad\qquad = (1+2) + \left(\dfrac{3}{18} + \dfrac{8}{18}\right)$

$\qquad\qquad = 3\dfrac{11}{18}$

4

$$2\dfrac{1}{6} + 1\dfrac{3}{8} = (2+1) + \left(\boxed{\dfrac{8}{24} + \dfrac{28}{24}}\right)$$

처음으로 잘못 계산한 부분은 $\dfrac{8}{24} + \dfrac{28}{24}$ 입니다.

바르게 계산하면 다음과 같습니다.

$$
\begin{array}{r}
2\,)\ \underline{6 \quad\ \ 8} \\
3 \quad\ \ 4
\end{array}
$$

6과 8의 최소공배수는 $2 \times 3 \times 4 = 24$입니다.

$2\dfrac{1}{6} + 1\dfrac{3}{8} = (2+1) + \left(\dfrac{1}{6} + \dfrac{3}{8}\right)$

$\qquad\qquad = 3 + \left(\dfrac{1 \times 4}{6 \times 4} + \dfrac{3 \times 3}{8 \times 3}\right)$

$\qquad\qquad = 3 + \left(\dfrac{4}{24} + \dfrac{9}{24}\right)$

$$=3+\frac{13}{24}=3\frac{13}{24}$$

5 $\quad 1\frac{2}{5}+2\frac{3}{10}=\frac{7}{5}+\frac{23}{10}$

$$=\frac{7\times2}{5\times2}+\frac{23}{10}=\frac{14}{10}+\frac{23}{10}$$

$$=\frac{37}{10}=3\frac{7}{10}$$

6 (1) $2\frac{1}{3}+1\frac{3}{5}=(2+1)+\left(\frac{1}{3}+\frac{3}{5}\right)$

$$=3+\left(\frac{1\times5}{3\times5}+\frac{3\times3}{5\times3}\right)$$

$$=3+\left(\frac{5}{15}+\frac{9}{15}\right)$$

$$=3+\frac{14}{15}=3\frac{14}{15}$$

(2) $1\frac{2}{7}+2\frac{3}{14}=(1+2)+\left(\frac{2}{7}+\frac{3}{14}\right)$

$$=3+\left(\frac{2\times2}{7\times2}+\frac{3}{14}\right)$$

$$=3+\left(\frac{4}{14}+\frac{3}{14}\right)$$

$$=3+\frac{7}{14}=3\frac{1}{2}$$

(3) $1\frac{2}{3}+2\frac{5}{6}=(1+2)+\left(\frac{2}{3}+\frac{5}{6}\right)$

$$=3+\left(\frac{2\times2}{3\times2}+\frac{5}{6}\right)$$

$$=3+\left(\frac{4}{6}+\frac{5}{6}\right)$$

$$=3+\frac{9}{6}=3+1\frac{3}{6}$$

$$=4\frac{1}{2}$$

(4) $\quad\begin{array}{r|ll}3)&6&9\\\hline&2&3\end{array}$

6과 9의 최소공배수는 $3\times2\times3=18$입니다.

$1\frac{5}{6}+3\frac{2}{9}=(1+3)+\left(\frac{5}{6}+\frac{2}{9}\right)$

$$=4+\left(\frac{5\times3}{6\times3}+\frac{2\times2}{9\times2}\right)$$

$$=4+\left(\frac{15}{18}+\frac{4}{18}\right)$$

$$=4+\frac{19}{18}=4+1\frac{1}{18}$$

$$=5\frac{1}{18}$$

7 (1) $1\frac{1}{2}+2\frac{1}{3}=\frac{3}{2}+\frac{7}{3}$

$$=\frac{3\times3}{2\times3}+\frac{7\times2}{3\times2}$$

$$=\frac{9}{6}+\frac{14}{6}$$

$$=\frac{23}{6}=3\frac{5}{6}$$

(2) $1\frac{1}{4}+2\frac{3}{8}=\frac{5}{4}+\frac{19}{8}$

$$=\frac{5\times2}{4\times2}+\frac{19}{8}$$

$$=\frac{10}{8}+\frac{19}{8}$$

$$=\frac{29}{8}=3\frac{5}{8}$$

(3) $2\frac{3}{4}+3\frac{5}{8}=\frac{11}{4}+\frac{29}{8}$

$$=\frac{11\times2}{4\times2}+\frac{29}{8}$$

$$=\frac{22}{8}+\frac{29}{8}$$

$$=\frac{51}{8}=6\frac{3}{8}$$

(4) $2\frac{3}{4}+1\frac{7}{10}=\frac{11}{4}+\frac{17}{10}$

$$=\frac{11\times5}{4\times5}+\frac{17\times2}{10\times2}$$

$$=\frac{55}{20}+\frac{34}{20}$$

$$=\frac{89}{20}=4\frac{9}{20}$$

| 다른 풀이 |

(1) $1\frac{1}{2}+2\frac{1}{3}=(1+2)+\left(\frac{1}{2}+\frac{1}{3}\right)$

$$=3+\left(\frac{1\times3}{2\times3}+\frac{1\times2}{3\times2}\right)$$

$$=3+\left(\frac{3}{6}+\frac{2}{6}\right)$$

$$=3+\frac{5}{6}=3\frac{5}{6}$$

(2) $1\frac{1}{4}+2\frac{3}{8}=(1+2)+\left(\frac{1}{4}+\frac{3}{8}\right)$

$$=3+\left(\frac{1\times2}{4\times2}+\frac{3}{8}\right)$$

$$=3+\left(\frac{2}{8}+\frac{3}{8}\right)$$

$$=3+\frac{5}{8}=3\frac{5}{8}$$

(3) $2\frac{3}{4}+3\frac{5}{8}=(2+3)+\left(\frac{3}{4}+\frac{5}{8}\right)$

$$=5+\left(\frac{3\times2}{4\times2}+\frac{5}{8}\right)$$

$$=5+\left(\frac{6}{8}+\frac{5}{8}\right)$$
$$=5+\frac{11}{8}=5+1\frac{3}{8}$$
$$=6\frac{3}{8}$$

(4)
$$2\frac{3}{4}+1\frac{7}{10}=(2+1)+\left(\frac{3}{4}+\frac{7}{10}\right)$$
$$=3+\left(\frac{3\times5}{4\times5}+\frac{7\times2}{10\times2}\right)$$
$$=3+\left(\frac{15}{20}+\frac{14}{20}\right)$$
$$=3+\frac{29}{20}=3+1\frac{9}{20}$$
$$=4\frac{9}{20}$$

6과 8의 최소공배수는 $2\times3\times4=24$입니다.
$$1\frac{1}{6}+\frac{25}{8}=1\frac{1}{6}+3\frac{1}{8}$$
$$=1\frac{1\times4}{6\times4}+3\frac{1\times3}{8\times3}$$
$$=1\frac{4}{24}+3\frac{3}{24}$$
$$=(1+3)+\left(\frac{4}{24}+\frac{3}{24}\right)$$
$$=4+\frac{7}{24}=4\frac{7}{24}$$

본문 p. 74

 발전문제 배운 개념 응용하기

1

$$2\frac{1}{2},\ 1\frac{2}{5} \Rightarrow 2\frac{5}{10},\ 1\frac{4}{10}$$

$$2\frac{1}{2}+1\frac{2}{5}=2\frac{1\times5}{2\times5}+1\frac{2\times2}{5\times2}$$
$$=2\frac{5}{10}+1\frac{4}{10}$$
$$=(2+1)+\left(\frac{5}{10}+\frac{4}{10}\right)$$
$$=3+\frac{9}{10}=3\frac{9}{10}$$

2 (1)
$$\frac{9}{4}+2\frac{5}{6}=2\frac{1}{4}+2\frac{5}{6}$$
$$=2\frac{1\times3}{4\times3}+2\frac{5\times2}{6\times2}$$
$$=2\frac{3}{12}+2\frac{10}{12}$$
$$=(2+2)+\left(\frac{3}{12}+\frac{10}{12}\right)$$
$$=4+\frac{13}{12}=4+1\frac{1}{12}$$
$$=5\frac{1}{12}$$

(2)
$$\begin{array}{r|ll} 2) & 6 & 8 \\ \hline & 3 & 4 \end{array}$$

3
$$\begin{array}{r|ll} 5) & 10 & 15 \\ \hline & 2 & 3 \end{array}$$

10과 15의 최소공배수는 $5\times2\times3=30$입니다.
(1)
$$1\frac{9}{10}+2\frac{8}{15}=1\frac{9\times3}{10\times3}+2\frac{8\times2}{15\times2}$$
$$=(1+2)+\left(\frac{27}{30}+\frac{16}{30}\right)$$
$$=3+\frac{43}{30}=3+1\frac{13}{30}$$
$$=4\frac{13}{30}$$

(2)
$$1\frac{9}{10}+2\frac{8}{15}=\frac{19}{10}+\frac{38}{15}$$
$$=\frac{19\times3}{10\times3}+\frac{38\times2}{15\times2}$$
$$=\frac{57}{30}+\frac{76}{30}$$
$$=\frac{133}{30}=4\frac{13}{30}$$

4 (1)
$$2\frac{1}{2}+1\frac{1}{3}=\frac{5}{2}+\frac{4}{3}$$
$$=\frac{5\times3}{2\times3}+\frac{4\times2}{3\times2}$$
$$=\frac{15}{6}+\frac{8}{6}=\frac{23}{6}$$
$$=3\frac{5}{6}$$

(2)
$$2\frac{1}{4}+3\frac{2}{5}=\frac{9}{4}+\frac{17}{5}$$
$$=\frac{9\times5}{4\times5}+\frac{17\times4}{5\times4}$$
$$=\frac{45}{20}+\frac{68}{20}=\frac{113}{20}$$
$$=5\frac{13}{20}$$

(3)
$$\begin{array}{r|rr} 2) & 8 & 12 \\ 2) & 4 & 6 \\ \hline & 2 & 3 \end{array}$$

8과 12의 최소공배수는 $2 \times 2 \times 2 \times 3 = 24$입니다.

$$1\frac{3}{8} + 2\frac{1}{12} = \frac{11}{8} + \frac{25}{12}$$
$$= \frac{11 \times 3}{8 \times 3} + \frac{25 \times 2}{12 \times 2}$$
$$= \frac{33}{24} + \frac{50}{24} = \frac{83}{24} = 3\frac{11}{24}$$

5 (1) $2\frac{1}{3} + 3\frac{3}{4} = (2+3) + \left(\frac{1}{3} + \frac{3}{4}\right)$
$$= 5 + \left(\frac{1 \times 4}{3 \times 4} + \frac{3 \times 3}{4 \times 3}\right)$$
$$= 5 + \left(\frac{4}{12} + \frac{9}{12}\right)$$
$$= 5 + \frac{13}{12} = 5 + 1\frac{1}{12}$$
$$= 6\frac{1}{12}$$

$1\frac{1}{12} + 3\frac{1}{3} = (1+3) + \left(\frac{1}{12} + \frac{1}{3}\right)$
$$= 4 + \left(\frac{1}{12} + \frac{1 \times 4}{3 \times 4}\right)$$
$$= 4 + \left(\frac{1}{12} + \frac{4}{12}\right)$$
$$= 4 + \frac{5}{12} = 4\frac{5}{12}$$

(2) $1\frac{3}{4} + 2\frac{5}{6} = (1+2) + \left(\frac{3}{4} + \frac{5}{6}\right)$
$$= 3 + \left(\frac{3 \times 3}{4 \times 3} + \frac{5 \times 2}{6 \times 2}\right)$$
$$= 3 + \left(\frac{9}{12} + \frac{10}{12}\right)$$
$$= 3 + \frac{19}{12} = 3 + 1\frac{7}{12}$$
$$= 4\frac{7}{12}$$

$3\frac{2}{3} + 2\frac{5}{12} = (3+2) + \left(\frac{2}{3} + \frac{5}{12}\right)$
$$= 5 + \left(\frac{2 \times 4}{3 \times 4} + \frac{5}{12}\right)$$
$$= 5 + \left(\frac{8}{12} + \frac{5}{12}\right)$$
$$= 5 + \frac{13}{12} = 5 + 1\frac{1}{12}$$
$$= 6\frac{1}{12}$$

(3) $2\frac{5}{6} + 1\frac{7}{12} = (2+1) + \left(\frac{5}{6} + \frac{7}{12}\right)$

$$= 3 + \left(\frac{5 \times 2}{6 \times 2} + \frac{7}{12}\right)$$
$$= 3 + \left(\frac{10}{12} + \frac{7}{12}\right)$$
$$= 3 + \frac{17}{12} = 3 + 1\frac{5}{12}$$
$$= 4\frac{5}{12}$$

$1\frac{1}{3} + 3\frac{1}{4} = (1+3) + \left(\frac{1}{3} + \frac{1}{4}\right)$
$$= 4 + \left(\frac{1 \times 4}{3 \times 4} + \frac{1 \times 3}{4 \times 3}\right)$$
$$= 4 + \left(\frac{4}{12} + \frac{3}{12}\right)$$
$$= 4 + \frac{7}{12} = 4\frac{7}{12}$$

따라서 크기가 같은 분수끼리 선을 그어 연결하면 다음과 같습니다.

(1) $2\frac{1}{3} + 3\frac{3}{4}$ •   • $1\frac{1}{12} + 3\frac{1}{3}$

(2) $1\frac{3}{4} + 2\frac{5}{6}$ •   • $3\frac{2}{3} + 2\frac{5}{12}$

(3) $2\frac{5}{6} + 1\frac{7}{12}$ •   • $1\frac{1}{3} + 3\frac{1}{4}$

6 (1) $\square - \frac{2}{3} = 2\frac{3}{5}$에서
$$\square = 2\frac{3}{5} + \frac{2}{3} = 2 + \left(\frac{3}{5} + \frac{2}{3}\right)$$
$$= 2 + \left(\frac{3 \times 3}{5 \times 3} + \frac{2 \times 5}{3 \times 5}\right)$$
$$= 2 + \left(\frac{9}{15} + \frac{10}{15}\right)$$
$$= 2 + \frac{19}{15} = 2 + 1\frac{4}{15}$$
$$= 3\frac{4}{15}$$

(2) $\square - 2\frac{3}{5} = 3\frac{7}{10}$에서
$$\square = 3\frac{7}{10} + 2\frac{3}{5} = (3+2) + \left(\frac{7}{10} + \frac{3}{5}\right)$$
$$= 5 + \left(\frac{7}{10} + \frac{3 \times 2}{5 \times 2}\right)$$
$$= 5 + \left(\frac{7}{10} + \frac{6}{10}\right) = 5 + \frac{13}{10}$$
$$= 5 + 1\frac{3}{10} = 6\frac{3}{10}$$

(3)

$$\begin{array}{r|rr} 2) & 12 & 16 \\ 2) & 6 & 8 \\ \hline & 3 & 4 \end{array}$$

12와 16의 최소공배수는 $2 \times 2 \times 3 \times 4 = 48$입니다.

$\square - \dfrac{19}{12} = 2\dfrac{9}{16}$에서

$$\square = 2\frac{9}{16} + \frac{19}{12} = 2\frac{9}{16} + 1\frac{7}{12}$$

$$= (2+1) + \left(\frac{9}{16} + \frac{7}{12}\right)$$

$$= 3 + \left(\frac{9 \times 3}{16 \times 3} + \frac{7 \times 4}{12 \times 4}\right)$$

$$= 3 + \left(\frac{27}{48} + \frac{28}{48}\right)$$

$$= 3 + \frac{55}{48} = 3 + 1\frac{7}{48}$$

$$= 4\frac{7}{48}$$

7 (1)

$$\begin{array}{r|rr} 2) & 8 & 10 \\ \hline & 4 & 5 \end{array}$$

8과 10의 최소공배수는 $2 \times 4 \times 5 = 40$입니다.

$$1\frac{5}{8} + 1\frac{3}{10} = (1+1) + \left(\frac{5}{8} + \frac{3}{10}\right)$$

$$= 2 + \left(\frac{5 \times 5}{8 \times 5} + \frac{3 \times 4}{10 \times 4}\right)$$

$$= 2 + \left(\frac{25}{40} + \frac{12}{40}\right)$$

$$= 2 + \frac{37}{40} = 2\frac{37}{40}$$

따라서 $1\dfrac{5}{8} + 1\dfrac{3}{10} < 3$입니다.

(2) $1\dfrac{1}{3} + 2\dfrac{5}{6} = (1+2) + \left(\dfrac{1}{3} + \dfrac{5}{6}\right)$

$$= 3 + \left(\frac{1 \times 2}{3 \times 2} + \frac{5}{6}\right)$$

$$= 3 + \left(\frac{2}{6} + \frac{5}{6}\right)$$

$$= 3 + \frac{7}{6} = 3 + 1\frac{1}{6}$$

$$= 4\frac{1}{6}$$

$2\dfrac{1}{2} + 1\dfrac{2}{3} = (2+1) + \left(\dfrac{1}{2} + \dfrac{2}{3}\right)$

$$= 3 + \left(\frac{1 \times 3}{2 \times 3} + \frac{2 \times 2}{3 \times 2}\right)$$

$$= 3 + \left(\frac{3}{6} + \frac{4}{6}\right) = 3 + \frac{7}{6}$$

$$= 3 + 1\frac{1}{6} = 4\frac{1}{6}$$

따라서 $1\dfrac{1}{3} + 2\dfrac{5}{6} = 2\dfrac{1}{2} + 1\dfrac{2}{3}$입니다.

(3) $2\dfrac{2}{3} + 1\dfrac{2}{5} = (2+1) + \left(\dfrac{2}{3} + \dfrac{2}{5}\right)$

$$= 3 + \left(\frac{2 \times 5}{3 \times 5} + \frac{2 \times 3}{5 \times 3}\right)$$

$$= 3 + \left(\frac{10}{15} + \frac{6}{15}\right)$$

$$= 3 + \frac{16}{15} = 3 + 1\frac{1}{15}$$

$$= 4\frac{1}{15}$$

$3\dfrac{1}{5} + 1\dfrac{1}{3} = (3+1) + \left(\dfrac{1}{5} + \dfrac{1}{3}\right)$

$$= 4 + \left(\frac{1 \times 3}{5 \times 3} + \frac{1 \times 5}{3 \times 5}\right)$$

$$= 4 + \left(\frac{3}{15} + \frac{5}{15}\right)$$

$$= 4 + \frac{8}{15} = 4\frac{8}{15}$$

두 대분수의 자연수 크기가 같으면 진분수의 크기를 비교합니다.

따라서 $\dfrac{1}{15} < \dfrac{8}{15}$이므로 $2\dfrac{2}{3} + 1\dfrac{2}{5} < 3\dfrac{1}{5} + 1\dfrac{1}{3}$입니다.

8 $3\dfrac{1}{2} + 1\dfrac{2}{3} = (3+1) + \left(\dfrac{1}{2} + \dfrac{2}{3}\right)$

$$= 4 + \left(\frac{1 \times 3}{2 \times 3} + \frac{2 \times 2}{3 \times 2}\right)$$

$$= 4 + \left(\frac{3}{6} + \frac{4}{6}\right) = 4 + \frac{7}{6}$$

$$= 4 + 1\frac{1}{6} = 5\frac{1}{6}$$

$3\dfrac{1}{2} + 2\dfrac{5}{6} = (3+2) + \left(\dfrac{1}{2} + \dfrac{5}{6}\right)$

$$= 5 + \left(\frac{1 \times 3}{2 \times 3} + \frac{5}{6}\right) = 5 + \left(\frac{3}{6} + \frac{5}{6}\right)$$

$$= 5 + \frac{8}{6} = 5 + 1\frac{2}{6}$$

$$= 6\frac{1}{3}$$

$3\dfrac{3}{4} + 1\dfrac{2}{3} = (3+1) + \left(\dfrac{3}{4} + \dfrac{2}{3}\right)$

$$= 4 + \left(\frac{3 \times 3}{4 \times 3} + \frac{2 \times 4}{3 \times 4}\right)$$

$$= 4 + \left(\frac{9}{12} + \frac{8}{12}\right) = 4 + \frac{17}{12}$$

$$= 4 + 1\frac{5}{12} = 5\frac{5}{12}$$

$3\dfrac{3}{4} + 2\dfrac{5}{6} = (3+2) + \left(\dfrac{3}{4} + \dfrac{5}{6}\right)$

$$= 5 + \left(\frac{3 \times 3}{4 \times 3} + \frac{5 \times 2}{6 \times 2}\right)$$

$$=5+\left(\frac{9}{12}+\frac{10}{12}\right)=5+\frac{19}{12}$$

$$=5+1\frac{7}{12}=6\frac{7}{12}$$

따라서 빈 칸에 알맞은 대분수를 써넣으면 다음과 같습니다.

+	$1\frac{2}{3}$	$2\frac{5}{6}$
$3\frac{1}{2}$	$5\frac{1}{6}$	$6\frac{1}{3}$
$3\frac{3}{4}$	$5\frac{5}{12}$	$6\frac{7}{12}$

9 (1) $1\frac{1}{4}+3\frac{3}{5}=(1+3)+\left(\frac{1}{4}+\frac{3}{5}\right)$

$$=4+\left(\frac{1\times5}{4\times5}+\frac{3\times4}{5\times4}\right)$$

$$=4+\left(\frac{5}{20}+\frac{12}{20}\right)$$

$$=4+\frac{17}{20}=4\frac{17}{20}$$

(2) $4\frac{1}{5}+2\frac{1}{10}=(4+2)+\left(\frac{1\times2}{5\times2}+\frac{1}{10}\right)$

$$=6+\left(\frac{2}{10}+\frac{1}{10}\right)$$

$$=6+\frac{3}{10}=6\frac{3}{10}$$

(3) $3\frac{1}{6}+\frac{20}{9}=3\frac{1}{6}+2\frac{2}{9}$

$$=(3+2)+\left(\frac{1\times3}{6\times3}+\frac{2\times2}{9\times2}\right)$$

$$=5+\left(\frac{3}{18}+\frac{4}{18}\right)$$

$$=5+\frac{7}{18}=5\frac{7}{18}$$

(4) $\frac{11}{8}+2\frac{7}{10}=1\frac{3}{8}+2\frac{7}{10}$

$$=(1+2)+\left(\frac{3\times5}{8\times5}+\frac{7\times4}{10\times4}\right)$$

$$=3+\left(\frac{15}{40}+\frac{28}{40}\right)$$

$$=3+\frac{43}{40}=3+1\frac{3}{40}$$

$$=4\frac{3}{40}$$

10 가장 큰 수는 $3\frac{5}{8}$, 가장 작은 수는 $1\frac{7}{12}$ 입니다.

$$\begin{array}{r} 2\,)\ 8\quad 12 \\ \hline 2\,)\ 4\quad 6 \\ \hline 2\quad 3 \end{array}$$

8과 12의 최소공배수는 $2\times2\times2\times3=24$입니다.

$3\frac{5}{8}+1\frac{7}{12}=(3+1)+\left(\frac{5}{8}+\frac{7}{12}\right)$

$$=4+\left(\frac{5\times3}{8\times3}+\frac{7\times2}{12\times2}\right)$$

$$=4+\left(\frac{15}{24}+\frac{14}{24}\right)$$

$$=4+\frac{29}{24}=4+1\frac{5}{24}$$

$$=5\frac{5}{24}$$

11 $1\frac{3}{4}+1\frac{3}{10}=(1+1)+\left(\frac{3}{4}+\frac{3}{10}\right)$

$$=2+\left(\frac{3\times5}{4\times5}+\frac{3\times2}{10\times2}\right)$$

$$=2+\left(\frac{15}{20}+\frac{6}{20}\right)$$

$$=2+\frac{21}{20}=\frac{61}{20}$$

$\frac{\square}{20}<1\frac{3}{4}+1\frac{3}{10}$ 에서

$\frac{\square}{20}<\frac{61}{20}$, $\square<61$이다.

따라서 □ 안에 들어갈 수 있는 자연수 중에서 가장 큰 수는 **60**입니다.

12 $2\frac{2}{3}+1\frac{1}{2}=(2+1)+\left(\frac{2}{3}+\frac{1}{2}\right)$

$$=3+\left(\frac{2\times2}{3\times2}+\frac{1\times3}{2\times3}\right)$$

$$=3+\left(\frac{4}{6}+\frac{3}{6}\right)=3+\frac{7}{6}$$

$$=3+1\frac{1}{6}=4\frac{1}{6}$$

$2\frac{2}{3}+3\frac{3}{8}=(2+3)+\left(\frac{2}{3}+\frac{3}{8}\right)$

$$=5+\left(\frac{2\times8}{3\times8}+\frac{3\times3}{8\times3}\right)$$

$$=5+\left(\frac{16}{24}+\frac{9}{24}\right)=5+\frac{25}{24}$$

$$=5+1\frac{1}{24}=6\frac{1}{24}$$

따라서 $2\frac{2}{3}+1\frac{1}{2}<2\frac{2}{3}+3\frac{3}{8}$ 이므로

$4\frac{1}{6}<\square<6\frac{1}{24}$ 을 만족하는 자연수는 5, 6이므로 이 자연수의 합은 $5+6=\mathbf{11}$이다.

13 준서가 만든 가장 큰 대분수는 $9\frac{7}{8}$, 은재가 만든

가장 큰 대분수는 $7\frac{3}{4}$이므로 그 합은

$$9\frac{7}{8}+7\frac{3}{4}=(9+7)+\left(\frac{7}{8}+\frac{3}{4}\right)$$

$$=16+\left(\frac{7}{8}+\frac{3\times2}{4\times2}\right)$$

$$=16+\left(\frac{7}{8}+\frac{6}{8}\right)=16+\frac{13}{8}$$

$$=16+1\frac{5}{8}=17\frac{5}{8}$$

입니다.

14 $2\frac{1}{3}+1\frac{3}{5}+\frac{3}{4}$

$$=(2+1)+\left(\frac{1}{3}+\frac{3}{5}\right)+\frac{3}{4}$$

$$=3+\left(\frac{1\times5}{3\times5}+\frac{3\times3}{5\times3}\right)+\frac{3}{4}$$

$$=3+\left(\frac{5}{15}+\frac{9}{15}\right)+\frac{3}{4}$$

$$=3+\frac{14}{15}+\frac{3}{4}$$

$$=3+\left(\frac{14\times4}{15\times4}+\frac{3\times15}{4\times15}\right)$$

$$=3+\frac{56}{60}+\frac{45}{60}$$

$$=3+\frac{101}{60}=3+1\frac{41}{60}$$

$$=4\frac{41}{60}$$

따라서 집에서 숙소까지 가기 위해 걸린 시간은

모두 $4\frac{41}{60}$시간입니다.

| 다른 풀이 |

세 수의 최소공배수는 두 수의 최소공배수와 나머지

한 수의 최소공배수를 구하면 됩니다.

3과 5의 최소공배수는 15입니다.

15와 나머지 한 수 4의 최소공배수는 60입니다.

$$2\frac{1}{3}+1\frac{3}{5}+\frac{3}{4}$$

$$=(2+1)+\left(\frac{1}{3}+\frac{3}{5}+\frac{3}{4}\right)$$

$$=3+\left(\frac{1\times20}{3\times20}+\frac{3\times12}{5\times12}+\frac{3\times15}{4\times15}\right)$$

$$=3+\left(\frac{20}{60}+\frac{36}{60}+\frac{45}{60}\right)$$

$$=3+\frac{101}{60}=3+1\frac{41}{60}$$

$$=4\frac{41}{60}$$

분모가 다른 진분수의 뺄셈

 바로! 확인문제　　　　본문 p. 79

1

$$\frac{1}{3}=\frac{4}{12}$$

$$\frac{1}{4}=\frac{3}{12}$$

$$\frac{1}{3}-\frac{1}{4}=\frac{4}{12}-\frac{3}{12}=\frac{1}{12}$$

2 (1) $\left(\dfrac{1}{2},\ \dfrac{1}{3}\right)$

➡ $\left(\dfrac{1\times3}{2\times3},\ \dfrac{1\times2}{3\times2}\right)=\left(\dfrac{3}{6},\ \dfrac{2}{6}\right)$

(2) $\left(\dfrac{9}{10},\ \dfrac{7}{15}\right)$

➡ $\left(\dfrac{9\times15}{10\times15},\ \dfrac{7\times10}{15\times10}\right)=\left(\dfrac{135}{150},\ \dfrac{70}{150}\right)$

3 (1) 3과 9의 최소공배수는 9입니다.

$\left(\dfrac{2}{3},\ \dfrac{4}{9}\right)$ ➡ $\left(\dfrac{2\times3}{3\times3},\ \dfrac{4}{9}\right)=\left(\dfrac{6}{9},\ \dfrac{4}{9}\right)$

(2)

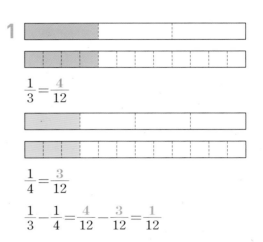

12와 8의 최소공배수는 $2\times2\times3\times2=24$입니다.

$\left(\dfrac{7}{12},\ \dfrac{3}{8}\right)$ ➡ $\left(\dfrac{7\times2}{12\times2},\ \dfrac{3\times3}{8\times3}\right)=\left(\dfrac{14}{24},\ \dfrac{9}{24}\right)$

4 (1) $\dfrac{2}{3}-\dfrac{3}{5}=\dfrac{2\times5}{3\times5}-\dfrac{3\times3}{5\times3}$

$$=\frac{10}{15}-\frac{9}{15}=\frac{1}{15}$$

(2)

6과 8의 최소공배수는 $2 \times 3 \times 4 = 24$입니다.

$$\frac{5}{6} - \frac{3}{8} = \frac{5 \times 4}{6 \times 4} - \frac{3 \times 3}{8 \times 3}$$
$$= \frac{20}{24} - \frac{9}{24} = \frac{11}{24}$$

$$\frac{5}{6} - \frac{3}{4} = \frac{10}{12} - \frac{9}{12} = \frac{1}{12}$$

본문 p. 80

기본문제 배운 개념 적용하기

1 (1)

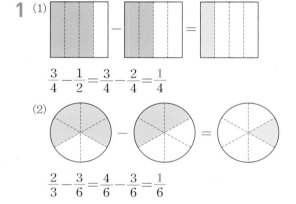

$$\frac{3}{4} - \frac{1}{2} = \frac{3}{4} - \frac{2}{4} = \frac{1}{4}$$

(2)

$$\frac{2}{3} - \frac{3}{6} = \frac{4}{6} - \frac{3}{6} = \frac{1}{6}$$

2 $\frac{1}{2}$ $\frac{5}{10}$ $\frac{2}{5}$ $\frac{4}{10}$

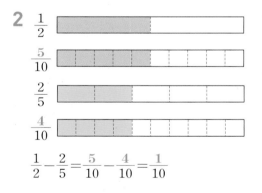

$$\frac{1}{2} - \frac{2}{5} = \frac{5}{10} - \frac{4}{10} = \frac{1}{10}$$

3 $\frac{5}{6}$ $\frac{3}{4}$

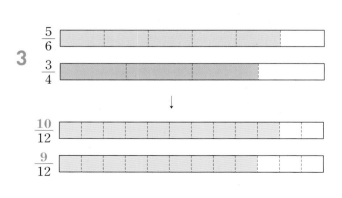

$\frac{10}{12}$ $\frac{9}{12}$

4 $\frac{5}{7} - \frac{2}{5} = \frac{5 \times 5}{7 \times 5} - \frac{2 \times 7}{5 \times 7} = \frac{25}{35} - \frac{14}{35} = \frac{11}{35}$

5 (1) $\frac{3}{4} - \frac{1}{2} = \frac{3 \times 2}{4 \times 2} - \frac{1 \times 4}{2 \times 4}$

$$= \frac{6}{8} - \frac{4}{8} = \frac{\overset{1}{2}}{\underset{4}{8}} = \frac{1}{4}$$

(2) $\frac{3}{4} - \frac{1}{2} = \frac{3}{4} - \frac{1 \times 2}{2 \times 2} = \frac{3}{4} - \frac{2}{4} = \frac{1}{4}$

6 (1) $\frac{5}{12} - \frac{3}{8} = \frac{5 \times 8}{12 \times 8} - \frac{3 \times 12}{8 \times 12}$

$$= \frac{40}{96} - \frac{36}{96} = \frac{\overset{1}{4}}{\underset{24}{96}} = \frac{1}{24}$$

(2)

$$\begin{array}{r} 2\,\underline{)\ 12 \quad 8} \\ 2\,\underline{)\ 6 \quad 4} \\ 3 \quad 2 \end{array}$$

12와 8의 최소공배수는 $2 \times 2 \times 3 \times 2 = 24$입니다.

$$\frac{5}{12} - \frac{3}{8} = \frac{5 \times 2}{12 \times 2} - \frac{3 \times 3}{8 \times 3}$$
$$= \frac{10}{24} - \frac{9}{24} = \frac{1}{24}$$

7 (1) $\frac{2}{3} - \frac{1}{5} = \frac{2 \times 5}{3 \times 5} - \frac{1 \times 3}{5 \times 3}$

$$= \frac{10}{15} - \frac{3}{15} = \frac{7}{15}$$

(2) $\frac{3}{4} - \frac{5}{8} = \frac{3 \times 2}{4 \times 2} - \frac{5}{8}$

$$= \frac{6}{8} - \frac{5}{5} = \frac{1}{8}$$

(3)

$$\begin{array}{r} 3\,\underline{)\ 6 \quad 9} \\ 2 \quad 3 \end{array}$$

6과 9의 최소공배수는 $3 \times 2 \times 3 = 18$입니다.

$$\frac{5}{6} - \frac{7}{9} = \frac{5 \times 3}{6 \times 3} - \frac{7 \times 2}{9 \times 2}$$
$$= \frac{15}{18} - \frac{14}{18} = \frac{1}{18}$$

(4)

$$3)\underline{15\quad9}$$
$$\quad5\quad3$$

15와 9의 최소공배수는 $3 \times 5 \times 3 = 45$입니다.

$$\frac{7}{15} - \frac{4}{9} = \frac{7 \times 3}{15 \times 3} - \frac{4 \times 5}{9 \times 5}$$
$$= \frac{21}{45} - \frac{20}{45} = \frac{1}{45}$$

8 세 수의 최소공배수는 두 수의 최소공배수와 나머지 한 수의 최소공배수를 구하면 됩니다.

3과 6의 최소공배수는 6입니다.

6과 나머지 한 수 9의 최소공배수는

$$3)\underline{6\quad9}$$
$$\quad2\quad3$$

이므로 $3 \times 2 \times 3 = 18$입니다.

세 분수를 최소공배수 18을 공통분모로 하여 통분하면

$$\frac{2}{3} = \frac{2 \times 6}{3 \times 6} = \frac{12}{18}$$

$$\frac{5}{6} = \frac{5 \times 3}{6 \times 3} = \frac{15}{18}$$

$$\frac{7}{9} = \frac{7 \times 2}{9 \times 2} = \frac{14}{18}$$

따라서 가장 큰 수는 $\frac{15}{18}$, 가장 작은 수는 $\frac{12}{18}$이므로

그 차는 $\frac{15}{18} - \frac{12}{18} = \frac{\overset{1}{\cancel{3}}}{\underset{6}{\cancel{18}}} = \frac{1}{6}$입니다.

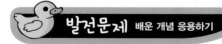

본문 p. 82

발전문제 배운 개념 응용하기

1

$$\frac{1}{3} \quad - \quad \frac{1}{6} \quad = \quad \frac{1}{6}$$

$$\frac{1}{3} - \frac{1}{6} = \frac{1 \times 2}{3 \times 2} - \frac{1}{6} = \frac{2}{6} - \frac{1}{6} = \frac{1}{6}$$

2 $\dfrac{5}{6} - \dfrac{3}{5} = \dfrac{5 \times 5}{6 \times 5} - \dfrac{3 \times 6}{5 \times 6}$

$$= \frac{25}{30} - \frac{18}{30}$$
$$= \frac{7}{30}$$

3 $\dfrac{5}{8}$는 $\dfrac{5 \times 3}{8 \times 3} = \dfrac{15}{24}$이므로 $\dfrac{1}{24}$이 **15**개,

$\dfrac{7}{12}$은 $\dfrac{7 \times 2}{12 \times 2} = \dfrac{14}{24}$이므로 $\dfrac{1}{24}$이 **14**개입니다.

따라서 $\dfrac{5}{8} - \dfrac{7}{12}$은 $\dfrac{1}{24}$이 $15 - 14 = 1$개이므로

$\dfrac{5}{8} - \dfrac{7}{12} = \dfrac{1}{24}$입니다.

4 (1) $\dfrac{2}{3} - \dfrac{1}{4} = \dfrac{2 \times 4}{3 \times 4} - \dfrac{1 \times 3}{4 \times 3}$

$$= \frac{8}{12} - \frac{3}{12} = \frac{5}{12}$$

(2) $\dfrac{3}{4} - \dfrac{5}{8} = \dfrac{3 \times 2}{4 \times 2} - \dfrac{5}{8}$

$$= \frac{6}{8} - \frac{5}{8} = \frac{1}{8}$$

(3) $\dfrac{5}{6} - \dfrac{3}{4} = \dfrac{5 \times 2}{6 \times 2} - \dfrac{3 \times 3}{4 \times 3}$

$$= \frac{10}{12} - \frac{9}{12} = \frac{1}{12}$$

5 먼저 약분한 다음에 통분하면 계산이 쉽습니다.

(1) $\dfrac{3}{4} - \dfrac{4}{6} = \dfrac{3}{4} - \dfrac{2}{3}$

$$= \frac{3 \times 3}{4 \times 3} - \frac{2 \times 4}{3 \times 4}$$

$$= \frac{9}{12} - \frac{8}{12} = \frac{1}{12}$$

(2) $\dfrac{6}{10} - \dfrac{3}{7} = \dfrac{3}{5} - \dfrac{3}{7}$

$$= \frac{3 \times 7}{5 \times 7} - \frac{3 \times 5}{7 \times 5}$$

$$= \frac{21}{35} - \frac{15}{35}$$

$$= \frac{6}{35}$$

(3) $\dfrac{10}{12} - \dfrac{6}{9} = \dfrac{5}{6} - \dfrac{2}{3}$

$$= \frac{5}{6} - \frac{2 \times 2}{3 \times 2}$$

$$= \frac{5}{6} - \frac{4}{6}$$

$$=\frac{1}{6}$$

| 다른 풀이 |

(1) $\dfrac{3}{4}-\dfrac{4}{6}=\dfrac{3\times3}{4\times3}-\dfrac{4\times2}{6\times2}$

$\qquad\qquad=\dfrac{9}{12}-\dfrac{8}{12}=\dfrac{1}{12}$

(2) $\dfrac{6}{10}-\dfrac{3}{7}=\dfrac{6\times7}{10\times7}-\dfrac{3\times10}{7\times10}$

$\qquad\qquad=\dfrac{42}{70}-\dfrac{30}{70}=\dfrac{\overset{6}{12}}{\underset{35}{70}}$

$\qquad\qquad=\dfrac{6}{35}$

(3) $\dfrac{10}{12}-\dfrac{6}{9}=\dfrac{10\times3}{12\times3}-\dfrac{6\times4}{9\times4}$

$\qquad\qquad=\dfrac{30}{36}-\dfrac{24}{36}$

$\qquad\qquad=\dfrac{\overset{1}{6}}{\underset{6}{36}}=\dfrac{1}{6}$

6 (1) $\dfrac{1}{3}-\dfrac{1}{5}=\dfrac{5-3}{3\times5}$

(2) $\dfrac{1}{5}-\dfrac{1}{7}=\dfrac{7-5}{5\times7}$

(3) $\dfrac{1}{6}-\dfrac{1}{8}=\dfrac{8-6}{6\times8}=\dfrac{\overset{1}{2}}{\underset{24}{48}}=\dfrac{1}{24}$

(4) $\dfrac{1}{7}-\dfrac{1}{10}=\dfrac{10-7}{7\times10}=\dfrac{7}{30}$

7 $\dfrac{7}{9}-\dfrac{3}{5}=\dfrac{7\times5}{9\times5}-\dfrac{3\times9}{5\times9}$

$\qquad\quad=\dfrac{35}{45}-\dfrac{27}{45}=\dfrac{8}{45}$

$\dfrac{5}{12}-\dfrac{4}{15}=\dfrac{5\times5}{12\times5}-\dfrac{4\times4}{15\times4}$

$\qquad\quad=\dfrac{25}{60}-\dfrac{16}{60}=\dfrac{\overset{3}{9}}{\underset{20}{60}}$

$\qquad\quad=\dfrac{3}{20}$

$\dfrac{7}{9}-\dfrac{5}{12}=\dfrac{7\times4}{9\times4}-\dfrac{5\times3}{12\times3}$

$\qquad\quad=\dfrac{28}{36}-\dfrac{15}{36}=\dfrac{13}{36}$

$\dfrac{3}{5}-\dfrac{4}{15}=\dfrac{3\times3}{5\times3}-\dfrac{4}{15}$

$\qquad\quad=\dfrac{9}{15}-\dfrac{4}{15}=\dfrac{\overset{1}{5}}{\underset{3}{15}}$

$$=\frac{1}{3}$$

따라서 빈 칸에 알맞은 수를 써넣으면 다음과 같습니다.

8 $\dfrac{5}{6}-\dfrac{3}{4}=\dfrac{5\times2}{6\times2}-\dfrac{3\times3}{4\times3}$

$\qquad\quad=\dfrac{10}{12}-\dfrac{9}{12}=\dfrac{1}{12}=\dfrac{2}{24}$

$\dfrac{7}{8}-\dfrac{5}{6}=\dfrac{7\times3}{8\times3}-\dfrac{5\times4}{6\times4}$

$\qquad\quad=\dfrac{21}{24}-\dfrac{20}{24}=\dfrac{1}{24}$

따라서 $\dfrac{5}{6}-\dfrac{3}{4}>\dfrac{7}{8}-\dfrac{5}{6}$ 입니다.

9 (1) $\dfrac{1}{2}+\dfrac{2}{3}-\dfrac{3}{4}=\dfrac{1\times6}{2\times6}+\dfrac{2\times4}{3\times4}-\dfrac{3\times3}{4\times3}$

$\qquad\qquad\qquad=\dfrac{6}{12}+\dfrac{8}{12}-\dfrac{9}{12}$

$\qquad\qquad\qquad=\dfrac{5}{12}$

(2) $\dfrac{1}{3}-\dfrac{1}{6}-\dfrac{1}{9}=\dfrac{1\times6}{3\times6}-\dfrac{1\times3}{6\times3}-\dfrac{1\times2}{9\times2}$

$\qquad\qquad\qquad=\dfrac{6}{18}-\dfrac{3}{18}-\dfrac{2}{18}$

$\qquad\qquad\qquad=\dfrac{1}{18}$

(3) $\dfrac{3}{4}-\dfrac{5}{8}+\dfrac{7}{12}=\dfrac{3\times6}{4\times6}-\dfrac{5\times3}{8\times3}+\dfrac{7\times2}{12\times2}$

$\qquad\qquad\qquad=\dfrac{18}{24}-\dfrac{15}{24}+\dfrac{14}{24}$

$\qquad\qquad\qquad=\dfrac{17}{24}$

(4) 세 수의 최소공배수는 두 수의 최소공배수와 나머지 한 수의 최소공배수를 구하면 됩니다.

12와 6의 최소공배수는 12입니다.

12와 나머지 한 수 8의 최소공배수는 24입니다.

$$\frac{7}{12}-\frac{1}{6}-\frac{3}{8}=\frac{7\times2}{12\times2}-\frac{1\times4}{6\times4}-\frac{3\times3}{8\times3}$$

$$=\frac{14}{24}-\frac{4}{24}-\frac{9}{24}$$

$$=\frac{1}{24}$$

10

5)	15	10
	3	2

15와 10의 최소공배수는 $5\times3\times2=30$입니다.

$$\frac{7}{15}-\frac{3}{10}=\frac{7\times2}{15\times2}-\frac{3\times3}{10\times3}$$

$$=\frac{14}{30}-\frac{9}{30}=\frac{\overset{1}{\cancel{5}}}{\underset{6}{\cancel{30}}}=\frac{1}{6}$$

따라서 직사각형의 가로와 세로의 길이의 차는 $\frac{1}{6}$ cm입니다.

11 $\frac{11}{12}-\frac{5}{6}=\frac{11}{12}-\frac{5\times2}{6\times2}$

$$=\frac{11}{12}-\frac{10}{12}=\frac{1}{12}=\frac{2}{24}$$

$$\frac{3}{8}-\frac{1}{6}=\frac{3\times3}{8\times3}-\frac{1\times4}{6\times4}$$

$$=\frac{9}{24}-\frac{4}{24}=\frac{5}{24}$$

$\frac{11}{12}-\frac{5}{6}<\frac{\square}{12}<\frac{3}{8}-\frac{1}{6}$에서

$\frac{2}{24}<\frac{\square}{24}<\frac{5}{24}$, $2<\square<5$입니다.

따라서 $2<\square<5$를 만족하는 자연수는 3, 4이므로 모두 **2**개입니다.

12 $\frac{7}{9}$과 $\frac{1}{12}$을 9, 12의 최소공배수 36으로 통분하면

$$\left(\frac{7}{9},\frac{1}{12}\right)=\left(\frac{7\times4}{9\times4},\frac{1\times3}{12\times3}\right)=\left(\frac{28}{36},\frac{3}{36}\right)$$
입니다.

$\frac{3}{36}\times9=\frac{27}{36}$이고 $\frac{28}{36}-\frac{27}{36}=\frac{1}{36}$이므로

만들 수 있는 빵은 최대 **9**개이고 만들고 남은 밀가루의 양은 $\frac{1}{36}$ kg입니다.

13 (가) $\frac{2}{9}+\frac{1}{5}=\frac{2\times5}{9\times5}+\frac{1\times9}{5\times9}$

$$=\frac{10}{45}+\frac{9}{45}=\frac{19}{45}$$

(나) $\frac{3}{5}-\frac{4}{15}=\frac{3\times3}{5\times3}-\frac{4}{15}$

$$=\frac{9}{15}-\frac{4}{15}=\frac{5}{15}$$

$$=\frac{5\times3}{15\times3}=\frac{15}{45}$$

(다) $\frac{2}{5}+\frac{7}{45}=\frac{2\times9}{5\times9}+\frac{7}{45}$

$$=\frac{18}{45}+\frac{7}{45}=\frac{25}{45}$$

(라) $\frac{7}{9}-\frac{8}{15}=\frac{7\times5}{9\times5}-\frac{8\times3}{15\times3}$

$$=\frac{35}{45}-\frac{24}{45}=\frac{11}{45}$$

따라서 계산 결과가 큰 수부터 차례대로 기호를 적으면 (다) → (가) → (나) → (라)입니다.

14 지훈, 준서, 예지가 3일 동안 한 일의 양은 차례로 다음과 같습니다.

$\frac{11}{35}\times3=\frac{33}{35}$, $\frac{2}{7}\times3=\frac{6}{7}$, $\frac{1}{5}\times3=\frac{3}{5}$입니다.

$\frac{6}{7}=\frac{6\times5}{7\times5}=\frac{30}{35}$, $\frac{3}{5}=\frac{3\times7}{5\times7}=\frac{21}{35}$

따라서 가장 많은 일을 한 사람은 지훈이고 가장 적게 일을 한 사람은 예지입니다.

이때 $\frac{33}{35}-\frac{21}{35}=\frac{12}{35}$이므로 **지훈**이가 **예지**보다 $\frac{12}{35}$만큼 일을 더 했습니다.

분모가 다른 대분수의 뺄셈

바로! 확인문제   본문 p. 87

1 (1) $\dfrac{2}{3}-\dfrac{1}{3}=\dfrac{2-1}{3}$

(2) $3\dfrac{4}{5}-2\dfrac{2}{5}=(3-2)+\left(\dfrac{4}{5}-\dfrac{2}{5}\right)$

(3) $\dfrac{17}{7}-\dfrac{9}{7}=2\dfrac{3}{7}-1\dfrac{2}{7}$

$\qquad\qquad =(2-1)+\left(\dfrac{3}{7}-\dfrac{2}{7}\right)$

2 (1) $3\dfrac{2}{3}-1\dfrac{1}{2}=(3-1)+\left(\dfrac{2}{3}-\dfrac{1}{2}\right)$

(2) $5\dfrac{1}{2}-2\dfrac{1}{4}=3+\left(\dfrac{1}{2}-\dfrac{1}{4}\right)$

(3) $4\dfrac{5}{8}-1\dfrac{7}{12}=(4-1)+\left(\dfrac{5}{8}-\dfrac{7}{12}\right)$

3 (1) $3\dfrac{2}{3}-2\dfrac{1}{2}=\dfrac{11}{3}-\dfrac{5}{2}$

(2) $2\dfrac{3}{4}-1\dfrac{1}{8}=\dfrac{11}{4}-\dfrac{9}{8}=\dfrac{11\times2}{4\times2}-\dfrac{9}{8}$

(3) $3\dfrac{5}{6}-2\dfrac{3}{8}=\dfrac{23}{6}-\dfrac{19}{8}=\dfrac{23\times4}{6\times4}-\dfrac{19\times3}{8\times3}$

본문 p. 88

 기본문제 배운 개념 적용하기

1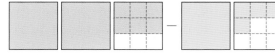

$2\dfrac{2}{3}-1\dfrac{4}{9}=1\dfrac{2}{9}$

| 다른 풀이 |

$2\dfrac{2}{3}-1\dfrac{4}{9}=(2-1)+\left(\dfrac{2}{3}-\dfrac{4}{9}\right)$

$\qquad\qquad =1+\left(\dfrac{2\times3}{3\times3}-\dfrac{4}{9}\right)$

$\qquad\qquad =1+\left(\dfrac{6}{9}-\dfrac{4}{9}\right)$

$\qquad\qquad =1+\dfrac{2}{9}=1\dfrac{2}{9}$

2 $1\dfrac{1}{2}=1\dfrac{1\times2}{2\times2}=1\dfrac{2}{4}$입니다.

$$2\dfrac{3}{4},\ 1\dfrac{1}{2}\ \Rightarrow\ 2\dfrac{3}{4},\ 1\dfrac{2}{4}$$

$2\dfrac{3}{4}-1\dfrac{1}{2}=2\dfrac{3}{4}-1\dfrac{2}{4}$

$\qquad\qquad =(2-1)+\left(\dfrac{3}{4}-\dfrac{2}{4}\right)$

$\qquad\qquad =1+\dfrac{1}{4}=1\dfrac{1}{4}$

3 $2\dfrac{3}{4}-1\dfrac{2}{3}=2\dfrac{3\times3}{4\times3}-1\dfrac{2\times4}{3\times4}$

$\qquad\qquad =2\dfrac{9}{12}-1\dfrac{8}{12}$

$\qquad\qquad =(2-1)+\left(\dfrac{9}{12}-\dfrac{8}{12}\right)$

$\qquad\qquad =1+\dfrac{1}{12}=1\dfrac{1}{12}$

4

$$\begin{array}{r|ll} 5) & 10 & 15 \\ \hline & 2 & 3 \end{array}$$

10과 15의 최소공배수는 $5\times2\times3=30$입니다.

$3\dfrac{7}{10}-2\dfrac{8}{15}=3\dfrac{7\times3}{10\times3}-2\dfrac{8\times2}{15\times2}$

$\qquad\qquad =3\dfrac{21}{30}-2\dfrac{16}{30}$

$\qquad\qquad =(3-2)+\left(\dfrac{21}{30}-\dfrac{16}{30}\right)$

$\qquad\qquad =1+\dfrac{\overset{1}{5}}{\underset{6}{30}}=1+\dfrac{1}{6}$

$\qquad\qquad =1\dfrac{1}{6}$

5 $2\dfrac{1}{4}-1\dfrac{1}{2}=\dfrac{9}{4}-\dfrac{3}{2}=\dfrac{9}{4}-\dfrac{3\times2}{2\times2}$

$\qquad\qquad=\dfrac{9}{4}-\dfrac{6}{4}=\dfrac{3}{4}$

6 (1) $4\dfrac{2}{3}-3\dfrac{1}{2}=(4-3)+\left(\dfrac{2}{3}-\dfrac{1}{2}\right)$

$\qquad\qquad=1+\left(\dfrac{2\times2}{3\times2}-\dfrac{1\times3}{2\times3}\right)$

$\qquad\qquad=1+\left(\dfrac{4}{6}-\dfrac{3}{6}\right)$

$\qquad\qquad=1+\dfrac{1}{6}=1\dfrac{1}{6}$

(2) $3\dfrac{1}{2}-2\dfrac{1}{4}=(3-2)+\left(\dfrac{1}{2}-\dfrac{1}{4}\right)$

$\qquad\qquad=1+\left(\dfrac{1\times2}{2\times2}-\dfrac{1}{4}\right)$

$\qquad\qquad=1+\left(\dfrac{2}{4}-\dfrac{1}{4}\right)$

$\qquad\qquad=1+\dfrac{1}{4}=1\dfrac{1}{4}$

(3)
$$\begin{array}{r|rr} 2) & 6 & 8 \\ \hline & 3 & 4 \end{array}$$

6과 8의 최소공배수는 $2\times3\times4=24$입니다.

$7\dfrac{5}{6}-4\dfrac{3}{8}=(7-4)+\left(\dfrac{5}{6}-\dfrac{3}{8}\right)$

$\qquad\qquad=3+\left(\dfrac{5\times4}{6\times4}-\dfrac{3\times3}{8\times3}\right)$

$\qquad\qquad=3+\left(\dfrac{20}{24}-\dfrac{9}{24}\right)$

$\qquad\qquad=3+\dfrac{11}{24}=3\dfrac{11}{24}$

(4)
$$\begin{array}{r|rr} 3) & 9 & 6 \\ \hline & 3 & 2 \end{array}$$

9와 6의 최소공배수는 $3\times3\times2=18$입니다.

$3\dfrac{8}{9}-1\dfrac{5}{6}=(3-1)+\left(\dfrac{8}{9}-\dfrac{5}{6}\right)$

$\qquad\qquad=2+\left(\dfrac{8\times2}{9\times2}-\dfrac{5\times3}{6\times3}\right)$

$\qquad\qquad=2+\left(\dfrac{16}{18}-\dfrac{15}{18}\right)$

$\qquad\qquad=2+\dfrac{1}{18}=2\dfrac{1}{18}$

7 (1) $3\dfrac{1}{2}-1\dfrac{1}{3}=\dfrac{7}{2}-\dfrac{4}{3}=\dfrac{7\times3}{2\times3}-\dfrac{4\times2}{3\times2}$

$\qquad\qquad=\dfrac{21}{6}-\dfrac{8}{6}=\dfrac{13}{6}$

$\qquad\qquad=2\dfrac{1}{6}$

(2) $3\dfrac{3}{4}-2\dfrac{1}{2}=\dfrac{15}{4}-\dfrac{5}{2}=\dfrac{15}{4}-\dfrac{5\times2}{2\times2}$

$\qquad\qquad=\dfrac{15}{4}-\dfrac{10}{4}=\dfrac{5}{4}$

$\qquad\qquad=1\dfrac{1}{4}$

(3)
$$\begin{array}{r|rr} 2) & 4 & 6 \\ \hline & 2 & 3 \end{array}$$

4와 6의 최소공배수는 $2\times2\times3=12$입니다.

$4\dfrac{3}{4}-2\dfrac{5}{6}=\dfrac{19}{4}-\dfrac{17}{6}=\dfrac{19\times3}{4\times3}-\dfrac{17\times2}{6\times2}$

$\qquad\qquad=\dfrac{57}{12}-\dfrac{34}{12}=\dfrac{23}{12}$

$\qquad\qquad=1\dfrac{11}{12}$

(4)
$$\begin{array}{r|rr} 2) & 6 & 10 \\ \hline & 3 & 5 \end{array}$$

6과 10의 최소공배수는 $2\times3\times5=30$입니다.

$2\dfrac{5}{6}-1\dfrac{7}{10}=\dfrac{17}{6}-\dfrac{17}{10}$

$\qquad\qquad=\dfrac{17\times5}{6\times5}-\dfrac{17\times3}{10\times3}$

$\qquad\qquad=\dfrac{85}{30}-\dfrac{51}{30}=\dfrac{34}{30}$

$\qquad\qquad=1\dfrac{\overset{2}{4}}{\underset{15}{30}}=1\dfrac{2}{15}$

본문 p. 90

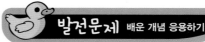
발견문제 배운 개념 응용하기

1

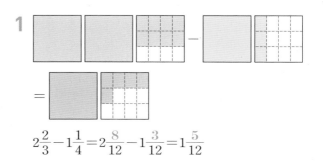

$2\dfrac{2}{3}-1\dfrac{1}{4}=2\dfrac{8}{12}-1\dfrac{3}{12}=1\dfrac{5}{12}$

$$2\frac{2}{3} - 1\frac{1}{4} = (2-1) + \left(\frac{2}{3} - \frac{1}{4}\right)$$

$$= 1 + \left(\frac{2\times4}{3\times4} - \frac{1\times3}{4\times3}\right)$$

$$= 1 + \left(\frac{8}{12} - \frac{3}{12}\right)$$

$$= 1 + \frac{5}{12}$$

$$= 1\frac{5}{12}$$

2 (1) $3\frac{5}{6} - 1\frac{3}{4} = (3-1) + \left(\frac{5\times2}{6\times2} - \frac{3\times3}{4\times3}\right)$

$$= (3-1) + \left(\frac{10}{12} - \frac{9}{12}\right)$$

$$= 2 + \frac{1}{12}$$

$$= 2\frac{1}{12}$$

(2) $3\frac{5}{6} - 1\frac{3}{4} = \frac{23}{6} - \frac{7}{4}$

$$= \frac{23\times2}{6\times2} - \frac{7\times3}{4\times3}$$

$$= \frac{46}{12} - \frac{21}{12}$$

$$= \frac{25}{12} = 2\frac{1}{12}$$

3 (1) $\frac{23}{6} - 2\frac{1}{4} = 3\frac{5}{6} - 2\frac{1}{4}$

$$= (3-2) + \left(\frac{5}{6} - \frac{1}{4}\right)$$

$$= (3-2) + \left(\frac{5\times2}{6\times2} - \frac{1\times3}{4\times3}\right)$$

$$= (3-2) + \left(\frac{10}{12} - \frac{3}{12}\right)$$

$$= 1 + \frac{7}{12} = 1\frac{7}{12}$$

(2)

2)	8	6
	4	3

8과 6의 최소공배수는 $2\times4\times3=24$입니다.

$$3\frac{3}{8} - \frac{7}{6} = 3\frac{3}{8} - 1\frac{1}{6}$$

$$= (3-1) + \left(\frac{3}{8} - \frac{1}{6}\right)$$

$$= (3-1) + \left(\frac{3\times3}{8\times3} - \frac{1\times4}{6\times4}\right)$$

$$= (3-1) + \left(\frac{9}{24} - \frac{4}{24}\right)$$

$$= 2 + \frac{5}{24} = 2\frac{5}{24}$$

4 (1) $3\frac{1}{3} - 1\frac{1}{4} = \frac{10}{3} - \frac{5}{4}$

$$= \frac{10\times4}{3\times4} - \frac{5\times3}{4\times3}$$

$$= \frac{40}{12} - \frac{15}{12}$$

$$= \frac{25}{12} = 2\frac{1}{12}$$

(2) $3\frac{2}{3} - 2\frac{1}{6} = \frac{11}{3} - \frac{13}{6}$

$$= \frac{11\times2}{3\times2} - \frac{13}{6}$$

$$= \frac{22}{6} - \frac{13}{6} = \frac{9}{6}$$

$$= 1\frac{\overset{1}{3}}{\underset{2}{6}} = 1\frac{1}{2}$$

(3)

2)	8	12
2)	4	6
	2	3

8과 12의 최소공배수는 $2\times2\times2\times3=24$입니다.

$$2\frac{3}{8} - 1\frac{1}{12} = \frac{19}{8} - \frac{13}{12}$$

$$= \frac{19\times3}{8\times3} - \frac{13\times2}{12\times2}$$

$$= \frac{57}{24} - \frac{26}{24}$$

$$= \frac{31}{24} = 1\frac{7}{24}$$

5 (1) $4\frac{3}{4} - 2\frac{1}{3} = (4-2) + \left(\frac{3}{4} - \frac{1}{3}\right)$

$$= 2 + \left(\frac{3\times3}{4\times3} - \frac{1\times4}{3\times4}\right)$$

$$= 2 + \left(\frac{9}{12} - \frac{4}{12}\right)$$

$$= 2 + \frac{5}{12} = 2\frac{5}{12}$$

$$3\frac{2}{3} - 1\frac{5}{24} = (3-1) + \left(\frac{2}{3} - \frac{5}{24}\right)$$

$$= 2 + \left(\frac{2\times8}{3\times8} - \frac{5}{24}\right)$$

$$= 2 + \left(\frac{16}{24} - \frac{5}{24}\right)$$

$$=2+\frac{11}{24}=2\frac{11}{24}$$

(2) $2\frac{5}{6}-1\frac{3}{4}=(2-1)+\left(\frac{5}{6}-\frac{3}{4}\right)$

$$=1+\left(\frac{5\times2}{6\times2}-\frac{3\times3}{4\times3}\right)$$

$$=1+\left(\frac{10}{12}-\frac{9}{12}\right)$$

$$=1+\frac{1}{12}=1\frac{1}{12}$$

$3\frac{2}{3}-1\frac{1}{4}=(3-1)+\left(\frac{2}{3}-\frac{1}{4}\right)$

$$=2+\left(\frac{2\times4}{3\times4}-\frac{1\times3}{4\times3}\right)$$

$$=2+\left(\frac{8}{12}-\frac{3}{12}\right)$$

$$=2+\frac{5}{12}=2\frac{5}{12}$$

(3) $3\frac{5}{6}-1\frac{3}{8}=(3-1)+\left(\frac{5}{6}-\frac{3}{8}\right)$

$$=2+\left(\frac{5\times4}{6\times4}-\frac{3\times3}{8\times3}\right)$$

$$=2+\left(\frac{20}{24}-\frac{9}{24}\right)$$

$$=2+\frac{11}{24}=2\frac{11}{24}$$

$2\frac{1}{3}-1\frac{1}{4}=(2-1)+\left(\frac{1}{3}-\frac{1}{4}\right)$

$$=1+\left(\frac{1\times4}{3\times4}-\frac{1\times3}{4\times3}\right)$$

$$=1+\left(\frac{4}{12}-\frac{3}{12}\right)$$

$$=1+\frac{1}{12}=1\frac{1}{12}$$

따라서 크기가 같은 분수끼리 선을 그어 연결하면 다음과 같습니다.

6 (1) $\square+1\frac{1}{4}=2\frac{3}{5}$ 에서

$\square=2\frac{3}{5}-1\frac{1}{4}=(2-1)+\left(\frac{3}{5}-\frac{1}{4}\right)$

$$=1+\left(\frac{3\times4}{5\times4}-\frac{1\times5}{4\times5}\right)$$

$$=1+\left(\frac{12}{20}-\frac{5}{20}\right)=1+\frac{7}{20}$$

$$=1\frac{7}{20}$$

(2) $2\frac{1}{6}+\square=5\frac{3}{4}$ 에서

$\square=5\frac{3}{4}-2\frac{1}{6}=(5-2)+\left(\frac{3}{4}-\frac{1}{6}\right)$

$$=3+\left(\frac{3\times3}{4\times3}-\frac{1\times2}{6\times2}\right)$$

$$=3+\left(\frac{9}{12}-\frac{2}{12}\right)$$

$$=3+\frac{7}{12}=3\frac{7}{12}$$

(3) $\square+3\frac{1}{6}=4\frac{7}{15}$ 에서

$\square=4\frac{7}{15}-3\frac{1}{6}$

$$=(4-3)+\left(\frac{7}{15}-\frac{1}{6}\right)$$

$$=1+\left(\frac{7\times2}{15\times2}-\frac{1\times5}{6\times5}\right)$$

$$=1+\left(\frac{14}{30}-\frac{5}{30}\right)$$

$$=1+\frac{\overset{3}{\cancel{9}}}{\underset{10}{\cancel{30}}}=1+\frac{3}{10}=1\frac{3}{10}$$

7 (1) $\frac{1}{3}=\frac{1\times2}{3\times2}=\frac{1}{6}$, $\frac{1\times3}{2\times3}=\frac{3}{6}$ 이므로

$\frac{1}{3}<\frac{1}{2}$ 입니다.

$2\frac{1}{3}-1\frac{1}{2}=\left(1+1\frac{1}{3}\right)-1\frac{1}{2}$

$$=1\frac{4}{3}-1\frac{1}{2}$$

$$=(1-1)+\left(\frac{4}{3}-\frac{1}{2}\right)$$

$$=0+\left(\frac{4\times2}{3\times2}-\frac{1\times3}{2\times3}\right)$$

$$=\frac{8}{6}-\frac{3}{6}=\frac{5}{6}$$

(2) $\frac{3}{4}=\frac{3\times2}{4\times2}=\frac{6}{8}$ 이므로 $\frac{3}{4}<\frac{7}{8}$ 입니다.

$2\frac{3}{4}-1\frac{7}{8}=\left(1+1\frac{3}{4}\right)-1\frac{7}{8}$

$$=1\frac{7}{4}-1\frac{7}{8}$$

$$=(1-1)+\left(\frac{7}{4}-\frac{7}{8}\right)$$

$$=0+\left(\frac{7\times2}{4\times2}-\frac{7}{8}\right)$$

$$=\frac{14}{8}-\frac{7}{8}=\frac{7}{8}$$

(3) $\frac{1}{6}=\frac{1\times3}{6\times3}=\frac{3}{18}$, $\frac{2}{9}=\frac{2\times2}{9\times2}=\frac{4}{18}$ 이므로

$\frac{1}{6}<\frac{2}{9}$ 입니다.

$$4\frac{1}{6}-2\frac{2}{9}=\left(3+1\frac{1}{6}\right)-2\frac{2}{9}$$

$$=3\frac{7}{6}-2\frac{2}{9}$$

$$=(3-2)+\left(\frac{7}{6}-\frac{2}{9}\right)$$

$$=1+\left(\frac{7\times3}{6\times3}-\frac{2\times2}{9\times2}\right)$$

$$=1+\left(\frac{21}{18}-\frac{4}{18}\right)$$

$$=1+\frac{17}{18}=1\frac{17}{18}$$

8 $\frac{3}{4}=\frac{3\times3}{4\times3}=\frac{9}{12}$, $\frac{5}{6}=\frac{5\times2}{6\times2}=\frac{10}{12}$ 이므로

$\frac{3}{4}<\frac{5}{6}$ 입니다.

$$3\frac{3}{4}-1\frac{5}{6}=\left(2+1\frac{3}{4}\right)-1\frac{5}{6}$$

$$=2\frac{7}{4}-1\frac{5}{6}$$

$$=(2-1)+\left(\frac{7}{4}-\frac{5}{6}\right)$$

$$=1+\left(\frac{7\times3}{4\times3}-\frac{5\times2}{6\times2}\right)$$

$$=1+\left(\frac{21}{12}-\frac{10}{12}\right)$$

$$=1+\frac{11}{12}=1\frac{11}{12}$$

$\square-1\frac{5}{6}=2\frac{8}{9}$ 에서

$$\square=2\frac{8}{9}+1\frac{5}{6}=(2+1)+\left(\frac{8}{9}+\frac{5}{6}\right)$$

$$=3+\left(\frac{8\times2}{9\times2}+\frac{5\times3}{6\times3}\right)$$

$$=3+\left(\frac{16}{18}+\frac{15}{18}\right)$$

$$=3+\frac{31}{18}=3+1\frac{13}{18}$$

$$=4\frac{13}{18}$$

$$3\frac{7}{8}-1\frac{5}{6}=(3-1)+\left(\frac{7}{8}-\frac{5}{6}\right)$$

$$=2+\left(\frac{7\times3}{8\times3}-\frac{5\times4}{6\times4}\right)$$

$$=2+\left(\frac{21}{24}-\frac{20}{24}\right)$$

$$=2+\frac{1}{24}=2\frac{1}{24}$$

따라서 빈 칸에 알맞은 수를 써넣으면 다음과 같습니다.

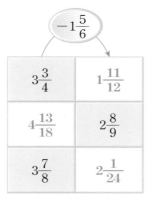

9 (1) $2\frac{3}{4}-\frac{10}{7}=2\frac{3}{4}-1\frac{3}{7}$

$$=(2-1)+\left(\frac{3\times7}{4\times7}-\frac{3\times4}{7\times4}\right)$$

$$=1+\left(\frac{21}{28}-\frac{12}{28}\right)$$

$$=1+\frac{9}{28}=1\frac{9}{28}$$

(2) $\frac{3}{4}=\frac{3\times3}{4\times3}=\frac{9}{12}$, $\frac{5}{6}=\frac{5\times2}{6\times2}=\frac{10}{12}$ 이므로

$\frac{3}{4}<\frac{5}{6}$ 입니다.

$$5\frac{3}{4}-3\frac{5}{6}=\left(4+1\frac{3}{4}\right)-3\frac{5}{6}$$

$$=4\frac{7}{4}-3\frac{5}{6}$$

$$=(4-3)+\left(\frac{7}{4}-\frac{5}{6}\right)$$

$$=1+\left(\frac{7\times3}{4\times3}-\frac{5\times2}{6\times2}\right)$$

$$=1+\left(\frac{21}{12}-\frac{10}{12}\right)$$

$$=1+\frac{11}{12}=1\frac{11}{12}$$

(3) $6-3\frac{2}{5}-1\frac{4}{7}$

$$=(5-3-1)+\left(1-\frac{2}{5}-\frac{4}{7}\right)$$

$$=1+\left(\frac{35}{35}-\frac{2\times7}{5\times7}-\frac{4\times5}{7\times5}\right)$$

$$=1+\left(\frac{35}{35}-\frac{14}{35}-\frac{20}{35}\right)$$

$$=1+\frac{1}{35}=1\frac{1}{35}$$

(4) $3\frac{5}{6}-1\frac{3}{8}-1\frac{5}{12}$

$$=(3-1-1)+\left(\frac{5}{6}-\frac{3}{8}-\frac{5}{12}\right)$$

$$=1+\left(\frac{5\times4}{6\times4}-\frac{3\times3}{8\times3}-\frac{5\times2}{12\times2}\right)$$

$$=1+\left(\frac{20}{24}-\frac{9}{24}-\frac{10}{24}\right)$$

$$=1+\frac{1}{24}=1\frac{1}{24}$$

10 $\frac{2}{5}=\frac{2\times9}{5\times9}=\frac{18}{45},\ \frac{8}{9}=\frac{8\times5}{9\times5}=\frac{40}{45}$이므로

$\frac{2}{5}<\frac{8}{9}$입니다.

$$5\frac{2}{5}-3\frac{8}{9}=\left(4+1\frac{2}{5}\right)-3\frac{8}{9}$$

$$=4\frac{7}{5}-3\frac{8}{9}$$

$$=(4-3)+\left(\frac{7}{5}-\frac{8}{9}\right)$$

$$=1+\left(\frac{7\times9}{5\times9}-\frac{8\times5}{9\times5}\right)$$

$$=1+\left(\frac{63}{45}-\frac{40}{45}\right)$$

$$=1+\frac{23}{45}=1\frac{23}{45}$$

$\frac{1}{3}=\frac{1\times5}{3\times5}=\frac{5}{15},\ \frac{4}{5}=\frac{4\times3}{5\times3}=\frac{12}{15}$이므로

$\frac{1}{3}<\frac{4}{5}$입니다.

$$4\frac{1}{3}-2\frac{4}{5}=\left(3+1\frac{1}{3}\right)-2\frac{4}{5}$$

$$=3\frac{4}{3}-2\frac{4}{5}$$

$$=(3-2)+\left(\frac{4}{3}-\frac{4}{5}\right)$$

$$=1+\left(\frac{4\times5}{3\times5}-\frac{4\times3}{5\times3}\right)$$

$$=1+\left(\frac{20}{15}-\frac{12}{15}\right)$$

$$=1+\frac{8}{15}=1\frac{8}{15}$$

$$=1\frac{8\times3}{15\times3}=1\frac{24}{45}$$

따라서 $5\frac{2}{5}-3\frac{8}{9}<4\frac{1}{3}-2\frac{4}{5}$입니다.

11 $\frac{3}{4}=\frac{3\times3}{4\times3}=\frac{9}{12},\ \frac{5}{6}=\frac{5\times2}{6\times2}=\frac{10}{12}$이므로

$\frac{3}{4}<\frac{5}{6}$입니다.

$$4\frac{3}{4}-1\frac{5}{6}=\left(3+1\frac{3}{4}\right)-1\frac{5}{6}$$

$$=3\frac{7}{4}-1\frac{5}{6}$$

$$=(3-1)+\left(\frac{7}{4}-\frac{5}{6}\right)$$

$$=2+\left(\frac{7\times3}{4\times3}-\frac{5\times2}{6\times2}\right)$$

$$=2+\left(\frac{21}{12}-\frac{10}{12}\right)$$

$$=2+\frac{11}{12}=2\frac{11}{12}$$

따라서 $2\frac{\square}{12}<2\frac{11}{12}$에서 $\square$ 안에 들어갈 수 있는 자연수는 1, 2, 3, …, 7, 8, 9, 10이고 이 중에서 가장 큰 수는 **10**입니다.

12 어떤 수를 $\square$라고 생각합니다.

어떤 수에서 $3\frac{1}{3}$을 빼야 할 것을 잘못하여 더했더니 $8\frac{6}{7}$이 되었으므로 $\square+3\frac{1}{3}=8\frac{6}{7}$입니다.

$$\square=8\frac{6}{7}-3\frac{1}{3}=(8-3)+\left(\frac{6}{7}-\frac{1}{3}\right)$$

$$=5+\left(\frac{6\times3}{7\times3}-\frac{1\times7}{3\times7}\right)$$

$$=5+\left(\frac{18}{21}-\frac{7}{21}\right)$$

$$=5+\frac{11}{21}=5\frac{11}{21}$$

따라서 바르게 계산하면

$$5\frac{11}{21}-3\frac{1}{3}$$

$$=(5-3)+\left(\frac{11}{21}-\frac{1}{3}\right)$$

$$=(5-3)+\left(\frac{11}{21}-\frac{1\times7}{3\times7}\right)$$

$$=2+\left(\frac{11}{21}-\frac{7}{21}\right)$$

$$=2+\frac{4}{21}=2\frac{4}{21}$$

입니다.

13 $\frac{3}{4}$, $\frac{4}{5}$, $\frac{7}{8}$을 분모의 최소공배수 40으로 통분하면

$$\frac{3}{4}=\frac{3\times10}{4\times10}=\frac{30}{40}$$

$$\frac{4}{5}=\frac{4\times8}{5\times8}=\frac{32}{40}$$

$$\frac{7}{8}=\frac{7\times5}{8\times5}=\frac{35}{40}$$

이므로 가장 큰 분수는 $1\frac{7}{8}$, 가장 작은 분수는 $1\frac{3}{4}$입니다.

따라서 가장 큰 분수에서 가장 작은 분수를 뺀 후, 나머지 분수를 더하면

$$1\frac{7}{8}-1\frac{3}{4}+1\frac{4}{5}$$

$$=(1-1+1)+\left(\frac{7}{8}-\frac{3}{4}+\frac{4}{5}\right)$$

$$=1+\left(\frac{7\times5}{8\times5}-\frac{3\times10}{4\times10}+\frac{4\times8}{5\times8}\right)$$

$$=1+\left(\frac{35}{40}-\frac{30}{40}+\frac{32}{40}\right)$$

$$=1+\frac{37}{40}=1\frac{37}{40}$$입니다.

14 $\left(8\frac{4}{7}+8\frac{4}{7}+8\frac{4}{7}\right)-\left(2\frac{3}{8}+2\frac{3}{8}\right)$을 계산하면 됩니다.

$$8\frac{4}{7}+8\frac{4}{7}+8\frac{4}{7}$$

$$=(8+8+8)+\left(\frac{4}{7}+\frac{4}{7}+\frac{4}{7}\right)$$

$$=24+\frac{12}{7}=24\frac{12}{7}$$

$$2\frac{3}{8}+2\frac{3}{8}$$

$$=(2+2)+\left(\frac{3}{8}+\frac{3}{8}\right)$$

$$=4+\frac{\overset{3}{6}}{\underset{4}{8}}=4\frac{3}{4}$$

$$\left(8\frac{4}{7}+8\frac{4}{7}+8\frac{4}{7}\right)-\left(2\frac{3}{8}+2\frac{3}{8}\right)$$

$$=24\frac{12}{7}-4\frac{3}{4}$$

$$=(24-4)+\left(\frac{12}{7}-\frac{3}{4}\right)$$

$$=20+\left(\frac{12\times4}{7\times4}-\frac{3\times7}{4\times7}\right)$$

$$=20+\left(\frac{48}{28}-\frac{21}{28}\right)$$

$$=20+\frac{27}{28}=20\frac{27}{28}$$

따라서 이어 붙인 종이테이프의 전체 길이는 $20\frac{27}{28}$ cm입니다.

| 다른 풀이 |

$$\left(8\frac{4}{7}+8\frac{4}{7}+8\frac{4}{7}\right)-\left(2\frac{3}{8}+2\frac{3}{8}\right)$$

$$=8\frac{4}{7}\times3-2\frac{3}{8}\times2$$

$$=\left(8+\frac{4}{7}\right)\times3-\left(2+\frac{3}{8}\right)\times2$$

$$=\left(8\times3+\frac{4}{7}\times3\right)-\left(2\times2+\frac{3}{8}\times2\right)$$

$$=\left(24+\frac{12}{7}\right)-\left(4+\frac{6}{8}\right)\quad\cdots\cdots\text{㉠}$$

$$=24\frac{12}{7}-4\frac{6}{8}$$

$$=24\frac{12}{7}-4\frac{3}{4}$$

$$=(24-4)+\left(\frac{12}{7}-\frac{3}{4}\right)$$

$$=20+\left(\frac{12\times4}{7\times4}-\frac{3\times7}{4\times7}\right)$$

$$=20+\left(\frac{48}{28}-\frac{21}{28}\right)$$

$$=20+\frac{27}{28}=20\frac{27}{28}$$

| 참고 |

㉠에서

$$\left(24+\frac{12}{7}\right)-\left(4+\frac{6}{8}\right)=25\frac{5}{7}-4\frac{6}{8}$$

입니다.

이때 $\frac{5}{7}=\frac{5\times8}{7\times8}=\frac{40}{56}$, $\frac{6}{8}=\frac{6\times7}{8\times7}=\frac{42}{56}$

이므로 $\frac{5}{7}<\frac{6}{8}$입니다.

따라서 $25\frac{5}{7}-4\frac{6}{8}=(25-4)+\left(\frac{5}{7}-\frac{6}{8}\right)$으로 계산할 수 없습니다.

단원 총정리

 단원평가문제   본문 p. 95

1 (1) 6÷1=6, 6÷2=3
6÷3=2, 6÷6=1
따라서 6의 약수는 **1, 2, 3, 6**입니다.
(2) 9÷1=9, 9÷3=3, 9÷9=1
따라서 9의 약수는 **1, 3, 9**입니다.

2 64÷1=64, 64÷2=32, 64÷4=16,
64÷8=8, 64÷16=4, 64÷32=2, 64÷64=1
따라서 64의 약수는 1, 2, 4, 8, 16, 32, 64로 모두 **7**개입니다.

| 다른 풀이 |
1×64=64, 2×32=64,
4×16=64, 8×8=64
이므로 64의 약수는 1, 2, 4, 8, 16, 32, 64로 모두 **7**개입니다.

3 (1) ○
(2) 20의 약수는 1, 2, 4, 5, 10, 20입니다. (×)
(3) ○

4 8의 배수는
8×1=8, 8×2=16, 8×3=24, …,
8×9=72, 8×10=80, 8×11=88,
8×12=96, 8×13=104, …
입니다.
따라서 8의 배수 중에서 가장 큰 두 자리 수는 **96**입니다.

5 (1) 16의 약수 : 1, 2, 4, 8, 16
20의 약수 : 1, 2, 4, 5, 10, 20
16과 20의 공약수 : **1, 2, 4**
16과 20의 최대공약수 : **4**

(2) 8의 약수 : 1, 2, 4, 8
12의 약수 : 1, 2, 3, 4, 6, 12
8과 12의 공약수 : **1, 2, 4**
8과 12의 최대공약수 : **4**

| 다른 풀이 |

(1)
```
2) 16   20
2)  8   10
    4    5
```

16과 20의 최대공약수는 2×2=**4**입니다.
16과 20의 공약수는 최대공약수 4의 약수이므로 1, 2, **4**입니다.

(2)
```
2)  8   12
2)  4    6
    2    3
```

8과 12의 최대공약수는 2×2=**4**입니다.
8과 12의 공약수는 최대공약수 4의 약수이므로 1, 2, 4입니다.

6
```
2) 36   60
2) 18   30
3)  9   15
    3    5
```
(×)

36과 60의 최대공약수는 2×2×3=12입니다.

```
2) 24   36
2) 12   18
3)  6    9
    2    3
```
(○)

24와 36의 최대공약수는 2×2×3=12입니다.

7 60과 90을 어떤 수로 나누면 모두 나누어떨어지므로 어떤 수는 60과 90의 약수입니다.
이 어떤 수가 될 수 있는 수 중에서 가장 큰 수는 60과 90의 최대공약수입니다.

```
2) 60   90
3) 30   45
5) 10   15
    2    3
```

따라서 60과 90의 최대공약수는

$2 \times 3 \times 5 = 30$
입니다.

8

$$\begin{array}{r|cc} 2) & 28 & 42 \\ 7) & 14 & 21 \\ \hline & 2 & 3 \end{array}$$

28과 42의 최소공배수는
$2 \times 7 \times 2 \times 3 = 84$
입니다.

9 세 수의 최소공배수는 두 수의 최소공배수와 나머지 한 수의 최소공배수를 구하면 됩니다.

$$\begin{array}{r|cc} 2) & 12 & 6 \\ 3) & 6 & 3 \\ \hline & 2 & 1 \end{array}$$

12와 6의 최소공배수는 $2 \times 3 \times 2 \times 1 = 12$입니다.

$$\begin{array}{r|cc} 3) & 12 & 9 \\ \hline & 4 & 3 \end{array}$$

12와 나머지 한 수 9의 최소공배수는 $3 \times 4 \times 3 = 36$ 입니다.

$\dfrac{8}{12} = \dfrac{8 \times 3}{12 \times 3} = \dfrac{24}{36}$

$\dfrac{5}{6} = \dfrac{5 \times 6}{6 \times 6} = \dfrac{30}{36}$

$\dfrac{7}{9} = \dfrac{7 \times 4}{9 \times 4} = \dfrac{28}{36}$

따라서 $\dfrac{30}{36} > \dfrac{28}{36} > \dfrac{24}{36}$이므로 $\dfrac{5}{6} > \dfrac{7}{9} > \dfrac{8}{12}$입니다.

10 $\dfrac{4}{13} = \dfrac{4 \times 2}{13 \times 2} = \dfrac{8}{26}$

$= \dfrac{4 \times 3}{13 \times 3} = \dfrac{12}{39}$

$= \dfrac{4 \times 4}{13 \times 4} = \dfrac{16}{52}$

$= \dfrac{4 \times 5}{13 \times 5} = \dfrac{20}{65}$

$= \dfrac{4 \times 6}{13 \times 6} = \dfrac{24}{78}$

$= \dfrac{4 \times 7}{13 \times 7} = \dfrac{28}{91}$

$= \dfrac{4 \times 8}{13 \times 8} = \dfrac{32}{104}$

따라서 약분하여 $\dfrac{4}{13}$가 되는 분수 중에서 분모가 가장 큰 두 자리 수 분수는 $\dfrac{28}{91}$입니다.

11 • 분모와 분자의 합이 16입니다.
• 진분수이면서 기약분수입니다.

$\dfrac{1}{15}, \dfrac{2}{14}, \dfrac{3}{13}, \dfrac{4}{12}, \dfrac{5}{11}, \dfrac{6}{10}, \dfrac{7}{9}$ 중에서 기약분수 는 $\dfrac{1}{15}, \dfrac{3}{13}, \dfrac{5}{11}, \dfrac{7}{9}$입니다.

12 $\left(\dfrac{5}{12}, \dfrac{7}{15} \right) \Rightarrow \left(\dfrac{5 \times 5}{12 \times 5}, \dfrac{7 \times 4}{15 \times 4} \right) \Rightarrow \left(\dfrac{25}{60}, \dfrac{28}{60} \right)$

따라서 $\dfrac{5}{12}$와 $\dfrac{7}{15}$ 사이의 수 중에서 분모가 60인 분수는 $\dfrac{26}{60}, \dfrac{27}{60}$입니다.

이 두 수를 기약분수로 나타내면
$\dfrac{13}{30}, \dfrac{9}{20}$
입니다.

13 자연수가 1로 같으므로 진분수의 크기만 비교하면 됩니다.

$$\begin{array}{r|cc} 3) & 6 & 9 \\ \hline & 2 & 3 \end{array}$$

6과 9의 최소공배수는 $3 \times 2 \times 3 = 18$입니다.

$\dfrac{1}{6} = \dfrac{1 \times 3}{6 \times 3} = \dfrac{3}{18}, \dfrac{2}{9} = \dfrac{2 \times 2}{9 \times 2} = \dfrac{4}{18}$

$\dfrac{3}{18} < \dfrac{4}{18}$이므로 $\dfrac{1}{6} < \dfrac{2}{9}$입니다.

따라서 $1\dfrac{1}{6} < 1\dfrac{2}{9}$입니다.

14

$\dfrac{1}{2} + \dfrac{2}{3} = \dfrac{1 \times 3}{2 \times 3} + \dfrac{2 \times 2}{3 \times 2}$

$= \dfrac{3}{6} + \dfrac{4}{6} = \dfrac{7}{6}$

$$= 1\frac{1}{6}$$

15 (1) $\dfrac{5}{6}+\dfrac{7}{8}=\dfrac{5\times 4}{6\times 4}+\dfrac{7\times 3}{8\times 3}$

$$=\dfrac{20}{24}+\dfrac{21}{24}$$

$$=\dfrac{41}{24}=1\dfrac{17}{24}$$

(2) $\dfrac{3}{10}+\dfrac{7}{15}=\dfrac{3\times 3}{10\times 3}+\dfrac{7\times 2}{15\times 2}$

$$=\dfrac{9}{30}+\dfrac{14}{30}=\dfrac{23}{30}$$

16 $\dfrac{1}{3}+\dfrac{3}{5}=\dfrac{1\times 10}{3\times 10}+\dfrac{3\times 6}{5\times 6}$

$$=\dfrac{10}{30}+\dfrac{18}{30}=\dfrac{28}{30}$$

$\dfrac{7}{10}+\dfrac{2}{15}=\dfrac{7\times 3}{10\times 3}+\dfrac{2\times 2}{15\times 2}$

$$=\dfrac{21}{30}+\dfrac{4}{30}=\dfrac{25}{30}$$

따라서 $\dfrac{1}{3}+\dfrac{3}{5}>\dfrac{7}{10}+\dfrac{2}{15}$ 입니다.

| 다른 풀이 |

3과 5의 최소공배수는 15입니다.

10과 15의 최소공배수는 30입니다.

15와 30의 최소공배수는 30이므로

모든 분수를 분모가 30이 되도록 통분합니다.

$\dfrac{1}{3}=\dfrac{1\times 10}{3\times 10}=\dfrac{10}{30},\ \dfrac{3}{5}=\dfrac{3\times 6}{5\times 6}=\dfrac{18}{30},$

$\dfrac{7}{10}=\dfrac{7\times 3}{10\times 3}=\dfrac{21}{30},\ \dfrac{2}{15}=\dfrac{2\times 2}{15\times 2}=\dfrac{4}{30}$

$\dfrac{1}{3}+\dfrac{3}{5}=\dfrac{10}{30}+\dfrac{18}{30}=\dfrac{28}{30}$

$\dfrac{7}{10}+\dfrac{2}{15}=\dfrac{21}{30}+\dfrac{4}{30}=\dfrac{25}{30}$

따라서 $\dfrac{28}{30}>\dfrac{25}{30}$ 이므로 $\dfrac{1}{3}+\dfrac{3}{5}>\dfrac{7}{10}+\dfrac{2}{15}$ 입니다.

17 가장 큰 수는 $3\dfrac{1}{6}$ 이고 가장 작은 수는 $1\dfrac{5}{8}$ 입니다.

따라서 가장 큰 수와 가장 작은 수의 합은

$3\dfrac{1}{6}+1\dfrac{5}{8}=(3+1)+\left(\dfrac{1}{6}+\dfrac{5}{8}\right)$

$$=4+\left(\dfrac{1\times 4}{6\times 4}+\dfrac{5\times 3}{8\times 3}\right)$$

$$=4+\left(\dfrac{4}{24}+\dfrac{15}{24}\right)$$

$$=4+\dfrac{19}{24}$$

$$=4\dfrac{19}{24}$$

18 (1) $3\dfrac{1}{3}+2\dfrac{1}{6}+1\dfrac{1}{9}$

$$=(3+2+1)+\left(\dfrac{1}{3}+\dfrac{1}{6}+\dfrac{1}{9}\right)$$

$$=6+\left(\dfrac{1\times 6}{3\times 6}+\dfrac{1\times 3}{6\times 3}+\dfrac{1\times 2}{9\times 2}\right)$$

$$=6+\left(\dfrac{6}{18}+\dfrac{3}{18}+\dfrac{2}{18}\right)$$

$$=6+\dfrac{11}{18}=6\dfrac{11}{18}$$

(2) $\dfrac{11}{4}+\dfrac{13}{6}+\dfrac{15}{8}$

$$=2\dfrac{3}{4}+2\dfrac{1}{6}+1\dfrac{7}{8}$$

$$=(2+2+1)+\left(\dfrac{3}{4}+\dfrac{1}{6}+\dfrac{7}{8}\right)$$

$$=5+\left(\dfrac{3\times 6}{4\times 6}+\dfrac{1\times 4}{6\times 4}+\dfrac{7\times 3}{8\times 3}\right)$$

$$=5+\left(\dfrac{18}{24}+\dfrac{4}{24}+\dfrac{21}{24}\right)$$

$$=5+\dfrac{43}{24}=5+1\dfrac{19}{24}$$

$$=6\dfrac{19}{24}$$

| 참고 |

(1) 3과 6의 최소공배수는 6입니다.

이 최소공배수 6과 9의 최소공배수는 18입니다.

(2) 4와 6의 최소공배수는 12입니다.

이 최소공배수 12와 8의 최소공배수는 24입니다.

19 $\dfrac{2}{3}-\dfrac{1}{4}=\dfrac{2\times 4}{3\times 4}-\dfrac{1\times 3}{4\times 3}$

$$=\dfrac{8}{12}-\dfrac{3}{12}=\dfrac{5}{12}$$

$\dfrac{3}{4}-\dfrac{1}{6}=\dfrac{3\times 3}{4\times 3}-\dfrac{1\times 2}{6\times 2}$

$$=\dfrac{9}{12}-\dfrac{2}{12}=\dfrac{7}{12}$$

따라서 $\dfrac{5}{12}<\dfrac{7}{12}$ 이므로 $\dfrac{2}{3}-\dfrac{1}{4}<\dfrac{3}{4}-\dfrac{1}{6}$ 입니다.

20 $3\dfrac{5}{6}-2\dfrac{1}{12}=(3-2)+\left(\dfrac{5}{6}-\dfrac{1}{12}\right)$

$$=1+\left(\frac{5\times2}{6\times2}-\frac{1}{12}\right)$$

$$=1+\left(\frac{10}{12}-\frac{1}{12}\right)$$

$$=1+\frac{\overset{3}{\cancel{9}}}{\underset{4}{\cancel{12}}}=1+\frac{3}{4}$$

$$=1\frac{3}{4}$$

$\dfrac{2}{3}=\dfrac{2\times4}{3\times4}=\dfrac{8}{12}$, $\dfrac{3}{4}=\dfrac{3\times3}{4\times3}=\dfrac{9}{12}$이고

$\dfrac{8}{12}<\dfrac{9}{12}$이므로 $\dfrac{2}{3}<\dfrac{3}{4}$입니다.

$$3\frac{2}{3}-1\frac{3}{4}=\left(2+1\frac{2}{3}\right)-1\frac{3}{4}$$

$$=2\frac{5}{3}-1\frac{3}{4}$$

$$=(2-1)+\left(\frac{5}{3}-\frac{3}{4}\right)$$

$$=1+\left(\frac{5\times4}{3\times4}-\frac{3\times3}{4\times3}\right)$$

$$=1+\left(\frac{20}{12}-\frac{9}{12}\right)$$

$$=1+\frac{11}{12}=1\frac{11}{12}$$

$\dfrac{1}{3}=\dfrac{1\times4}{3\times4}=\dfrac{4}{12}$이고

$\dfrac{4}{12}<\dfrac{5}{12}$이므로 $\dfrac{1}{3}<\dfrac{5}{12}$입니다.

$$4\frac{1}{3}-1\frac{5}{12}=\left(3+1\frac{1}{3}\right)-1\frac{5}{12}$$

$$=3\frac{4}{3}-1\frac{5}{12}$$

$$=(3-1)+\left(\frac{4}{3}-\frac{5}{12}\right)$$

$$=2+\left(\frac{4\times4}{3\times4}-\frac{5}{12}\right)$$

$$=2+\left(\frac{16}{12}-\frac{5}{12}\right)$$

$$=2+\frac{11}{12}=2\frac{11}{12}$$

따라서 크기가 같은 분수끼리 선을 그어 연결하면 다음과 같습니다.

$3\frac{5}{6}-2\frac{1}{12}$	$2\frac{11}{12}$
$3\frac{2}{3}-1\frac{3}{4}$	$1\frac{11}{12}$
$4\frac{1}{3}-1\frac{5}{12}$	$1\frac{3}{4}$

21 $\bigcirc+4\frac{1}{2}=7\frac{1}{3}$에서 $\bigcirc=7\frac{1}{3}-4\frac{1}{2}$입니다.

이때 $\dfrac{1}{3}<\dfrac{1}{2}$입니다.

$$\bigcirc=7\frac{1}{3}-4\frac{1}{2}$$

$$=\left(6+1\frac{1}{3}\right)-4\frac{1}{2}$$

$$=6\frac{4}{3}-4\frac{1}{2}=(6-4)+\left(\frac{4}{3}-\frac{1}{2}\right)$$

$$=2+\left(\frac{4\times2}{3\times2}-\frac{1\times3}{2\times3}\right)$$

$$=2+\left(\frac{8}{6}-\frac{3}{6}\right)$$

$$=2+\frac{5}{6}=2\frac{5}{6}$$

22 어떤 수를 □라고 생각합니다.

어떤 수에 $2\frac{3}{8}$을 더해야 할 것을 잘못하여 뺐더니

$1\frac{19}{24}$가 되었으므로 $□-2\frac{3}{8}=1\frac{19}{24}$입니다.

$$□=1\frac{19}{24}+2\frac{3}{8}$$

$$=(1+2)+\left(\frac{19}{24}+\frac{3}{8}\right)$$

$$=3+\left(\frac{19}{24}+\frac{3\times3}{8\times3}\right)$$

$$=3+\left(\frac{19}{24}+\frac{9}{24}\right)$$

$$=3+\frac{28}{24}=3+1\frac{4}{24}$$

$$=4\frac{\overset{1}{\cancel{4}}}{\underset{6}{\cancel{24}}}=4\frac{1}{6}$$

따라서 바르게 계산하면 $4\frac{1}{6}+2\frac{3}{8}$입니다.

$$4\frac{1}{6}+2\frac{3}{8}=(4+2)+\left(\frac{1}{6}+\frac{3}{8}\right)$$

$$=6+\left(\frac{1\times4}{6\times4}+\frac{3\times3}{8\times3}\right)$$

$$=6+\left(\frac{4}{24}+\frac{9}{24}\right)$$

$$=6+\frac{13}{24}$$

$$=6\frac{13}{24}$$

23 (1) 8과 4의 최소공배수는 8입니다.

이 최소공배수 8과 12의 최소공배수는 24입니다.

따라서 최소공배수 24를 공통분모로 하여 통

분한 다음 계산합니다.

$$\frac{7}{8}-\frac{3}{4}+\frac{11}{12}$$

$$=\frac{7\times3}{8\times3}-\frac{3\times6}{4\times6}+\frac{11\times2}{12\times2}$$

$$=\frac{21}{24}-\frac{18}{24}+\frac{22}{24}$$

$$=\frac{3}{24}+\frac{22}{24}$$

$$=\frac{25}{24}=1\frac{1}{24}$$

(2) $2\frac{1}{6}+3\frac{1}{4}-1\frac{2}{3}$

$$=(2+3-1)+\left(\frac{1}{6}+\frac{1}{4}-\frac{2}{3}\right)$$

이때 6과 4의 최소공배수는 12입니다.

이 최소공배수 12와 3의 최소공배수는 12입니다.

따라서 최소공배수 12를 공통분모로 하여 통분한 다음 계산합니다.

$$=4+\left(\frac{1\times2}{6\times2}+\frac{1\times3}{4\times3}-\frac{2\times4}{3\times4}\right)$$

$$=4+\left(\frac{2}{12}+\frac{3}{12}-\frac{8}{12}\right)$$

$$=4+\left(\frac{5}{12}-\frac{8}{12}\right)$$

이때 $\frac{5}{12}<\frac{8}{12}$이므로

$4+\frac{5}{12}=3+1\frac{5}{12}$로 바꾸어 계산합니다.

$$=3+1\frac{5}{12}-\frac{8}{12}$$

$$=3+\left(\frac{17}{12}-\frac{8}{12}\right)$$

$$=3+\frac{9}{12}=3\frac{9}{12}=3\frac{3}{4}$$

| 다른 풀이 |

(1) $\frac{7}{8}-\frac{3}{4}+\frac{11}{12}$

$$=\frac{7}{8}-\frac{3\times2}{4\times2}+\frac{11}{12}$$

$$=\frac{7}{8}-\frac{6}{8}+\frac{11}{12}$$

$$=\frac{1}{8}+\frac{11}{12}$$

$$=\frac{1\times3}{8\times3}+\frac{11\times2}{12\times2}$$

$$=\frac{3}{24}+\frac{22}{24}=\frac{25}{24}$$

$$=1\frac{1}{24}$$

(2) $2\frac{1}{6}+3\frac{1}{4}$

$$=(2+3)+\left(\frac{1}{6}+\frac{1}{4}\right)$$

$$=5+\left(\frac{1\times2}{6\times2}+\frac{1\times3}{4\times3}\right)$$

$$=5+\left(\frac{2}{12}+\frac{3}{12}\right)=5\frac{5}{12}$$

$$5\frac{5}{12}-1\frac{2}{3}=(5-1)+\left(\frac{5}{12}-\frac{2}{3}\right)$$

$$=4+\left(\frac{5}{12}-\frac{2\times4}{3\times4}\right)$$

$$=4+\left(\frac{5}{12}-\frac{8}{12}\right)$$

이때 $\frac{5}{12}<\frac{8}{12}$이므로 $4\frac{5}{12}$를 $3+1\frac{5}{12}$로 바꾸어

계산합니다.

$$3+1\frac{5}{12}-\frac{8}{12}$$

$$=3+\left(\frac{17}{12}-\frac{8}{12}\right)$$

$$=3+\frac{9}{12}=3\frac{9}{12}$$

$$=3\frac{3}{4}$$

24 ⓛ$+2\frac{5}{9}=5\frac{13}{27}$이므로 ⓛ$=5\frac{13}{27}-2\frac{5}{9}$입니다.

$\frac{5}{9}=\frac{5\times3}{9\times3}=\frac{15}{27}$이므로 $\frac{13}{27}<\frac{5}{9}$입니다.

$$ⓛ=5\frac{13}{27}-2\frac{5}{9}$$

$$=\left(4+1\frac{13}{27}\right)-2\frac{5}{9}$$

$$=4\frac{40}{27}-2\frac{5}{9}$$

$$=(4-2)+\left(\frac{40}{27}-\frac{5}{9}\right)$$

$$=2+\left(\frac{40}{27}-\frac{5\times3}{9\times3}\right)$$

$$=2+\left(\frac{40}{27}-\frac{15}{27}\right)$$

$$=2+\frac{25}{27}=2\frac{25}{27}$$

ⓗ$-1\frac{1}{3}=2\frac{25}{27}$이므로

$$ⓗ=2\frac{25}{27}+1\frac{1}{3}$$

$$=(2+1)+\left(\frac{25}{27}+\frac{1}{3}\right)$$

$$=3+\left(\frac{25}{27}+\frac{1\times9}{3\times9}\right)$$

$$=3+\left(\frac{25}{27}+\frac{9}{27}\right)$$

$$=3+\frac{34}{27}=3+1\frac{7}{27}$$

$$=4\frac{7}{27}$$

$$=0+\frac{47}{54}=\frac{47}{54}$$

따라서 ㈎의 방법으로 간 거리가 ㈏의 방법으로 간 거리보다 $\frac{47}{54}$ km 더 멉니다.

25 16의 배수이면서 24의 배수이므로 16과 24의 공배수입니다.

$$\begin{array}{r|rr} 2) & 16 & 24 \\ 2) & 8 & 12 \\ 2) & 4 & 6 \\ \hline & 2 & 3 \end{array}$$

16과 24의 최소공배수는
$2\times2\times2\times2\times3=48$이므로 16과 24의 공배수는 48, 96, 144, 192, 240, …입니다.
따라서 조건을 모두 만족하는 수는 **192**입니다.

26 ㈎ 집에서 놀이터를 지나 체육관으로 가는 거리는 $3\frac{7}{9}+2\frac{5}{6}$(km)입니다.

$$3\frac{7}{9}+2\frac{5}{6}=(3+2)+\left(\frac{7}{9}+\frac{5}{6}\right)$$
$$=5+\left(\frac{7\times2}{9\times2}+\frac{5\times3}{6\times3}\right)$$
$$=5+\left(\frac{14}{18}+\frac{15}{18}\right)$$
$$=5+\frac{29}{18}=5+1\frac{11}{18}$$
$$=6\frac{11}{18}$$

㈏ 집에서 곧바로 체육관으로 가는 거리는 $5\frac{20}{27}$(km)입니다.

$$\begin{array}{r|rr} 3) & 18 & 27 \\ 3) & 6 & 9 \\ \hline & 2 & 3 \end{array}$$

18과 27의 최소공배수는 $3\times3\times2\times3=54$입니다.

$\frac{11}{18}=\frac{11\times3}{18\times3}=\frac{33}{54}$, $\frac{20}{27}=\frac{20\times2}{27\times2}=\frac{40}{54}$

이므로 $\frac{11}{18}<\frac{20}{27}$입니다.

$$6\frac{11}{18}-5\frac{20}{27}=6\frac{33}{54}-5\frac{40}{54}$$
$$=\left(5+1\frac{33}{54}\right)-5\frac{40}{54}$$
$$=5\frac{87}{54}-5\frac{40}{54}$$
$$=(5-5)+\left(\frac{87}{54}-\frac{40}{54}\right)$$

27 오른쪽 추의 무게를 □kg이라 하면
$$7\frac{3}{5}+4\frac{3}{4}=6\frac{8}{15}+\square$$
이므로 $\square=7\frac{3}{5}+4\frac{3}{4}-6\frac{8}{15}$입니다.
5와 4의 최소공배수는 20입니다.
이 최소공배수 20과 15의 최소공배수는 60입니다.
따라서 최소공배수 60을 공통분모로 하여 통분한 다음 계산합니다.
$$\square=7\frac{3}{5}+4\frac{3}{4}-6\frac{8}{15}$$
$$=(7+4-6)+\left(\frac{3}{5}+\frac{3}{4}-\frac{8}{15}\right)$$
$$=5+\left(\frac{3\times12}{5\times12}+\frac{3\times15}{4\times15}-\frac{8\times4}{15\times4}\right)$$
$$=5+\left(\frac{36}{60}+\frac{45}{60}-\frac{32}{60}\right)$$
$$=5+\frac{49}{60}=5\frac{49}{60}$$

따라서 가장 오른쪽 추의 무게는 $5\frac{49}{60}$ kg입니다.

진분수와 자연수의 곱셈

 바로! 확인문제 본문 p. 105

1 (1) $1 \times 3 = 1+1+1$

(2) $5 \times 4 = 5+5+5+5$

(3) $7 \times 5 = 7+7+7+7+7$

2 (1) $\dfrac{1}{3} \times 2 = \dfrac{1}{3} + \dfrac{1}{3}$

(2) $\dfrac{3}{4} \times 4 = \dfrac{3}{4} + \dfrac{3}{4} + \dfrac{3}{4} + \dfrac{3}{4}$

(3) $\dfrac{5}{7} \times 5 = \dfrac{5+5+5+5+5}{7}$

3 (1) $\dfrac{2}{3} \times 3 = \dfrac{2}{3} + \dfrac{2}{3} + \dfrac{2}{3} = \dfrac{6}{3} = 2$

(2) $\dfrac{3}{4} \times 2 = \dfrac{3}{4} + \dfrac{3}{4} = \dfrac{3 \times 2}{4} = \dfrac{6}{4} = 1\dfrac{2}{4} = 1\dfrac{1}{2}$

4 $\dfrac{2}{3} \times 5$와 계산 결과가 같은 식은 $\dfrac{2 \times 5}{3}$ 입니다.

 기본문제 배운 개념 적용하기 본문 p. 106

1 (1) 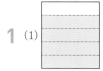 $\dfrac{1}{5} \times 4 = \dfrac{4}{5}$

(2) $\dfrac{1}{4} \times 3 = \dfrac{3}{4}$

2 $\dfrac{3}{4} \times 3 = \dfrac{3}{4} + \dfrac{3}{4} + \dfrac{3}{4} = \dfrac{3 \times 3}{4} = \dfrac{9}{4} = 2\dfrac{1}{4}$

3 $\dfrac{5}{6} \times 2 = \dfrac{5 \times 2}{6} = \dfrac{10}{6} = 1\dfrac{4}{6} = 1\dfrac{2}{3}$

4 (1) $\dfrac{2}{5} \times 3 = \dfrac{2}{5} + \dfrac{2}{5} + \dfrac{2}{5}$

(2) $\dfrac{5}{7} \times 2 = \dfrac{5+5}{7}$

(3) $\dfrac{7}{9} \times 5 = \dfrac{7 \times 5}{7}$

5 (1) $\dfrac{2}{7} \times 3 = \dfrac{2 \times 3}{7} = \dfrac{6}{7}$

(2) $\dfrac{2}{9} \times 5 = \dfrac{2 \times 5}{9} = \dfrac{10}{9} = 1\dfrac{1}{9}$

(3) $\dfrac{7}{10} \times 2 = \dfrac{7 \times 2}{10} = \dfrac{14}{10} = \dfrac{7}{5} = 1\dfrac{2}{5}$

6 (1) $\dfrac{3}{8} \times 4 = \dfrac{3 \times 4}{8} = \dfrac{3 \times 1}{2} = \dfrac{3}{2} = 1\dfrac{1}{2}$

(2) $\dfrac{3}{8} \times 4 = \dfrac{3 \times 1}{2} = \dfrac{3}{2} = 1\dfrac{1}{2}$

7 (1) $\dfrac{5}{12} \times 8 = \dfrac{5 \times 8}{12} = \dfrac{40}{12} = \dfrac{10}{3} = 3\dfrac{1}{3}$

(2) $\dfrac{5}{12} \times 8 = \dfrac{5 \times 8}{12} = \dfrac{5 \times 2}{3} = \dfrac{10}{3} = 3\dfrac{1}{3}$

(3) $\dfrac{5}{12} \times 8 = \dfrac{5 \times 2}{3} = \dfrac{10}{3} = 3\dfrac{1}{3}$

 발전문제 배운 개념 응용하기 본문 p. 108

1 $\dfrac{2}{3} \times 4 = \dfrac{8}{3}$

2 $\dfrac{3}{4} \times 2 = \dfrac{3 \times 2}{4} = \dfrac{6}{4} = \dfrac{3}{2} = 1\dfrac{1}{2}$

3 (1) $\dfrac{1}{5}\times3=\dfrac{1}{5}+\dfrac{1}{5}+\dfrac{1}{5}=\dfrac{1\times3}{5}=\dfrac{3}{5}$

(2) $\dfrac{2}{7}\times5=\dfrac{2}{7}+\dfrac{2}{7}+\dfrac{2}{7}+\dfrac{2}{7}+\dfrac{2}{7}$

$\qquad=\dfrac{2\times5}{7}=\dfrac{10}{7}=1\dfrac{3}{7}$

4 (1) $\dfrac{3}{4}\times2=\dfrac{3\times2}{4}=\dfrac{\overset{3}{\cancel{6}}}{\underset{2}{\cancel{4}}}=\dfrac{3}{2}=1\dfrac{1}{2}$

(2) $\dfrac{2}{9}\times6=\dfrac{2\times6}{9}=\dfrac{\overset{4}{\cancel{12}}}{\underset{3}{\cancel{9}}}=\dfrac{4}{3}=1\dfrac{1}{3}$

(3) $\dfrac{3}{10}\times15=\dfrac{3\times15}{10}=\dfrac{\overset{9}{\cancel{45}}}{\underset{2}{\cancel{10}}}=\dfrac{9}{2}=4\dfrac{1}{2}$

5 (1) $\dfrac{4}{15}\times5=\dfrac{4\times\overset{1}{\cancel{5}}}{\underset{3}{\cancel{15}}}=\dfrac{4\times1}{3}=\dfrac{4}{3}=1\dfrac{1}{3}$

(2) $\dfrac{4}{15}\times10=\dfrac{4\times\overset{2}{\cancel{10}}}{\underset{3}{\cancel{15}}}=\dfrac{4\times2}{3}=\dfrac{8}{3}=2\dfrac{2}{3}$

(3) $\dfrac{4}{15}\times30=\dfrac{4\times\overset{2}{\cancel{30}}}{\underset{1}{\cancel{15}}}=\dfrac{4\times2}{1}=8$

6 (1) $\dfrac{5}{\underset{3}{\cancel{12}}}\times\overset{1}{\cancel{4}}=\dfrac{5\times1}{3}=\dfrac{5}{3}=1\dfrac{2}{3}$

(2) $\dfrac{5}{\underset{6}{\cancel{12}}}\times\overset{5}{\cancel{10}}=\dfrac{5\times5}{6}=\dfrac{25}{6}=4\dfrac{1}{6}$

(3) $\dfrac{5}{\underset{1}{\cancel{12}}}\times\overset{2}{\cancel{24}}=\dfrac{5\times2}{1}=10$

7 (1) $\dfrac{2}{3}\times7=\dfrac{2\times7}{3}=\dfrac{14}{3}=4\dfrac{2}{3}$

(2) $\dfrac{2}{5}\times3=\dfrac{2\times3}{5}=\dfrac{6}{5}=1\dfrac{1}{5}$

(3) $\dfrac{2}{5}\times15=\dfrac{2\times\overset{3}{\cancel{15}}}{\underset{1}{\cancel{5}}}=\dfrac{2\times3}{1}=6$

(4) $\dfrac{2}{7}\times21=\dfrac{2\times\overset{3}{\cancel{21}}}{\underset{1}{\cancel{7}}}=\dfrac{2\times3}{1}=6$

| 다른 풀이 |

(3) $\dfrac{2}{\underset{1}{\cancel{5}}}\times\overset{3}{\cancel{15}}=\dfrac{2\times3}{1}=6$

(4) $\dfrac{2}{\underset{1}{\cancel{7}}}\times\overset{3}{\cancel{21}}=\dfrac{2\times3}{1}=6$

8 (1) $\dfrac{3}{8}\times4=\dfrac{3\times\overset{1}{\cancel{4}}}{\underset{2}{\cancel{8}}}=\dfrac{3\times1}{2}=\dfrac{3}{2}=1\dfrac{1}{2}$

(2) $\dfrac{7}{12}\times9=\dfrac{7\times\overset{3}{\cancel{9}}}{\underset{4}{\cancel{12}}}=\dfrac{7\times3}{4}=\dfrac{21}{4}=5\dfrac{1}{4}$

(3) $\dfrac{5}{12}\times18=\dfrac{5\times\overset{3}{\cancel{18}}}{\underset{2}{\cancel{12}}}=\dfrac{5\times3}{2}=\dfrac{15}{2}=7\dfrac{1}{2}$

(4) $\dfrac{3}{18}\times21=\dfrac{3\times\overset{7}{\cancel{21}}}{\underset{6}{\cancel{18}}}=\dfrac{3\times7}{6}=\dfrac{21}{6}=3\dfrac{\overset{1}{\cancel{3}}}{\underset{2}{\cancel{6}}}=3\dfrac{1}{2}$

| 다른 풀이 |

(1) $\dfrac{3}{\underset{2}{\cancel{8}}}\times\overset{1}{\cancel{4}}=\dfrac{3\times1}{2}=\dfrac{3}{2}=1\dfrac{1}{2}$

(2) $\dfrac{7}{\underset{4}{\cancel{12}}}\times\overset{3}{\cancel{9}}=\dfrac{7\times3}{4}=\dfrac{21}{4}=5\dfrac{1}{4}$

(3) $\dfrac{5}{\underset{2}{\cancel{12}}}\times\overset{3}{\cancel{18}}=\dfrac{5\times3}{2}=\dfrac{15}{2}=7\dfrac{1}{2}$

(4) $\dfrac{3}{\underset{6}{\cancel{18}}}\times\overset{7}{\cancel{21}}=\dfrac{3\times7}{6}=\dfrac{21}{6}=3\dfrac{\overset{1}{\cancel{3}}}{\underset{2}{\cancel{6}}}=3\dfrac{1}{2}$

9 $\dfrac{7}{9}\times6=\dfrac{7\times\overset{2}{\cancel{6}}}{\underset{3}{\cancel{9}}}=\dfrac{7\times2}{3}=\dfrac{14}{3}=4\dfrac{2}{3}$

$\dfrac{7}{12}\times8=\dfrac{7\times\overset{2}{\cancel{8}}}{\underset{3}{\cancel{12}}}=\dfrac{7\times2}{3}=\dfrac{14}{3}=4\dfrac{2}{3}$

따라서 $\dfrac{7}{9}\times6=\dfrac{7}{12}\times8$입니다.

| 다른 풀이 |

$\dfrac{7}{\underset{3}{\cancel{9}}}\times\overset{2}{\cancel{6}}=\dfrac{7\times2}{3}=\dfrac{14}{3}=4\dfrac{2}{3}$

$\dfrac{7}{\underset{3}{\cancel{12}}}\times\overset{2}{\cancel{8}}=\dfrac{7\times2}{3}=\dfrac{14}{3}=4\dfrac{2}{3}$

10 ㉠ $\dfrac{3}{4}\times5=\dfrac{3\times5}{4}=\dfrac{15}{4}=3\dfrac{3}{4}$

㉡ $\dfrac{5}{8}\times6=\dfrac{5\times\overset{3}{\cancel{6}}}{\underset{4}{\cancel{8}}}=\dfrac{5\times3}{4}=\dfrac{15}{4}=3\dfrac{3}{4}$

㉢ $\dfrac{5}{12}\times9=\dfrac{5\times\overset{3}{\cancel{9}}}{\underset{4}{\cancel{12}}}=\dfrac{5\times3}{4}=\dfrac{15}{4}=3\dfrac{3}{4}$

㉣ $\dfrac{7}{9}\times6=\dfrac{7\times\overset{2}{\cancel{6}}}{\underset{3}{\cancel{9}}}=\dfrac{7\times2}{3}=\dfrac{14}{3}=4\dfrac{2}{3}$

따라서 계산 결과가 나머지와 다른 하나는 ㉣입니다.

11

$$\frac{5}{24} \times 1 = \frac{5 \times 1}{24} = \frac{5}{24}$$

$$\frac{5}{\overset{}{\underset{12}{24}}} \times \overset{1}{2} = \frac{5 \times 1}{12} = \frac{5}{12}$$

$$\frac{5}{\overset{}{\underset{8}{24}}} \times \overset{1}{3} = \frac{5 \times 1}{8} = \frac{5}{8}$$

$$\frac{5}{\overset{}{\underset{6}{24}}} \times \overset{1}{4} = \frac{5 \times 1}{6} = \frac{5}{6}$$

$$\frac{5}{24} \times 5 = \frac{5 \times 5}{24} = \frac{25}{24}$$

따라서 □ 안에 들어갈 수 있는 자연수는 **1**, **2**, **3**, **4**입니다.

12

$$\frac{1}{\underset{1}{6}} \times \overset{12}{72} = 1 \times 12 = 12$$

따라서 상현이가 달에게 몸무게를 재었다면 **12** kg입니다.

13

$$\frac{7}{\underset{3}{24}} \times \overset{2}{16} = \frac{7 \times 2}{3} = \frac{14}{3} = 4\frac{2}{3}$$

따라서 $\frac{7}{24} \times 16 >$ □를 만족하는 자연수는 4, 3, 2, 1로 모두 **4**개입니다.

14

$$\frac{5}{\underset{2}{8}} \times \overset{1}{4} = \frac{5 \times 1}{2} = \frac{5}{2} = 2\frac{1}{2}$$

$$\frac{4}{\underset{3}{9}} \times \overset{1}{3} = \frac{4 \times 1}{3} = \frac{4}{3} = 1\frac{1}{3}$$

$$2\frac{1}{2} - 1\frac{1}{3} = (2-1) + \left(\frac{1}{2} - \frac{1}{3}\right)$$
$$= 1 + \left(\frac{1 \times 3}{2 \times 3} - \frac{1 \times 2}{3 \times 2}\right)$$
$$= 1 + \left(\frac{3}{6} - \frac{2}{6}\right)$$
$$= 1\frac{1}{6}$$

따라서 **정사각형**을 만드는데 $1\frac{1}{6}$ m의 끈이 더 많이 필요합니다.

15

$$\frac{3}{\underset{1}{5}} \times \overset{80}{400} = 3 \times 80 = 240$$

따라서 현재 240 km까지 걸어갔으므로 앞으로 남은 거리는 $400 - 240 = $ **160**(km)입니다.

대분수와 자연수의 곱셈

바로! 확인문제

본문 p. 113

1 (1) $\dfrac{1}{2} \times 3 = \dfrac{1 \times 3}{2} = \dfrac{3}{2}$

(2) $\dfrac{2}{3} \times 4 = \dfrac{2 \times 4}{3} = \dfrac{8}{3}$

(3) $\dfrac{5}{6} \times 3 = \dfrac{5 \times \overset{1}{3}}{\underset{2}{6}} = \dfrac{5 \times 1}{2} = \dfrac{5}{2} = 2\dfrac{1}{2}$

(4) $\dfrac{3}{\underset{2}{8}} \times \overset{3}{12} = \dfrac{3 \times 3}{2} = \dfrac{9}{2} = 4\dfrac{1}{2}$

2 $1\dfrac{1}{4} \times 2 = \dfrac{5}{\underset{2}{4}} \times \overset{1}{2} = \dfrac{5 \times 1}{2} = \dfrac{5}{2}$

3 (1) $\left(1 + \dfrac{1}{3}\right) \times 2 = (1 \times 2) + \left(\dfrac{1}{3} \times 2\right)$

(2) $\left(4 + \dfrac{3}{5}\right) \times 2 = (4 \times 2) + \left(\dfrac{3}{5} \times 2\right)$

(3) $1\dfrac{2}{3} \times 2 = \dfrac{5}{3} \times 2$

(4) $2\dfrac{3}{5} \times 4 = \dfrac{13}{5} \times 4$

4 $1\dfrac{5}{9} \times 6 = (1 \times 6) + \left(\dfrac{5}{\underset{3}{9}} \times \overset{2}{6}\right)$

$\qquad = 6 + \left(\dfrac{5}{3} \times 2\right) = 6 + \dfrac{5 \times 2}{3}$

$\qquad = 6 + \dfrac{10}{3} = 6 + 3\dfrac{1}{3}$

$\qquad = 9\dfrac{1}{3}$

따라서 $1\dfrac{5}{9} \times 6$을 옳게 계산한 것은 두 번째 방법입니다.

$$1\dfrac{5}{9} \times 6 = (1 \times 6) + \left(\dfrac{5}{\underset{3}{9}} \times \overset{2}{6}\right) = 6 + \left(\dfrac{5}{3} \times 2\right) \quad (\ \bigcirc\ )$$

 본문 p. 114
기본문제 배운 개념 적용하기

1
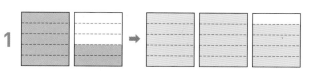

$1\dfrac{2}{5} \times 2 = \dfrac{7}{5} \times 2 = \dfrac{7}{5} + \dfrac{7}{5} = \dfrac{7+7}{5} = \dfrac{14}{5} = 2\dfrac{4}{5}$

| 다른 풀이 |

$1\dfrac{2}{5} \times 2 = \dfrac{7}{5} \times 2 = \dfrac{7 \times 2}{5} = \dfrac{14}{5} = 2\dfrac{4}{5}$

2 $1\dfrac{1}{3} \times 3 = \dfrac{4}{3} \times 3 = \dfrac{4 \times 3}{3} = \dfrac{\overset{4}{12}}{\underset{1}{3}} = 4$

3 (1) $2\dfrac{3}{4} \times 5 = \dfrac{11}{4} \times 5 = \dfrac{11 \times 5}{4}$

$\qquad = \dfrac{55}{4} = 13\dfrac{3}{4}$

(2) $3\dfrac{5}{6} \times 3 = \dfrac{23}{6} \times 3 = \dfrac{23 \times 3}{6}$

$\qquad = \dfrac{69}{6} = 11\dfrac{3}{\underset{2}{6}} = 11\dfrac{1}{2}$

(3) $1\dfrac{5}{8} \times 2 = \dfrac{13}{8} \times 2 = \dfrac{13 \times 2}{8}$

$\qquad = \dfrac{26}{8} = 3\dfrac{2}{\underset{4}{8}} = 3\dfrac{1}{4}$

4 (1) $1\dfrac{4}{9} \times 5$

$\qquad = \left(1 + \dfrac{4}{9}\right) \times 5$

$\qquad = (1 \times 5) + \left(\dfrac{4}{9} \times 5\right) = 5 + \dfrac{4 \times 5}{9}$

$\qquad = 5 + \dfrac{20}{9} = 5 + 2\dfrac{2}{9} = 7\dfrac{2}{9}$

(2) $2\dfrac{3}{10} \times 7$

$\qquad = \left(2 + \dfrac{3}{10}\right) \times 7$

$\qquad = (2 \times 7) + \left(\dfrac{3}{10} \times 7\right) = 14 + \dfrac{3 \times 7}{10}$

$\qquad = 14 + \dfrac{21}{10} = 14 + 2\dfrac{1}{10} = 16\dfrac{1}{10}$

5 (1) $2\dfrac{4}{9} \times 3 = \left(2 + \dfrac{4}{9}\right) \times 3$

$= (2 \times 3) + \left(\dfrac{4}{\underset{3}{9}} \times \overset{1}{3}\right)$

$= 6 + \dfrac{4 \times 1}{3} = 6 + \dfrac{4}{3}$

$= 6 + 1\dfrac{1}{3} = 7\dfrac{1}{3}$

(2) $2\dfrac{3}{10} \times 6 = \left(2 + \dfrac{3}{10}\right) \times 6$

$= (2 \times 6) + \left(\dfrac{3}{\underset{5}{10}} \times \overset{3}{6}\right)$

$= 12 + \dfrac{3 \times 3}{5} = 12 + \dfrac{9}{5}$

$= 12 + 1\dfrac{4}{5} = 13\dfrac{4}{5}$

6 (1) $2\dfrac{1}{4} \times 3 = \left(2 + \dfrac{1}{4}\right) \times 3$

$= (2 \times 3) + \left(\dfrac{1}{4} \times 3\right) = 6 + \dfrac{1 \times 3}{4}$

$= 6 + \dfrac{3}{4} = 6\dfrac{3}{4}$

(2) $3\dfrac{2}{7} \times 4 = \left(3 + \dfrac{2}{7}\right) \times 4$

$= (3 \times 4) + \left(\dfrac{2}{7} \times 4\right) = 12 + \dfrac{2 \times 4}{7}$

$= 12 + \dfrac{8}{7} = 12 + 1\dfrac{1}{7}$

$= 13\dfrac{1}{7}$

(3) $4\dfrac{5}{6} \times 8 = \left(4 + \dfrac{5}{6}\right) \times 8$

$= (4 \times 8) + \left(\dfrac{5}{\underset{3}{6}} \times \overset{4}{8}\right)$

$= 32 + \dfrac{5 \times 4}{3} = 32 + \dfrac{20}{3}$

$= 32 + 6\dfrac{2}{3} = 38\dfrac{2}{3}$

(4) $5\dfrac{4}{9} \times 6 = \left(5 + \dfrac{4}{9}\right) \times 6$

$= (5 \times 6) + \left(\dfrac{4}{\underset{3}{9}} \times \overset{2}{6}\right)$

$= 30 + \dfrac{4 \times 2}{3} = 30 + \dfrac{8}{3}$

$= 30 + 2\dfrac{2}{3} = 32\dfrac{2}{3}$

발전문제 배운 개념 응용하기

1
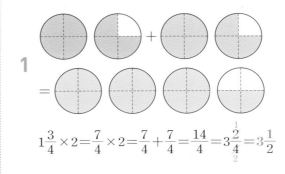

$1\dfrac{3}{4} \times 2 = \dfrac{7}{4} \times 2 = \dfrac{7}{4} + \dfrac{7}{4} = \dfrac{14}{4} = 3\dfrac{\overset{1}{2}}{\underset{2}{4}} = 3\dfrac{1}{2}$

2 (1) $2\dfrac{1}{3} \times 2 = 2\dfrac{1}{3} + 2\dfrac{1}{3}$

$= (2 + 2) + \left(\dfrac{1}{3} + \dfrac{1}{3}\right)$

$= 4 + \dfrac{2}{3} = 4\dfrac{2}{3}$

(2) $1\dfrac{3}{4} \times 3 = 1\dfrac{3}{4} + 1\dfrac{3}{4} + 1\dfrac{3}{4}$

$= (1 \times 3) + \left(\dfrac{3}{4} \times 3\right)$

$= 3 + \dfrac{9}{4} = 3 + 2\dfrac{1}{4}$

$= 5\dfrac{1}{4}$

3 (1) $1\dfrac{3}{5} \times 2 = \dfrac{8}{5} \times 2 = \dfrac{8 \times 2}{5}$

$= \dfrac{16}{5} = 3\dfrac{1}{5}$

(2) $2\dfrac{5}{8} \times 4 = \dfrac{21}{8} \times 4 = \dfrac{21 \times 4}{8}$

$= \dfrac{\overset{21}{84}}{\underset{2}{8}} = \dfrac{21}{2} = 10\dfrac{1}{2}$

4 (1) $3\dfrac{5}{7} \times 4 = \left(3 + \dfrac{5}{7}\right) \times 4$

$= (3 \times 4) + \left(\dfrac{5}{7} \times 4\right)$

$= 12 + \dfrac{5 \times 4}{7} = 12 + \dfrac{20}{7}$

$= 12 + 2\dfrac{6}{7} = 14\dfrac{6}{7}$

(2) $1\dfrac{2}{15} \times 5 = \left(1 + \dfrac{2}{15}\right) \times 5$

$$=(1\times5)+\left(\frac{2}{15}\times5\right)$$

$$=5+\frac{2\times5}{15}=5+\frac{\overset{2}{\cancel{10}}}{\underset{3}{\cancel{15}}}$$

$$=5+\frac{2}{3}=5\frac{2}{3}$$

5 (1) $2\dfrac{5}{6}\times8=\left(2+\dfrac{5}{6}\right)\times8$

$$=(2\times8)+\left(\frac{5}{\underset{3}{\cancel{6}}}\times\overset{4}{\cancel{8}}\right)$$

$$=16+\frac{5\times4}{3}=16+\frac{20}{3}$$

$$=16+6\frac{2}{3}=22\frac{2}{3}$$

(2) $3\dfrac{4}{15}\times9=\left(3+\dfrac{4}{15}\right)\times9$

$$=(3\times9)+\left(\frac{4}{\underset{5}{\cancel{15}}}\times\overset{3}{\cancel{9}}\right)$$

$$=27+\frac{4\times3}{5}=27+\frac{12}{5}$$

$$=27+2\frac{2}{5}=29\frac{2}{5}$$

6 $1\dfrac{4}{9}\times6=\left(1+\dfrac{4}{9}\right)\times6$

$$=(1\times6)+\left(\frac{4}{\underset{3}{\cancel{9}}}\times\overset{2}{\cancel{6}}\right)$$

$$=6+\frac{4\times2}{3}=6+\frac{8}{3}$$

$$=6+2\frac{2}{3}=8\frac{2}{3}$$

$1\dfrac{4}{9}\times6=\dfrac{13}{\underset{3}{\cancel{9}}}\times\overset{2}{\cancel{6}}=\dfrac{13\times2}{3}=\dfrac{26}{3}=8\dfrac{2}{3}$

따라서 $1\dfrac{4}{9}\times6$과 계산 결과가 같은 식에 모두 ○표 하면 다음과 같습니다.

$(1\times6)+\left(\frac{4}{9}\times6\right)$	$\frac{13}{9}\times6$	$6+\frac{4}{3}\times2$
(○)	(○)	(○)

7 $4\dfrac{3}{10}\times5=(4\times5)+\left(\dfrac{3}{\underset{2}{\cancel{10}}}\times\overset{1}{\cancel{5}}\right)$

$$=20+\frac{3\times1}{2}=20+\frac{3}{2}$$

$$=20+1\frac{1}{2}=21\frac{1}{2}$$

$5\dfrac{7}{9}\times12=(5\times12)+\left(\dfrac{7}{\underset{3}{\cancel{9}}}\times\overset{4}{\cancel{12}}\right)$

$$=60+\frac{7\times4}{3}=60+\frac{28}{3}$$

$$=60+9\frac{1}{3}=69\frac{1}{3}$$

따라서 빈 칸에 알맞은 수를 써넣으면 다음과 같습니다.

×→		
$4\frac{3}{10}$	5	$21\frac{1}{2}$
$5\frac{7}{9}$	12	$69\frac{1}{3}$

8 ㉠ $3\dfrac{2}{5}\times7=(3\times7)+\left(\dfrac{2}{5}\times7\right)$

$$=21+\frac{14}{5}=21+2\frac{4}{5}=23\frac{4}{5}$$

㉡ $2\dfrac{3}{5}\times9=(2\times9)+\left(\dfrac{3}{5}\times9\right)$

$$=18+\frac{27}{5}=18+5\frac{2}{5}=23\frac{2}{5}$$

㉢ $6\dfrac{1}{10}\times4=(6\times4)+\left(\dfrac{1}{10}\times4\right)$

$$=24+\frac{\overset{2}{\cancel{4}}}{\underset{5}{\cancel{10}}}=24\frac{2}{5}$$

㉣ $4\dfrac{2}{15}\times6=(4\times6)+\left(\dfrac{2}{15}\times6\right)$

$$=24+\frac{\overset{4}{\cancel{12}}}{\underset{5}{\cancel{15}}}=24\frac{4}{5}$$

따라서 계산 결과가 큰 순서대로 기호를 적으면 ㉣, ㉢, ㉠, ㉡입니다.

9 (1) $1\dfrac{3}{4}\times3=(1\times3)+\left(\dfrac{3}{4}\times3\right)$

$$=3+\frac{9}{4}=3+2\frac{1}{4}=5\frac{1}{4}$$

따라서 정삼각형의 둘레의 길이는 $5\dfrac{1}{4}$ cm입니다.

(2) $3\dfrac{1}{6}\times4=(3\times4)+\left(\dfrac{1}{\underset{3}{\cancel{6}}}\times\overset{2}{\cancel{4}}\right)$

$$=12+\frac{2}{3}=12\frac{2}{3}$$

따라서 정사각형의 둘레의 길이는 $12\frac{2}{3}$ cm입니다.

10 $3\frac{5}{6}\times3=(3\times3)+\left(\frac{5}{6}\times\overset{1}{3}_{2}\right)$

$\qquad=9+\frac{5}{2}=9+2\frac{1}{2}=11\frac{1}{2}$

$11\frac{1}{2}\times4=(11\times4)+\left(\frac{1}{2}\times\overset{2}{4}_{1}\right)$

$\qquad\qquad=44+2=46$

따라서 빈 칸에 알맞은 수를 써넣으면 다음과 같습니다.

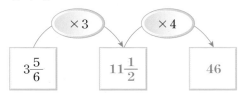

11 (1) $5\frac{3}{4}\times8=(5\times8)+\left(\frac{3}{4}\times\overset{2}{8}_{1}\right)$

$\qquad\qquad=40+6=46$

(2) $3\frac{4}{15}\times5=(3\times5)+\left(\frac{4}{15}\times\overset{1}{5}_{3}\right)$

$\qquad\qquad=15+\frac{4}{3}=15+1\frac{1}{3}=16\frac{1}{3}$

(3) $2\frac{7}{10}\times6=(2\times6)+\left(\frac{7}{10}\times\overset{3}{6}_{5}\right)$

$\qquad\qquad=12+\frac{21}{5}=12+4\frac{1}{5}=16\frac{1}{5}$

(4) $3\frac{8}{15}\times20=(3\times20)+\left(\frac{8}{15}\times\overset{4}{20}_{3}\right)$

$\qquad\qquad=60+\frac{32}{3}=60+10\frac{2}{3}$

$\qquad\qquad=70\frac{2}{3}$

12 $2\frac{3}{8}\times\square<10$에서 $\frac{19}{8}\times\square<\frac{80}{8}$

$\dfrac{19\times\square}{8}<\dfrac{80}{8}$, $19\times\square<80$입니다.

따라서 $19\times4=76$, $19\times5=95$이므로 $\square$ 안에 들어갈 수 있는 자연수는 1, 2, 3, 4입니다.

13 $1\frac{4}{9}\times(3+2+1)$

$\qquad=1\frac{4}{9}\times6=(1\times6)+\left(\frac{4}{9}\times\overset{2}{6}_{3}\right)$

$\qquad=6+\frac{8}{3}=6+2\frac{2}{3}=8\frac{2}{3}$

따라서 하루 동안 받은 물의 양은 모두 $8\frac{2}{3}$ L입니다.

14 토끼 : $3\frac{2}{5}\times3=(3\times3)+\left(\frac{2}{5}\times3\right)$

$\qquad\qquad=9+\frac{6}{5}=9+1\frac{1}{5}$

$\qquad\qquad=10\frac{1}{5}$

거북 : $2\frac{3}{10}\times4=(2\times4)+\left(\frac{3}{10}\times\overset{2}{4}_{5}\right)$

$\qquad\qquad=8+\frac{6}{5}=8+1\frac{1}{5}$

$\qquad\qquad=9\frac{1}{5}$

$10\frac{1}{5}-9\frac{1}{5}=(10-9)+\left(\frac{1}{5}-\frac{1}{5}\right)=1$

따라서 토끼가 1 km 더 멀리 갔습니다.

| 참고 |

20분은 5분의 4배입니다.

15 $9\frac{5}{7}\times11=(9\times11)+\left(\frac{5}{7}\times11\right)$

$\qquad\qquad=99+\frac{55}{7}=99+7\frac{6}{7}$

$\qquad\qquad=106\frac{6}{7}$

자연수와 분수의 곱셈

바로! 확인문제

본문 p. 121

1 (1) $2 \times \dfrac{1}{3} = \dfrac{2 \times 1}{3} = \dfrac{2}{3}$

(2) $3 \times \dfrac{1}{4} = \dfrac{3 \times 1}{4} = \dfrac{3}{4}$

(3) $\overset{1}{2} \times \dfrac{3}{\underset{2}{4}} = \dfrac{1 \times 3}{2} = \dfrac{3}{2} = 1\dfrac{1}{2}$

(4) $\overset{3}{9} \times \dfrac{5}{\underset{2}{6}} = \dfrac{3 \times 5}{2} = \dfrac{15}{2} = 7\dfrac{1}{2}$

2 (1) $3 \times \left(1 + \dfrac{1}{2}\right) = (3 \times 1) + \left(3 \times \dfrac{1}{2}\right)$

(2) $2 \times \left(3 + \dfrac{3}{4}\right) = (2 \times 3) + \left(2 \times \dfrac{3}{4}\right)$

(3) $3 \times 2\dfrac{1}{5} = 3 \times \dfrac{11}{5}$

(4) $2 \times 1\dfrac{3}{5} = 2 \times \dfrac{8}{5}$

3 $9 \times 1\dfrac{5}{6} = 9 \times \left(1 + \dfrac{5}{6}\right)$

$= (9 \times 1) + \left(\overset{3}{9} \times \dfrac{5}{\underset{2}{6}}\right) = 9 + \left(3 \times \dfrac{5}{2}\right)$

$= 9 + \dfrac{3 \times 5}{2} = 9 + \dfrac{15}{2}$

$= 9 + 7\dfrac{1}{2} = 16\dfrac{1}{2}$

따라서 $9 \times 1\dfrac{5}{6}$ 를 옳게 계산한 것은 두 번째 방법입니다.

$9 \times 1\dfrac{5}{6} = 9 + \left(\overset{3}{9} \times \dfrac{5}{\underset{2}{6}}\right) = 9 + \left(3 \times \dfrac{5}{2}\right)$ (○)

4 $3 \times 2\dfrac{1}{4} = 3 \times \left(2 + \dfrac{1}{4}\right)$

$= (3 \times 2) + \left(3 \times \dfrac{1}{4}\right)$

$= 6 + \dfrac{3}{4} = 6\dfrac{3}{4}$

$3 \times 2\dfrac{1}{4} = 3 \times \dfrac{9}{4} = \dfrac{3 \times 9}{4} = \dfrac{27}{4}$

$= 6\dfrac{3}{4}$

분수의 곱셈은 곱하는 두 수의 순서가 바뀌어도 계산 결과가 같습니다.

$3 \times 2\dfrac{1}{4} = 2\dfrac{1}{4} \times 3$ 입니다.

따라서 $3 \times 2\dfrac{1}{4}$ 과 계산 결과가 같은 것에 모두 ○표 하면 다음과 같습니다.

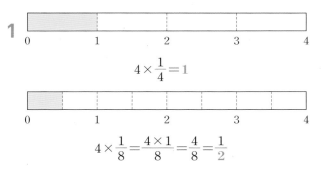

$3 \times \dfrac{9}{4}$	$(3 \times 2) + \left(3 \times \dfrac{1}{4}\right)$	$2\dfrac{1}{4} \times 3$
(○)	(○)	(○)

본문 p. 122

기본문제 배운 개념 적용하기

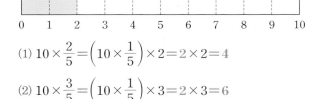

1

$4 \times \dfrac{1}{4} = 1$

$4 \times \dfrac{1}{8} = \dfrac{4 \times 1}{8} = \dfrac{4}{8} = \dfrac{1}{2}$

2 그림에 $10 \times \dfrac{1}{5}$ 만큼 색칠하면 다음과 같습니다.

(1) $10 \times \dfrac{2}{5} = \left(10 \times \dfrac{1}{5}\right) \times 2 = 2 \times 2 = 4$

(2) $10 \times \dfrac{3}{5} = \left(10 \times \dfrac{1}{5}\right) \times 3 = 2 \times 3 = 6$

3 (1) $5 \times \dfrac{1}{7} = \dfrac{5 \times 1}{7} = \dfrac{5}{7}$

(2) $18 \times \dfrac{4}{9} = \dfrac{18 \times 4}{9} = \dfrac{72}{9} = 8$

4 (1) $12 \times \dfrac{5}{9} = \dfrac{12 \times 5}{9} = \dfrac{\overset{20}{\cancel{60}}}{\underset{3}{\cancel{9}}} = \dfrac{20}{3} = 6\dfrac{2}{3}$

(2) $12 \times \dfrac{5}{9} = \dfrac{\overset{4}{\cancel{12}} \times 5}{\underset{3}{\cancel{9}}} = \dfrac{20}{3} = 6\dfrac{2}{3}$

(3) $\overset{4}{\cancel{12}} \times \dfrac{5}{\underset{3}{\cancel{9}}} = \dfrac{4 \times 5}{3} = \dfrac{20}{3} = 6\dfrac{2}{3}$

5 (1) 어떤 수에 1보다 작은 수를 곱하면 원래의 값보다 작아집니다.

따라서 $\dfrac{8}{9} < 1$이므로 $10 > 10 \times \dfrac{8}{9}$입니다.

(2) 어떤 수에 1보다 큰 수를 곱하면 원래의 값보다 커집니다.

따라서 $1\dfrac{3}{5} > 1$이므로 $4 < 4 \times 1\dfrac{3}{5}$입니다.

6 (1) $3 \times 2\dfrac{1}{5} = 3 \times \dfrac{11}{5} = \dfrac{33}{5} = 6\dfrac{3}{5}$

(2) $3 \times 2\dfrac{1}{5} = 3 \times \left(2 + \dfrac{1}{5}\right)$

$= (3 \times 2) + \left(3 \times \dfrac{1}{5}\right)$

$= 6 + \dfrac{3 \times 1}{5} = 6 + \dfrac{3}{5}$

$= 6\dfrac{3}{5}$

7 (1) $5 \times 1\dfrac{3}{4} = 5 \times \left(1 + \dfrac{3}{4}\right)$

$= (5 \times 1) + \left(5 \times \dfrac{3}{4}\right)$

$= 5 + \dfrac{5 \times 3}{4} = 5 + \dfrac{15}{4}$

$= 5 + 3\dfrac{3}{4} = 8\dfrac{3}{4}$

(2) $6 \times 2\dfrac{7}{9} = (6 \times 2) + \left(\overset{2}{\cancel{6}} \times \dfrac{7}{\underset{3}{\cancel{9}}}\right)$

$= 12 + \dfrac{2 \times 7}{3} = 12 + \dfrac{14}{3}$

$= 12 + 4\dfrac{2}{3} = 16\dfrac{2}{3}$

8 (1) $6 \times 2\dfrac{5}{8} = (6 \times 2) + \left(\overset{3}{\cancel{6}} \times \dfrac{5}{\underset{4}{\cancel{8}}}\right)$

$= 12 + \dfrac{3 \times 5}{4} = 12 + \dfrac{15}{4}$

$= 12 + 3\dfrac{3}{4} = 15\dfrac{3}{4}$

(2) $10 \times 1\dfrac{7}{15} = (10 \times 1) + \left(\overset{2}{\cancel{10}} \times \dfrac{7}{\underset{3}{\cancel{15}}}\right)$

$= 10 + \dfrac{2 \times 7}{3} = 10 + \dfrac{14}{3}$

$= 10 + 4\dfrac{2}{3} = 14\dfrac{2}{3}$

(3) $18 \times 2\dfrac{1}{12} = (18 \times 2) + \left(\overset{3}{\cancel{18}} \times \dfrac{1}{\underset{2}{\cancel{12}}}\right)$

$= 36 + \dfrac{3 \times 1}{2} = 36 + \dfrac{2}{3}$

$= 36 + 1\dfrac{1}{2} = 37\dfrac{1}{2}$

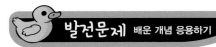

본문 p. 124

발전문제 배운 개념 응용하기

1 그림에 $9 \times \dfrac{1}{3} = 3$을 색칠하면 다음과 같습니다.

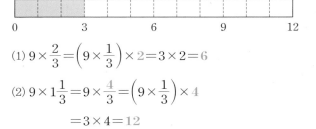

(1) $9 \times \dfrac{2}{3} = \left(9 \times \dfrac{1}{3}\right) \times 2 = 3 \times 2 = 6$

(2) $9 \times 1\dfrac{1}{3} = 9 \times \dfrac{4}{3} = \left(9 \times \dfrac{1}{3}\right) \times 4$

$= 3 \times 4 = 12$

2 ㉠ $\overset{1}{\cancel{4}} \times \dfrac{3}{\underset{2}{\cancel{8}}} = \dfrac{1 \times 3}{2} = \dfrac{3}{2} = 1\dfrac{1}{2}$

㉡ $\overset{1}{\cancel{5}} \times \dfrac{7}{\underset{2}{\cancel{10}}} = \dfrac{1 \times 7}{2} = \dfrac{7}{2} = 3\dfrac{1}{2}$

㉢ $\overset{1}{\cancel{3}} \times \dfrac{5}{\underset{2}{\cancel{6}}} = \dfrac{1 \times 5}{2} = \dfrac{5}{2} = 2\dfrac{1}{2}$

따라서 계산 결과가 작은 것부터 차례대로 기호를 쓰면 ㉠, ㉢, ㉡입니다.

3

(1) $2 \times 3\frac{1}{2} = \overset{1}{2} \times \frac{7}{\underset{1}{2}} = \frac{1 \times 7}{1} = 7$

(2) $3 \times 2\frac{4}{5} = 3 \times \frac{14}{5} = \frac{3 \times 14}{5} = \frac{42}{5} = 8\frac{2}{5}$

(3) $4 \times 3\frac{1}{8} = \overset{1}{4} \times \frac{25}{\underset{2}{8}} = \frac{1 \times 25}{2} = \frac{25}{2} = 12\frac{1}{2}$

(4) $8 \times 2\frac{5}{6} = \overset{4}{8} \times \frac{17}{\underset{3}{6}} = \frac{4 \times 17}{3} = \frac{68}{3} = 22\frac{2}{3}$

4

$$3 \times 2\frac{5}{6} = 3 \times \left(2 + \frac{5}{6}\right) = (3 \times 2) + \left(3 \times \frac{5}{6}\right)$$

$$= 6 + \left(\overset{1}{3} \times \frac{5}{\underset{2}{6}}\right)$$

$$= 6 + \frac{1 \times 5}{2} = 6 + \frac{5}{2}$$

$$= 6 + 2\frac{1}{2} = 8\frac{1}{2}$$

$$3 \times 2\frac{5}{6} = \overset{1}{3} \times \frac{17}{\underset{2}{6}} = \frac{1 \times 17}{2} = \frac{17}{2} = 8\frac{1}{2}$$

분수의 곱셈은 곱하는 두 수의 순서가 바뀌어도 계산 결과가 같습니다.

$3 \times 2\frac{5}{6} = 2\frac{5}{6} \times 3 = \frac{17}{6} \times 3$입니다.

따라서 $3 \times 2\frac{5}{6}$와 계산 결과가 같은 식에 모두 ○표 하면 다음과 같습니다.

$(3 \times 2) + \left(3 \times \frac{5}{6}\right)$	$\frac{17}{6} \times 3$	$6 + \left(3 \times \frac{5}{6}\right)$
(○)	(○)	(○)

5

(1) $6 \times 4\frac{3}{8} = (6 \times 4) + \left(\overset{3}{6} \times \frac{3}{\underset{4}{8}}\right)$

$$= 24 + \frac{3 \times 3}{4} = 24 + \frac{9}{4}$$

$$= 24 + 2\frac{1}{4} = 26\frac{1}{4}$$

(2) $15 \times 1\frac{3}{10} = (15 \times 1) + \left(\overset{3}{15} \times \frac{3}{\underset{2}{10}}\right)$

$$= 15 + \frac{3 \times 3}{2} = 15 + \frac{9}{2}$$

$$= 15 + 4\frac{1}{2} = 19\frac{1}{2}$$

6

(1) $5 \times 3\frac{1}{2} = (5 \times 3) + \left(5 \times \frac{1}{2}\right)$

$$= 15 + \frac{5}{2} = 15 + 2\frac{1}{2} = 17\frac{1}{2}$$

(2) $6 \times 2\frac{5}{9} = \overset{2}{6} \times \frac{23}{\underset{3}{9}} = \frac{2 \times 23}{3} = \frac{46}{3} = 15\frac{1}{3}$

(3) $4 \times 1\frac{3}{10} = (4 \times 1) + \left(\overset{2}{4} \times \frac{3}{\underset{5}{10}}\right)$

$$= 4 + \frac{2 \times 3}{5} = 4 + \frac{6}{5}$$

$$= 4 + 1\frac{1}{5} = 5\frac{1}{5}$$

따라서 크기가 같은 분수끼리 선을 그어 연결하면 다음과 같습니다.

$5 \times 3\frac{1}{2}$		$5\frac{1}{5}$
$6 \times 2\frac{5}{9}$		$17\frac{1}{2}$
$4 \times 1\frac{3}{10}$		$15\frac{1}{3}$

7

(1) $24 \times \frac{7}{12} = \frac{2 \times 7}{1} = 14$

(2) $5 \times \frac{13}{15} = \frac{1 \times 13}{3} = \frac{13}{3} = 4\frac{1}{3}$

(3) $14 \times 2\frac{5}{21} = (14 \times 2) + \left(\overset{2}{14} \times \frac{5}{\underset{3}{21}}\right)$

$$= 28 + \frac{2 \times 5}{3} = 28 + \frac{10}{3}$$

$$= 28 + 3\frac{1}{3} = 31\frac{1}{3}$$

(4) $33 \times 2\frac{3}{22} = (33 \times 2) + \left(\overset{3}{33} \times \frac{3}{\underset{2}{22}}\right)$

$$= 66 + \frac{3 \times 3}{2} = 66 + \frac{9}{2}$$

$$= 66 + 4\frac{1}{2} = 70\frac{1}{2}$$

8 평행사변형의 넓이는 (가로)×(높이)로 구합니다.

$$10 \times 4\frac{2}{15} = (10 \times 4) + \left(\overset{2}{10} \times \frac{2}{\underset{3}{15}}\right)$$

$$= 40 + \frac{2 \times 2}{3} = 40 + \frac{4}{3}$$

$$= 40 + 1\frac{1}{3} = 41\frac{1}{3}$$

따라서 평행사변형의 넓이는 $41\frac{1}{3}$ cm²입니다.

9 $\overset{1}{13} \times \dfrac{3}{\underset{4}{52}} = \dfrac{1 \times 3}{4} = \dfrac{3}{4}$

$25 \times 1\dfrac{3}{20} = \overset{5}{25} \times \dfrac{23}{\underset{4}{20}} = \dfrac{5 \times 23}{4} = \dfrac{115}{4}$

$\qquad\qquad = 28\dfrac{3}{4}$

따라서 □ 안에 들어갈 수 있는 자연수는 1, 2, 3, …, 28이므로 모두 **28**개입니다.

10 세로의 길이는

$8 \times 1\dfrac{5}{6} = 8 \times \dfrac{11}{\underset{3}{6}} = \dfrac{4 \times 11}{3} = \dfrac{44}{3}$입니다.

$8 \times \dfrac{44}{3} = \dfrac{352}{3} = 117\dfrac{1}{3}$

따라서 이 직사각형의 넓이는 $117\dfrac{1}{3}$ cm²입니다.

11 ㉠ 1kg=1000g입니다.

$\overset{250}{1000} \times \dfrac{1}{\underset{1}{4}} = \dfrac{250 \times 1}{1} = 250$

따라서 1kg의 $\dfrac{1}{4}$은 250g입니다.

㉡ 1시간은 60분이므로 2시간은 120분입니다.

$\overset{40}{120} \times \dfrac{1}{\underset{1}{3}} = 40 \times 1 = 40$

따라서 2시간의 $\dfrac{1}{3}$은 40분입니다.

㉢ 1m는 100cm이므로 3m는 300cm입니다.

$\overset{60}{300} \times \dfrac{2}{\underset{1}{5}} = \dfrac{60 \times 2}{1} = 120$

따라서 3m의 $\dfrac{2}{5}$는 1m 20cm입니다.

따라서 잘못 계산한 것은 ㉠입니다.

12 서준이가 낸 용돈의 금액은

$\overset{1600}{8000} \times \dfrac{3}{\underset{1}{5}} = \dfrac{1600 \times 3}{1} = 4800$(원)입니다.

서진이가 낸 용돈의 금액은

$4800 \times 1\dfrac{1}{4} = \overset{1200}{4800} \times \dfrac{5}{\underset{1}{4}} = \dfrac{1200 \times 5}{1}$

$\qquad\qquad = 6000$(원)

입니다.

13 종이띠에서 색칠한 부분은 전체의 $\dfrac{5}{6}$입니다.

$\overset{2}{12} \times \dfrac{5}{\underset{1}{6}} = \dfrac{2 \times 5}{1} = 10$

따라서 색칠한 부분의 길이는 **10**cm 입니다.

14 희권이가 먹은 사탕의 개수는

$\overset{10}{50} \times \dfrac{2}{\underset{1}{5}} = \dfrac{10 \times 2}{1} = 20$

입니다.

남은 사탕의 개수는 $50 - 20 = 30$입니다.

동생이 먹은 사탕의 개수는

$\overset{2}{30} \times \dfrac{7}{\underset{1}{15}} = \dfrac{2 \times 7}{1} = 14$

입니다.

15 사과나무가 있는 땅의 넓이가

$\overset{9}{36} \times \dfrac{1}{\underset{1}{4}} = \dfrac{9 \times 1}{1} = 9(\text{km}^2)$

이므로 나머지 땅의 넓이는

$36 - 9 = 27(\text{km}^2)$

입니다.

따라서 포도나무가 심어진 땅의 넓이는

$27 \times \dfrac{5}{8} = \dfrac{27 \times 5}{8} = \dfrac{135}{8} = 16\dfrac{7}{8}(\text{km}^2)$

입니다.

16 60분이 1시간이므로 15분은 $\dfrac{1}{4}$시간입니다.

따라서 4시간 15분은 $4\dfrac{1}{4}$시간입니다.

$60 \times 4\dfrac{1}{4} = \overset{15}{60} \times \dfrac{17}{\underset{1}{4}} = \dfrac{15 \times 17}{1} = 255$

따라서 이 자동차가 4시간 15분 동안 달린 거리는 **255**km입니다.

진분수와 진분수의 곱셈

 바로! 확인문제 　　　　　　　　본문 p. 129

1 ⑴ 전체를 2등분한 것 중의 하나는 전체의 $\frac{1}{2}$입니다.

⑵ 전체를 2등분한 다음 다시 3등분하면 전체를 $2 \times 3 = 6$등분한 것입니다.

따라서 6등분한 것 중 하나는 전체의 $\frac{1}{6}$입니다.

2 ⑴ $\frac{1}{3} \times \frac{1}{4} = \frac{1 \times 1}{3 \times 4} = \frac{1}{12}$

⑵ $\frac{1}{2} \times \frac{1}{5} = \frac{1}{2 \times 5} = \frac{1}{10}$

3 ⑴ $\frac{1}{2} \times \frac{3}{4} = \frac{1}{2} \times \left(\frac{1}{4} \times 3\right) = \frac{1}{2} \times \frac{1}{4} \times 3$

⑵ $\frac{1}{3} \times \frac{2}{3} = \frac{1}{3} \times \left(\frac{1}{3} \times 2\right) = \frac{1}{3} \times \frac{1}{3} \times 2$

4 ⑴ $\frac{3}{4} \times \frac{1}{5} = \frac{3 \times 1}{4 \times 5} = \frac{3}{20}$

⑵ $\frac{3}{5} \times \frac{4}{7} = \frac{3 \times 4}{5 \times 7} = \frac{12}{35}$

본문 p. 130

 기본문제 배운 개념 적용하기

1 전체를 3등분한 것 중의 하나는 전체의 $\frac{1}{3}$입니다.

전체를 3등분한 다음 다시 4등분하면 전체를 $3 \times 4 = 12$등분한 것입니다.

이때 12등분한 것 중 하나는 전체의 $\frac{1}{12}$입니다.

$1 \Rightarrow 1 \times \frac{1}{3} \Rightarrow \frac{1}{3} \times \frac{1}{4} = \frac{1}{12}$

2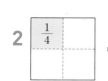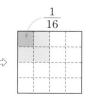

전체를 4등분한 것 중의 하나는 $\frac{1}{4}$입니다.

전체를 4등분한 다음 다시 4등분하면 전체를 $4 \times 4 = 16$등분한 것입니다.

이때 16등분한 것 중의 하나는 전체의 $\frac{1}{16}$입니다.

$\frac{1}{4} \Rightarrow \frac{1}{4} \times \frac{1}{4} = \frac{1}{16}$

3 ⑴ 전체를 4등분한 다음 다시 3등분하면 전체를 $4 \times 3 = 12$등분한 것입니다.

따라서 $\frac{1}{4}$의 $\frac{1}{3}$은 전체를 12등분한 것 중의 하나입니다.

⑵ 전체를 5등분한 다음 다시 7등분하면 전체는 $5 \times 7 = 35$등분됩니다.

따라서 $\frac{1}{5} \times \frac{1}{7}$은 전체를 35등분한 것 중의 하나입니다.

4 분자는 분자끼리, 분모는 분모끼리 곱하여 계산합니다.

⑴ $\frac{1}{4} \times \frac{1}{5} = \frac{1 \times 1}{4 \times 5} = \frac{1}{20}$

⑵ $\frac{1}{6} \times \frac{1}{9} = \frac{1 \times 1}{6 \times 9} = \frac{1}{54}$

5

(5등분) 　　　　(5등분×4등분)

왼쪽 그림에서 색칠한 부분은 전체를 5등분한 것 중의 2개이므로 전체의 $\frac{2}{5}$입니다.

오른쪽 그림에서 색칠한 부분은 전체를 5등분한 것 중의 2개를 다시 4등분한 것 중의 3개이므로 전체의 $\frac{2}{5}$의 $\frac{3}{4}$입니다.

전체를 5등분한 다음 다시 4등분하면 전체는

5×4=20등분됩니다.

따라서 오른쪽 그림에서 색칠한 부분은 전체를 20등분한 것 중의 6개이므로 전체의 $\frac{6}{20}$ 입니다.

$$\frac{2}{5} \rightarrow \frac{2}{5} \times \frac{3}{4} = \frac{6}{20}$$

6 (1) $\frac{1}{3} \times \frac{2}{5} = \frac{1}{3} \times \left(\frac{1}{5} \times 2 \right)$

$$= \left(\frac{1}{3} \times \frac{1}{5} \right) \times 2$$

$$= \frac{1}{15} \times 2$$

이므로 $\frac{1}{3} \times \frac{2}{5}$ 는 전체를 **15**등분한 것 중의 **2**개입니다.

(2) $\frac{2}{3} \times \frac{4}{5} = \left(\frac{1}{3} \times 2 \right) \times \left(\frac{1}{5} \times 4 \right)$

$$= \left(\frac{1}{3} \times \frac{1}{5} \right) \times (2 \times 4)$$

$$= \left(\frac{1}{3} \times \frac{1}{5} \right) \times 8$$

$$= \frac{1}{15} \times 8$$

이므로 $\frac{2}{3} \times \frac{4}{5}$ 는 전체를 **15**등분한 것 중의 **8**개입니다.

7 분자는 분자끼리, 분모는 분모끼리 곱하여 계산합니다.

(1) $\frac{5}{6} \times \frac{7}{9} = \frac{5 \times 7}{6 \times 9} = \frac{35}{54}$

(2) $\frac{3}{7} \times \frac{4}{5} = \frac{3 \times 4}{7 \times 5} = \frac{12}{35}$

8 (1) $\frac{5}{6} \times \frac{3}{7} = \frac{5 \times 3}{6 \times 7} = \frac{\overset{5}{\cancel{15}}}{\underset{14}{\cancel{42}}} = \frac{5}{14}$

(2) $\frac{5}{6} \times \frac{3}{7} = \frac{5 \times \overset{1}{\cancel{3}}}{\underset{2}{\cancel{6}} \times 7} = \frac{5 \times 1}{2 \times 7} = \frac{5}{14}$

(3) $\frac{5}{\underset{2}{\cancel{6}}} \times \frac{\overset{1}{\cancel{3}}}{7} = \frac{5 \times 1}{2 \times 7} = \frac{5}{14}$

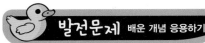

1 전체를 5등분한 다음 다시 6등분하면 전체를 5×6=30등분한 것입니다.

따라서 $\frac{1}{5} \times \frac{1}{6}$ 은 전체를 30등분한 것 중의 하나입니다.

$$\frac{1}{6} \times \frac{1}{5} = \frac{1}{30}$$

| 다른 풀이 |

전체를 6등분한 다음 다시 5등분하면 전체를 6×5=30등분한 것입니다.

따라서 $\frac{1}{6} \times \frac{1}{5}$ 은 전체를 30등분한 것 중의 하나입니다.

$$\frac{1}{5} \times \frac{1}{6} = \frac{1}{30}$$

2 (1) $\frac{1}{3}$ 의 $\frac{1}{3}$ 은 전체를 $3 \times 3 = $ **9**등분한 것 중의 **1**개입니다.

(2) $\frac{1}{4}$ 의 $\frac{1}{7}$ 은 전체를 $4 \times 7 = $ **28**등분한 것 중의 **1**개입니다.

3 분자는 분자끼리, 분모는 분모끼리 곱하여 계산합니다.

(1) $\frac{1}{7} \times \frac{1}{2} = \frac{1 \times 1}{7 \times 2} = \frac{1}{14}$

(2) $\frac{1}{4} \times \frac{1}{4} = \frac{1 \times 1}{4 \times 4} = \frac{1}{16}$

(3) $\frac{1}{10} \times \frac{1}{3} = \frac{1 \times 1}{10 \times 3} = \frac{1}{30}$

(4) $\frac{1}{8} \times \frac{1}{9} = \frac{1 \times 1}{8 \times 9} = \frac{1}{72}$

4 다음 그림에서 색칠한 부분은 전체를 9등분한 것 중의 5개이므로 전체의 $\frac{5}{9}$ 입니다.

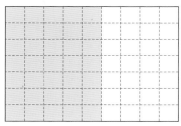

다음 그림에서 진한 색으로 색칠한 부분은 전체를 9등분한 것 중의 5개를 다시 7등분한 것 중의 4개이므로 전체의 $\frac{5}{9}$의 $\frac{4}{7}$입니다.

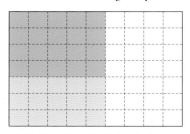

전체를 9등분한 다음 다시 7등분하면 전체는 $9 \times 7 = 63$등분됩니다.
따라서 진한 색으로 색칠한 부분은 63등분한 것 중의 20개이므로 전체의 $\frac{20}{63}$입니다.

$$\frac{5}{9} \times \frac{4}{7} = \frac{5 \times 4}{9 \times 7} = \frac{20}{63}$$

5 (1) $\frac{1}{2}$의 $\frac{2}{5}$는 $\frac{1}{2} \times \frac{2}{5}$를 의미합니다.

$$\frac{1}{2} \times \frac{2}{5} = \frac{1}{2} \times \left(\frac{1}{5} \times 2\right)$$
$$= \left(\frac{1}{2} \times \frac{1}{5}\right) \times 2$$
$$= \frac{1}{10} \times 2$$

$\frac{1}{2}$의 $\frac{2}{5}$는 전체를 $2 \times 5 = 10$등분한 것 중의 $1 \times 2 = 2$(개)입니다.

(2) $\frac{3}{4} \times \frac{5}{9} = \left(\frac{1}{4} \times 3\right) \times \left(\frac{1}{9} \times 5\right)$
$$= \left(\frac{1}{4} \times \frac{1}{9}\right) \times (3 \times 5)$$
$$= \left(\frac{1}{4} \times \frac{1}{9}\right) \times 15$$
$$= \frac{1}{36} \times 15$$
$$= \frac{15}{36}$$

이므로 $\frac{3}{4} \times \frac{5}{9}$는 전체를 $4 \times 9 = 36$등분한 것 중의 $3 \times 5 = 15$(개)이므로 $\frac{15}{36}$입니다.

6 (1) $\frac{1}{7} \times \frac{3}{4} = \frac{1 \times 3}{7 \times 4} = \frac{3}{28}$

(2) $\frac{3}{5} \times \frac{1}{8} = \frac{3 \times 1}{5 \times 8} = \frac{3}{40}$

(3) $\frac{8}{9} \times \frac{3}{4} = \frac{8 \times 3}{9 \times 4} = \frac{\overset{2}{24}}{\underset{3}{36}} = \frac{2}{3}$

(4) $\frac{5}{8} \times \frac{6}{10} = \frac{5 \times 6}{8 \times 10} = \frac{\overset{3}{30}}{\underset{8}{80}} = \frac{3}{8}$

7 (1) $\frac{\overset{1}{2}}{5} \times \frac{3}{\underset{2}{4}} = \frac{1 \times 3}{5 \times 2} = \frac{3}{10}$

(2) $\frac{5}{\underset{2}{6}} \times \frac{\overset{1}{3}}{7} = \frac{5 \times 1}{2 \times 7} = \frac{5}{14}$

(3) $\frac{3}{\underset{1}{7}} \times \frac{\overset{1}{7}}{\underset{3}{9}} = \frac{1 \times 1}{1 \times 3} = \frac{1}{3}$

(4) $\frac{\overset{3}{9}}{\underset{4}{8}} \times \frac{\overset{1}{2}}{\underset{5}{15}} = \frac{3 \times 1}{4 \times 5} = \frac{3}{20}$

8 (1) $\frac{\overset{1}{2}}{3} \times \frac{\overset{1}{3}}{4} \times \frac{6}{7} = \frac{1 \times 1 \times \overset{3}{6}}{1 \times 2 \times 7} = \frac{3}{7}$

(2) $\frac{\overset{1}{3}}{5} \times \frac{\overset{1}{4}}{6} \times \frac{\overset{1}{5}}{8} = \frac{1 \times 1 \times 1}{1 \times 2 \times 2} = \frac{1}{4}$

9 $\frac{1}{2} \times \frac{1}{2} = \frac{1}{4}$

$\frac{1}{3} \times \frac{1}{3} = \frac{1}{9}$

$\frac{1}{5} \times \frac{1}{5} = \frac{1}{25}$

$\frac{1}{7} \times \frac{1}{7} = \frac{1}{49}$

10 평행사변형의 넓이는 (가로의 길이)×(높이)입니다.

$$\frac{4}{5} \times \frac{4}{5} = \frac{4 \times 4}{5 \times 5} = \frac{16}{25}$$

$$\frac{9}{10} \times \frac{3}{4} = \frac{9 \times 3}{10 \times 4} = \frac{27}{40}$$

$$\begin{array}{r} 5\,)\ 25\quad 40 \\ \hline 5\quad\ 8 \end{array}$$

25와 40의 최대공약수는 $5 \times 5 \times 8 = 200$입니다.

$$\frac{16}{25}=\frac{16\times8}{25\times8}=\frac{128}{200}$$

$$\frac{27}{40}=\frac{27\times5}{40\times5}=\frac{135}{200}$$

따라서 두 도형의 넓이의 차는 다음과 같습니다.

$$\frac{27}{40}-\frac{16}{25}=\frac{135}{200}-\frac{128}{200}=\frac{7}{200}$$

오늘은 어제 읽고 남은 양의 $\frac{1}{3}$ 을 읽었으므로 오늘 읽은 양은 $\frac{\overset{1}{3}}{5}\times\frac{1}{\underset{1}{3}}=\frac{1\times1}{5\times1}=\frac{1}{5}$ 입니다.

따라서 윤희가 내일 역사책 한 권을 읽어야 하는 양은 $1-\left(\frac{2}{5}+\frac{1}{5}\right)=\frac{2}{5}$ 입니다.

11 $\frac{5}{\underset{3}{12}}\times\frac{\overset{1}{4}}{7}=\frac{5\times1}{3\times7}=\frac{5}{21}$

$$\frac{3}{7}-\frac{\square}{21}=\frac{3\times3}{7\times3}-\frac{\square}{21}=\frac{9-\square}{21}$$

$\frac{5}{12}\times\frac{4}{7}>\frac{3}{7}-\frac{\square}{21}$ 에서

$\frac{5}{21}>\frac{9-\square}{21}$, $5>9-\square$ 이므로

$\square$ 안에 들어갈 수 있는 자연수는 5, 6, 7, 8, 9로 모두 **5**개입니다.

15 악기 연주를 하기로 한 학생의 수는
$\overset{5}{30}\times\frac{5}{\underset{1}{6}}=25$ 입니다.

칼림바 : $\overset{5}{25}\times\frac{1}{\underset{1}{5}}=5$

피아노 : $\overset{5}{25}\times\frac{2}{\underset{1}{5}}=10$

바이올린 : $\overset{5}{25}\times\frac{2}{\underset{1}{5}}=10$

따라서 피아노를 연주하는 학생은 칼림바를 연주하는 학생보다 **5**명 더 많습니다.

12 색칠한 부분은 종이띠 전체의 $\frac{5}{7}$ 입니다.

따라서 색칠한 부분의 넓이는

$\frac{8}{\underset{3}{15}}\times\frac{\overset{1}{5}}{7}=\frac{8\times1}{3\times7}=\frac{8}{21}$ (cm)입니다.

13 자른 종이띠의 길이는

$\frac{7}{\underset{2}{10}}\times\frac{\overset{1}{5}}{8}=\frac{7\times1}{2\times8}=\frac{7}{16}$ (m)

입니다.

이 중에서 $\frac{4}{9}$ 를 사용했으므로 사용한 종이띠의 길이는

$\frac{7}{\underset{4}{16}}\times\frac{\overset{1}{4}}{9}=\frac{7\times1}{4\times9}=\frac{7}{36}$ (m)

입니다.

14 어제 읽은 양은 $1\times\frac{2}{5}=\frac{2}{5}$ 입니다.

어제 읽고 남은 양은 $1-\frac{2}{5}=\frac{5}{5}-\frac{2}{5}=\frac{3}{5}$ 입니다.

여러 가지 분수의 곱셈

본문 p. 137

바로! 확인문제

1 (1) $1\frac{1}{2} \times 2\frac{2}{3} = \frac{3}{2} \times \frac{8}{3}$

(2) $1\frac{2}{3} \times 1\frac{4}{5} = \frac{5}{3} \times \frac{9}{5} = \frac{5 \times 9}{3 \times 5}$

2 (1) $2\frac{1}{3} \times 1\frac{2}{5} = \frac{7}{3} \times \frac{7}{5} = \frac{7 \times 7}{3 \times 5}$

$= \frac{49}{15} = 3\frac{4}{15}$

(2) $1\frac{2}{3} \times 2\frac{1}{4} = \frac{5}{3} \times \frac{9}{4} = \frac{5 \times \overset{3}{9}}{\underset{1}{3} \times 4}$

$= \frac{5 \times 3}{1 \times 4} = \frac{15}{4} = 3\frac{3}{4}$

3 (1) $1\frac{1}{3} \times \left(2 + \frac{3}{4}\right) = \left(1\frac{1}{3} \times 2\right) + \left(1\frac{1}{3} \times \frac{3}{4}\right)$

(2) $3\frac{1}{4} \times \left(1 + \frac{2}{3}\right) = \left(3\frac{1}{4} \times 1\right) + \left(3\frac{1}{4} \times \frac{2}{3}\right)$

$= \left(\frac{13}{4} \times 1\right) + \left(\frac{13}{4} \times \frac{2}{3}\right)$

4 (1) $12 \times \frac{7}{8} = \frac{12}{1} \times \frac{7}{8}$

(2) $\frac{5}{9} \times 6 = \frac{5}{9} \times \frac{6}{1}$

본문 p. 138

기본문제 배운 개념 적용하기

1 (1) 파란색으로 색칠한 작은 직사각형 하나의 넓이는

$\frac{1}{7} \times \frac{1}{3} = \frac{1 \times 1}{7 \times 3} = \frac{1}{21}$입니다.

(2) 파란색으로 색칠한 큰 직사각형의 가로의 길이는

$1\frac{5}{7}$이고 세로의 길이는 $1\frac{2}{3}$입니다.

따라서 파란색으로 색칠한 큰 직사각형의 넓이는

$1\frac{5}{7} \times 1\frac{2}{3}$입니다.

$1\frac{5}{7} \times 1\frac{2}{3} = \frac{12}{7} \times \frac{5}{3} = \left(\frac{1}{7} \times 12\right) \times \left(\frac{1}{3} \times 5\right)$

$= \left(\frac{1}{7} \times \frac{1}{3}\right) \times (12 \times 5)$

$= \frac{1}{21} \times 60$

이것은 파란색으로 색칠한 작은 직사각형이 모두 60개라는 것을 의미합니다.

2 $1\frac{2}{5} \times 1\frac{3}{4} = \frac{7}{5} \times \frac{7}{4}$

$= \left(\frac{1}{5} \times 7\right) \times \left(\frac{1}{4} \times 7\right)$

$= \left(\frac{1}{5} \times \frac{1}{4}\right) \times (7 \times 7)$

$= \frac{1}{20} \times 49 = \frac{49}{20}$

$= 2\frac{9}{20}$

3 (1) $1\frac{1}{2} \times 2\frac{3}{4} = \frac{3}{2} \times \frac{11}{4} = \frac{3 \times 11}{2 \times 4}$

$= \frac{33}{8} = 4\frac{1}{8}$

(2) $2\frac{1}{3} \times 1\frac{2}{5} = \frac{7}{3} \times \frac{7}{5} = \frac{7 \times 7}{3 \times 5}$

$= \frac{49}{15} = 3\frac{4}{15}$

4 (1) $2\frac{1}{3} \times 1\frac{3}{7} = \frac{7}{3} \times \frac{\overset{}{10}}{\underset{1}{7}}$

$= \frac{1 \times 10}{3 \times 1} = \frac{10}{3} = 3\frac{1}{3}$

(2) $1\frac{2}{3} \times 2\frac{5}{8} = \frac{5}{\underset{1}{3}} \times \frac{\overset{7}{21}}{8}$

$= \frac{5 \times 7}{1 \times 8} = \frac{35}{8} = 4\frac{3}{8}$

5 (1) $3\frac{1}{2} \times 2\frac{4}{5} = 3\frac{1}{2} \times \left(2 + \frac{4}{5}\right)$

$= \left(3\frac{1}{2} \times 2\right) + \left(3\frac{1}{2} \times \frac{4}{5}\right)$

$$(2)\ 3\frac{2}{3}\times4\frac{1}{2}=\left(3+\frac{2}{3}\right)\times4\frac{1}{2}$$
$$=\left(3\times4\frac{1}{2}\right)+\left(\frac{2}{3}\times4\frac{1}{2}\right)$$

6 $(1)\ 1\frac{1}{8}\times1\frac{1}{3}=1\frac{1}{8}\times\left(1+\frac{1}{3}\right)$
$$=\left(1\frac{1}{8}\times1\right)+\left(1\frac{1}{8}\times\frac{1}{3}\right)$$
$$=1\frac{1}{8}+\left(\frac{\overset{3}{9}}{8}\times\frac{1}{\underset{1}{3}}\right)=1\frac{1}{8}+\frac{3\times1}{8\times1}$$
$$=1\frac{1}{8}+\frac{3}{8}=1+\left(\frac{1}{8}+\frac{3}{8}\right)$$
$$=1+\frac{\overset{1}{4}}{\underset{2}{8}}=1+\frac{1}{2}=1\frac{1}{2}$$

$(2)\ 2\frac{1}{7}\times1\frac{3}{5}=\left(2+\frac{1}{7}\right)\times1\frac{3}{5}$
$$=\left(2\times1\frac{3}{5}\right)+\left(\frac{1}{7}\times1\frac{3}{5}\right)$$
$$=\left(2\times\frac{8}{5}\right)+\left(\frac{1}{7}\times\frac{8}{5}\right)$$
$$=\frac{2\times8}{5}+\frac{1\times8}{7\times5}=\frac{16}{5}+\frac{8}{35}$$
$$=\frac{16\times7}{5\times7}+\frac{8}{35}=\frac{112}{35}+\frac{8}{35}$$
$$=\frac{\overset{24}{120}}{\underset{7}{35}}=\frac{24}{7}=3\frac{3}{7}$$

7 $(1)\ \frac{5}{7}\times6=\frac{5}{7}\times\frac{6}{1}=\frac{5\times6}{7\times1}=\frac{30}{7}=4\frac{2}{7}$

$(2)\ 2\frac{4}{7}\times5=\frac{18}{7}\times\frac{5}{1}=\frac{18\times5}{7\times1}=\frac{90}{7}=12\frac{6}{7}$

8 $2\frac{1}{4}\times2\frac{2}{5}=\frac{9}{4}\times\frac{\overset{3}{12}}{5}=\frac{9\times3}{1\times5}=\frac{27}{5}$

$1\frac{2}{5}\times4=\frac{7}{5}\times\frac{4}{1}=\frac{7\times4}{5\times1}=\frac{28}{5}$

따라서 $2\frac{1}{4}\times2\frac{2}{5}<1\frac{2}{5}\times4$입니다.

발전문제 배운 개념 응용하기

1 $2\frac{3}{4}\times1\frac{2}{3}=\frac{11}{4}\times\frac{5}{3}$
$$=\left(\frac{1}{4}\times11\right)\times\left(\frac{1}{3}\times5\right)$$
$$=\left(\frac{1}{4}\times\frac{1}{3}\right)\times(11\times5)$$
$$=\frac{1}{12}\times55=\frac{55}{12}=4\frac{7}{12}$$

색칠한 작은 정사각형 하나의 넓이는

$\frac{1}{4}\times\frac{1}{3}=\frac{1}{12}$입니다.

색칠한 큰 직사각형의 넓이는 색칠한 작은 정사각형

이 모두 55개이므로 $\frac{1}{12}\times55=\frac{55}{12}$입니다.

2 $(1)\ 1\frac{1}{2}\times2\frac{3}{5}=\frac{3}{2}\times\frac{13}{5}=\frac{3\times13}{2\times5}$
$$=\frac{39}{10}=1\frac{9}{10}$$

$(2)\ 1\frac{3}{4}\times3\frac{2}{5}=\frac{7}{4}\times\frac{17}{5}=\frac{7\times17}{4\times5}$
$$=\frac{119}{20}=5\frac{19}{20}$$

3 $(1)\ 2\frac{4}{7}\times1\frac{5}{9}=\frac{18}{7}\times\frac{14}{9}=\frac{\overset{2}{18}}{\underset{1}{7}}\times\frac{\overset{2}{14}}{\underset{1}{9}}=\frac{2\times2}{1\times1}=4$

$(2)\ 2\frac{4}{9}\times2\frac{5}{11}=\frac{22}{9}\times\frac{27}{11}=\frac{\overset{2}{22}}{\underset{1}{9}}\times\frac{\overset{3}{27}}{\underset{1}{11}}=\frac{2\times3}{1\times1}=6$

4 처음 잘못된 계산은 동그라미 한 부분입니다.

$$5\frac{1}{\underset{2}{4}}\times1\frac{\overset{3}{6}}{7}=\frac{11}{\underset{1}{2}}\times\frac{\overset{5}{10}}{7}=7\frac{6}{7}$$

$$5\frac{1}{4}\times1\frac{6}{7}=\frac{21}{4}\times\frac{\overset{}{13}}{\underset{1}{7}}=\frac{3\times13}{4\times1}$$
$$=\frac{39}{4}=9\frac{3}{4}$$

5 (1) $2\frac{4}{7} \times 1\frac{5}{9} = \left(2 + \frac{4}{7}\right) \times \frac{14}{9}$

$= \left(\frac{2}{1} \times \frac{14}{9}\right) + \left(\frac{4}{7} \times \frac{\overset{2}{14}}{9}\right)$

$= \frac{2 \times 14}{1 \times 9} + \frac{4 \times 2}{1 \times 9}$

$= \frac{28}{9} + \frac{8}{9} = \frac{\overset{4}{36}}{9} = 4$

(2) $2\frac{2}{9} \times 2\frac{7}{10} = \left(2 + \frac{2}{9}\right) \times \frac{27}{10}$

$= \left(\frac{\overset{1}{2}}{1} \times \frac{27}{\underset{5}{10}}\right) + \left(\frac{\overset{1}{2}}{\underset{1}{9}} \times \frac{\overset{3}{27}}{\underset{5}{10}}\right)$

$= \frac{1 \times 27}{1 \times 5} + \frac{1 \times 3}{1 \times 5}$

$= \frac{27}{5} + \frac{3}{5} = \frac{\overset{6}{30}}{\underset{1}{5}} = 6$

6 ㉠ $1\frac{1}{4} \times 2\frac{2}{5} = \frac{\overset{1}{5}}{\underset{1}{4}} \times \frac{\overset{3}{12}}{\underset{1}{5}} = 3$

㉡ $1\frac{1}{3} \times 3\frac{5}{6} = \frac{\overset{2}{4}}{3} \times \frac{23}{\underset{3}{6}} = \frac{2 \times 23}{3 \times 3} = \frac{46}{9} = 5\frac{1}{9}$

㉢ $1\frac{1}{6} \times 2\frac{7}{10} = \frac{7}{\underset{2}{6}} \times \frac{\overset{9}{27}}{10} = \frac{7 \times 9}{2 \times 10}$

$= \frac{63}{20} = 3\frac{3}{20}$

㉣ $1\frac{7}{10} \times 2\frac{6}{7} = \frac{17}{\underset{1}{10}} \times \frac{\overset{2}{20}}{7} = \frac{17 \times 2}{1 \times 7}$

$= \frac{34}{7} = 4\frac{6}{7}$

따라서 계산이 잘못된 것은 ㉡, ㉣입니다.

7 $3\frac{3}{7} \times 1\frac{1}{6} = \frac{\overset{4}{24}}{7} \times \frac{7}{\underset{1}{6}} = 4$

따라서 색칠한 도형의 넓이는 $4 \div 2 = 2$(cm)입니다.

8 어떤 수를 □라 합시다.

어떤 수에서 $1\frac{1}{5}$을 뺐더니 $1\frac{2}{15}$가 되었으므로

$□ - 1\frac{1}{5} = 1\frac{2}{15}$ 입니다.

$□ = 1\frac{2}{15} + 1\frac{1}{5} = \frac{17}{15} + \frac{6}{5}$

$= \frac{17}{15} + \frac{6 \times 3}{5 \times 3} = \frac{17}{15} + \frac{18}{15}$

$= \frac{\overset{7}{35}}{\underset{3}{15}} = \frac{7}{3}$

따라서 바르게 계산한 값은

$\frac{7}{3} \times 1\frac{1}{5} = \frac{7}{\underset{1}{3}} \times \frac{\overset{2}{6}}{5} = \frac{7 \times 2}{1 \times 5} = \frac{14}{5} = 2\frac{4}{5}$

입니다.

9 $2\frac{2}{3} \times 3\frac{5}{8} = \frac{8}{3} \times \frac{29}{\underset{1}{8}} = \frac{29}{3} = 9\frac{2}{3}$

10 $1\frac{1}{8} \times 2\frac{8}{9} = \frac{\overset{1}{9}}{\underset{4}{8}} \times \frac{\overset{13}{26}}{\underset{1}{9}} = \frac{13}{4}$

$3\frac{□}{4} = \frac{12 + □}{4}$

$1\frac{1}{8} \times 2\frac{8}{9} < 3\frac{□}{4}$에서 $\frac{13}{4} < \frac{12 + □}{4}$

$13 < 12 + □$이므로 □ 안에 들어갈 수 있는 자연수 중에서 가장 작은 값은 **2**입니다.

11 (1) $2\frac{3}{4} \times 1\frac{2}{5} \times 1\frac{3}{7}$

$= \frac{11}{4} \times \frac{\overset{1}{7}}{5} \times \frac{\overset{2}{10}}{\underset{1}{7}} = \frac{11 \times 2}{\underset{2}{4}} = \frac{11}{2} = 5\frac{1}{2}$

(2) $1\frac{2}{4} \times 1\frac{3}{5} \times 2\frac{3}{6}$

$= 1\frac{1}{2} \times 1\frac{3}{5} \times 2\frac{1}{2}$

$= \frac{3}{2} \times \frac{\overset{4}{8}}{\underset{1}{5}} \times \frac{\overset{1}{5}}{2} = \frac{3 \times 4}{\underset{1}{2}} = 6$

(3) $1\frac{2}{3} \times 3\frac{3}{4} \times 4\frac{4}{5}$

$= \frac{\overset{1}{5}}{\underset{1}{3}} \times \frac{\overset{5}{15}}{\underset{1}{4}} \times \frac{\overset{6}{24}}{\underset{1}{5}} = 30$

12 (1) $3 \times 1\frac{1}{4} \times 1\frac{4}{5}$

$= \frac{3}{1} \times \frac{5}{4} \times \frac{9}{5} = \frac{3 \times 9}{4}$

$= \frac{27}{4} = 6\frac{3}{4}$

(2) $4 \times 2\frac{2}{3} \times 5\frac{5}{8}$

$= \frac{4}{1} \times \frac{8}{3} \times \frac{45}{8} = 4 \times 15 = 60$

(3) $2\frac{2}{3} \times 1\frac{4}{5} \times \frac{5}{6}$

$= \frac{8}{3} \times \frac{9}{5} \times \frac{5}{6} = \frac{4 \times 3}{3} = 4$

(4) $4\frac{1}{6} \times 1\frac{2}{7} \times \frac{14}{15}$

$= \frac{25}{6} \times \frac{9}{7} \times \frac{14}{15}$

$= \frac{5 \times 3 \times 2}{2 \times 3} = 5$

13 $(15초) = \left(\frac{15}{60}분\right) = \left(\frac{1}{4}분\right)$이므로 1분 15초는 $1\frac{1}{4}$

분입니다.

A수도꼭지에서 1분 15초 동안 받은 물의 양은

$1\frac{4}{5} \times 1\frac{1}{4} = \frac{9}{5} \times \frac{5}{4} = \frac{9}{4}(L)$

입니다.

B수도꼭지에서 1분 15초 동안 받은 물의 양은

$2\frac{1}{6} \times 1\frac{1}{4} = \frac{13}{6} \times \frac{5}{4} = \frac{13 \times 5}{6 \times 4} = \frac{65}{24}(L)$

입니다.

$\frac{9}{4} = \frac{9 \times 6}{4 \times 6} = \frac{54}{24}$이고 $\frac{65}{24} - \frac{54}{24} = \frac{11}{24}$입니다.

따라서 **B**수도꼭지에서 받는 물의 양이 $\frac{11}{24}$ L 더 많습니다.

14 사과를 심은 직사각형 모양의 가로의 길이는

$9\frac{3}{4} - 2\frac{7}{8} = \left(8 + 1\frac{3}{4}\right) - 2\frac{7}{8}$

$= 8\frac{7}{4} - 2\frac{7}{8} = (8-2) + \left(\frac{7}{4} - \frac{7}{8}\right)$

$= 6 + \left(\frac{7 \times 2}{4 \times 2} - \frac{7}{8}\right) = 6 + \left(\frac{14}{8} - \frac{7}{8}\right)$

$= 6 + \frac{7}{8} = 6\frac{7}{8}$

입니다.

사과를 심은 직사각형 모양의 세로의 길이는

$5\frac{3}{5} - 1\frac{1}{2} = (5-1) + \left(\frac{3}{5} - \frac{1}{2}\right)$

$= 4 + \left(\frac{3 \times 2}{5 \times 2} - \frac{1 \times 5}{2 \times 5}\right)$

$= 4 + \left(\frac{6}{10} - \frac{5}{10}\right)$

$= 4 + \frac{1}{10} = 4\frac{1}{10}$

입니다.

따라서 사과를 심은 직사각형 모양의 넓이는

$6\frac{7}{8} \times 4\frac{1}{10} = \frac{55}{8} \times \frac{41}{10}$

$= \frac{11 \times 41}{8 \times 2} = \frac{451}{16}$

$= 28\frac{3}{16}(m^2)$

입니다.

15 처음 양초의 길이를 □cm라고 합시다.

8분은 2분의 4배입니다.

2분 동안 $\frac{4}{7}$cm씩 타므로 8분 동안은

$\frac{4}{7} \times 4 = \frac{4 \times 4}{7} = \frac{16}{7}(cm)$

가 탑니다.

양초에 불을 붙인지 8분이 지난 후 양초의 길이가

$\frac{3}{4}$cm가 되었으므로 $□ - \frac{16}{7} = \frac{3}{4}$입니다.

$□ = \frac{3}{4} + \frac{16}{7}$

$= \frac{3 \times 7}{4 \times 7} + \frac{16 \times 4}{7 \times 4}$

$= \frac{21}{28} + \frac{64}{28} = \frac{85}{28}$

$= 3\frac{1}{28}$

따라서 처음 양초의 길이는 $3\frac{1}{28}$ cm입니다.

단원 총정리

 단원평가문제 본문 p. 145

1 (1) $\dfrac{3}{4}\times 2=\dfrac{3\times 2}{4}=\dfrac{\overset{3}{\cancel{6}}}{\underset{2}{\cancel{4}}}=\dfrac{3}{2}=1\dfrac{1}{2}$

(2) $\dfrac{4}{5}\times 3=\dfrac{4}{5}+\dfrac{4}{5}+\dfrac{4}{5}=\dfrac{4\times 3}{5}=\dfrac{12}{5}=2\dfrac{2}{5}$

2 $1\dfrac{1}{4}\times 3=\left(1+\dfrac{1}{4}\right)\times 3$

$=(1\times 3)+\left(\dfrac{1}{4}\times 3\right)$

$=3+\dfrac{3}{4}=3\dfrac{3}{4}$

| 다른 풀이 |

$1\dfrac{1}{4}\times 3=\dfrac{5}{4}\times 3=\dfrac{5\times 3}{4}=\dfrac{15}{4}=3\dfrac{3}{4}$

3 ③ $1\dfrac{2}{5}\times 1\dfrac{2}{3}=\dfrac{7}{5}\times\dfrac{\overset{1}{\cancel{5}}}{3}$

$=\dfrac{7}{3}=2\dfrac{1}{3}$

4 $1\dfrac{2}{3}\times\dfrac{8}{9}$에서 곱하는 수 $\dfrac{8}{9}$이 1보다 작으므로 $1\dfrac{2}{3}\times\dfrac{8}{9}$은 $1\dfrac{2}{3}$보다 작은 값입니다.

ㄴ, ㄷ에서 곱하는 수 $3\dfrac{1}{10}$과 $1\dfrac{3}{7}$ 모두 1보다 크므로 $1\dfrac{2}{3}\times 3\dfrac{1}{10}$과 $1\dfrac{2}{3}\times 1\dfrac{3}{7}$ 모두 $1\dfrac{2}{3}$보다 큰 값입니다.

이때 $3\dfrac{1}{10}>1\dfrac{3}{7}$이므로 가장 큰 값은 ㄴ입니다.

5 (1) $\dfrac{5}{12}\times\dfrac{4}{7}=\dfrac{5\times 4}{12\times 7}\times\dfrac{\overset{5}{\cancel{20}}}{\underset{21}{\cancel{84}}}=\dfrac{5}{21}$

(2) $\dfrac{5}{12}\times\dfrac{4}{7}=\dfrac{5\times\overset{1}{\cancel{4}}}{\underset{3}{\cancel{12}}\times 7}=\dfrac{5\times 1}{3\times 7}=\dfrac{5}{21}$

(3) $\dfrac{5}{12}\times\dfrac{\overset{1}{\cancel{4}}}{7}=\dfrac{5\times 1}{3\times 7}=\dfrac{5}{21}$

6 (1) $1\dfrac{1}{8}\times 6=\dfrac{9}{\underset{4}{\cancel{8}}}\times\overset{3}{\cancel{6}}=\dfrac{9\times 3}{4}=\dfrac{27}{4}=6\dfrac{3}{4}$

(2) $1\dfrac{1}{8}\times 6=\left(1+\dfrac{1}{8}\right)\times 6$

$=(1\times 6)+\left(\dfrac{1}{\underset{4}{\cancel{8}}}\times\overset{3}{\cancel{6}}\right)$

$=6+\dfrac{3}{4}=6\dfrac{3}{4}$

7 잘못 계산한 부분은 동그라미를 한 부분입니다.

$$2\dfrac{3}{8}\times\overset{3}{\cancel{6}}=6\dfrac{9}{\underset{4}{\cancel{4}}}=8\dfrac{1}{4}$$

바르게 계산하면 다음과 같습니다.

$2\dfrac{3}{8}\times 6=\left(2+\dfrac{3}{8}\right)\times 6$

$=(2\times 6)+\left(\dfrac{3}{\underset{4}{\cancel{8}}}\times\overset{3}{\cancel{6}}\right)$

$=12+\dfrac{3\times 3}{4}=12+\dfrac{9}{4}$

$=12+2\dfrac{1}{4}=14\dfrac{1}{4}$

8 $\dfrac{5}{\underset{3}{\cancel{9}}}\times\dfrac{\overset{1}{\cancel{3}}}{8}=\dfrac{5\times 1}{3\times 8}=\dfrac{5}{24}$

$\dfrac{5}{9}\times\dfrac{3}{8}>\dfrac{\square}{24}$ 에서 $\dfrac{5}{24}>\dfrac{\square}{24}$, $5>\square$

따라서 $\square$ 안에 들어갈 수 있는 자연수는 4, 3, 2, 1로 모두 **4**개입니다.

9 (1) $10\times 4\dfrac{1}{5}=\overset{2}{\cancel{10}}\times\dfrac{21}{\underset{1}{\cancel{5}}}=42$

(2) $8\times 5\dfrac{3}{4}=\overset{2}{\cancel{8}}\times\dfrac{23}{\underset{1}{\cancel{4}}}=46$

(3) $12\times 3\dfrac{5}{12}=\overset{1}{\cancel{12}}\times\dfrac{41}{\underset{1}{\cancel{12}}}=41$

따라서 크기가 같은 분수끼리 선을 그어 연결하면 다음과 같습니다.

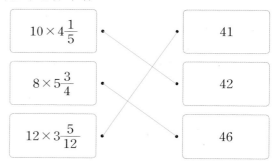

10 잘못 계산한 부분은 동그라미를 한 부분입니다.

$$\boxed{3\frac{1}{9}\times 2\frac{3}{4}=\frac{\overset{5}{10}}{\underset{3}{3}}\times\frac{9}{\underset{2}{4}}=7\frac{1}{2}}$$

$$3\frac{1}{9}\times 2\frac{3}{4}=\frac{\overset{7}{28}}{9}\times\frac{11}{4}=\frac{7\times 11}{9\times 1}=\frac{77}{9}=8\frac{5}{9}$$

11 (1) $\dfrac{1}{2}\times\dfrac{1}{3}\times\dfrac{1}{4}=\dfrac{1\times 1\times 1}{2\times 3\times 4}=\dfrac{1}{24}$

(2) $5\dfrac{1}{4}\times\dfrac{5}{7}\times\dfrac{1}{10}=\dfrac{21}{4}\times\dfrac{\overset{3}{5}}{\underset{1}{7}}\times\dfrac{1}{\underset{2}{10}}$

$$=\dfrac{3\times 1\times 1}{4\times 1\times 2}=\dfrac{3}{8}$$

(3) $2\dfrac{1}{6}\times 7\dfrac{1}{7}\times\dfrac{3}{5}=\dfrac{13}{6}\times\dfrac{\overset{10}{50}}{7}\times\dfrac{\overset{1}{3}}{5}$

$$=\dfrac{13\times\overset{5}{10}\times 1}{\underset{1}{2}\times 7\times 1}$$

$$=\dfrac{13\times 5}{7}=\dfrac{65}{7}=9\dfrac{2}{7}$$

(4) $1\dfrac{2}{7}\times 3\dfrac{5}{9}\times 2\dfrac{1}{10}=\dfrac{\overset{1}{9}}{7}\times\dfrac{\overset{16}{32}}{9}\times\dfrac{\overset{3}{21}}{\underset{5}{10}}$

$$=\dfrac{1\times 16\times 3}{1\times 1\times 5}$$

$$=\dfrac{48}{5}=9\dfrac{3}{5}$$

12 $1\dfrac{1}{4}\times 1\dfrac{4}{5}\times\dfrac{8}{9}=\dfrac{\overset{1}{5}}{\underset{1}{4}}\times\dfrac{\overset{1}{9}}{\underset{1}{5}}\times\dfrac{\overset{2}{8}}{\underset{1}{9}}$

$$=2$$

$$1\dfrac{3}{4}\times 2\dfrac{2}{5}\times\dfrac{2}{3}=\dfrac{7}{4}\times\dfrac{\overset{3}{12}}{5}\times\dfrac{2}{3}$$

$$=\dfrac{7\times 3\times 2}{1\times 5\times\underset{1}{3}}=\dfrac{7\times 2}{5}$$

$$=\dfrac{14}{5}=2\dfrac{4}{5}$$

따라서 $1\dfrac{1}{4}\times 1\dfrac{4}{5}\times\dfrac{8}{9}<1\dfrac{3}{4}\times 2\dfrac{2}{5}\times\dfrac{2}{3}$입니다.

13 $\dfrac{1}{4}\times\dfrac{1}{9}=\dfrac{1}{\square}\times\dfrac{1}{12}$에서

$$\dfrac{1\times 1}{4\times 9}=\dfrac{1\times 1}{\square\times 12},\ \dfrac{1}{36}=\dfrac{1}{\square\times 12}$$

$36=\square\times 12$이므로 $\square=\mathbf{3}$입니다.

14 $\dfrac{3}{8}\times\square\times 1\dfrac{5}{7}=1$에서

$$\dfrac{3}{8}\times\square\times\dfrac{\overset{3}{12}}{7}=1,\ \dfrac{3\times 3}{2\times 7}\times\square=1$$

$$\dfrac{9}{14}\times\square=1$이므로 $\square=\dfrac{14}{9}=1\dfrac{5}{9}$입니다.

15 (1) $1\dfrac{3}{5}\times 2\dfrac{7}{8}=\dfrac{8}{5}\times\dfrac{23}{\underset{1}{8}}=\dfrac{23}{5}=4\dfrac{3}{5}(\text{cm}^2)$

(2) $\dfrac{1}{2}\times 3\dfrac{3}{7}\times 3\dfrac{3}{7}=\dfrac{1}{\underset{1}{2}}\times\dfrac{\overset{12}{24}}{7}\times\dfrac{24}{7}$

$$=\dfrac{12\times 24}{7\times 7}=\dfrac{288}{49}$$

$$=5\dfrac{43}{49}(\text{cm}^2)$$

16 수 카드를 한 번씩만 이용하여 만들 수 있는 가장 큰 대분수는 $6\dfrac{2}{5}$이고 가장 작은 대분수는 $2\dfrac{5}{6}$ 입니다.

따라서 두 수의 곱은

$$6\dfrac{2}{5}\times 2\dfrac{5}{6}=\dfrac{\overset{16}{32}}{5}\times\dfrac{17}{\underset{3}{6}}=\dfrac{16\times 17}{5\times 3}$$

$$=\dfrac{272}{15}=18\dfrac{2}{15}$$

17 어떤 수는 $3\dfrac{1}{5}\times 1\dfrac{3}{12}$입니다.

$$3\dfrac{1}{5}\times 1\dfrac{3}{12}=\dfrac{\overset{4}{16}}{5}\times\dfrac{\overset{3}{15}}{\underset{3}{12}}=\dfrac{4\times 3}{\underset{1}{3}}=4$$

따라서 어떤 수는 4이고 어떤 수의 $\dfrac{2}{3}$는

$$4\times\dfrac{2}{3}=\dfrac{4\times 2}{3}=\dfrac{8}{3}=2\dfrac{2}{3}$$

입니다.

18 직사각형의 가로의 길이는

$$6\dfrac{5}{12}-2\dfrac{1}{8}$$

$$=(6-2)+\left(\dfrac{5}{12}-\dfrac{1}{8}\right)$$

$$=4+\left(\dfrac{5\times 2}{12\times 2}-\dfrac{1\times 3}{8\times 3}\right)$$

$$=4+\left(\dfrac{10}{24}-\dfrac{3}{24}\right)$$

$$=4+\dfrac{7}{24}=4\dfrac{7}{24}$$

따라서 직사각형의 넓이는

$$4\frac{7}{24} \times 4\frac{4}{5} = \frac{103}{24} \times \frac{24}{5}$$

$$= \frac{103}{5} = 20\frac{3}{5}(\text{cm}^2)$$

입니다.

$$1\frac{5}{7} \times 1\frac{5}{7} \times \frac{1}{2} = \frac{12}{7} \times \frac{\overset{6}{12}}{7} \times \frac{1}{\underset{1}{2}}$$

$$= \frac{12 \times 6}{7 \times 7} = \frac{72}{49}$$

$$= 1\frac{23}{49}(\text{cm}^2)$$

입니다.

19 어떤 정사각형의 한 변의 길이를 □라 합시다.
이 정사각형의 넓이는 □×□입니다.

어떤 정사각형의 가로의 길이를 $\frac{1}{3}$배만큼 줄이면

가로의 길이는 □×$\frac{2}{3}$가 됩니다.

어떤 정사각형의 세로의 길이를 $1\frac{1}{4}$배가 되도록

늘이면 세로의 길이는 □×$1\frac{1}{4}$이 됩니다.

새로운 직사각형의 넓이는

$$\left(\square \times \frac{2}{3}\right) \times \left(\square \times 1\frac{1}{4}\right)$$

$$= (\square \times \square) \times \left(\frac{2}{3} \times 1\frac{1}{4}\right)$$

$$= (\square \times \square) \times \left(\frac{2}{3} \times \frac{\overset{1}{5}}{\underset{2}{4}}\right)$$

$$= (\square \times \square) \times \frac{5}{3 \times 2}$$

$$= (\square \times \square) \times \frac{5}{6}$$

따라서 새롭게 만든 직사각형의 넓이는 처음 정사
각형의 넓이의 $\frac{5}{6}$배입니다.

20 양파의 무게는 당근의 무게의 $1\frac{3}{5}$배이므로

$$6 \times 1\frac{3}{5} = 6 \times \frac{8}{5} = \frac{6 \times 8}{5} = \frac{48}{5} = 9\frac{3}{5}(\text{kg})$$

입니다.
따라서 당근과 양파의 무게의 합은

$$6 + 9\frac{3}{5} = (6+9) + \frac{3}{5} = 15\frac{3}{5}(\text{kg})$$

입니다.

21 한 변의 길이가 $1\frac{5}{7}$인 정사각형의 넓이는

$1\frac{5}{7} \times 1\frac{5}{7}$입니다.

색칠한 직사각형의 넓이는 정사각형의 넓이의

절반이므로 $1\frac{5}{7} \times 1\frac{5}{7} \times \frac{1}{2}$입니다.

22 1번째 튀어 오르는 공의 높이는

$$\overset{8}{32} \times \frac{3}{\underset{1}{4}} = 24(\text{m})$$

2번째 튀어 오르는 공의 높이는

$$\overset{6}{24} \times \frac{3}{\underset{1}{4}} = 18(\text{m})$$

3번째 튀어 오르는 공의 높이는

$$\overset{9}{18} \times \frac{3}{\underset{2}{4}} = \frac{27}{2}(\text{m})$$

4번째 튀어 오르는 공의 높이는

$$\frac{27}{2} \times \frac{3}{4} = \frac{27 \times 3}{2 \times 4} = \frac{81}{8} = 10\frac{1}{8}(\text{m})$$

MEMO

MEMO

MEMO

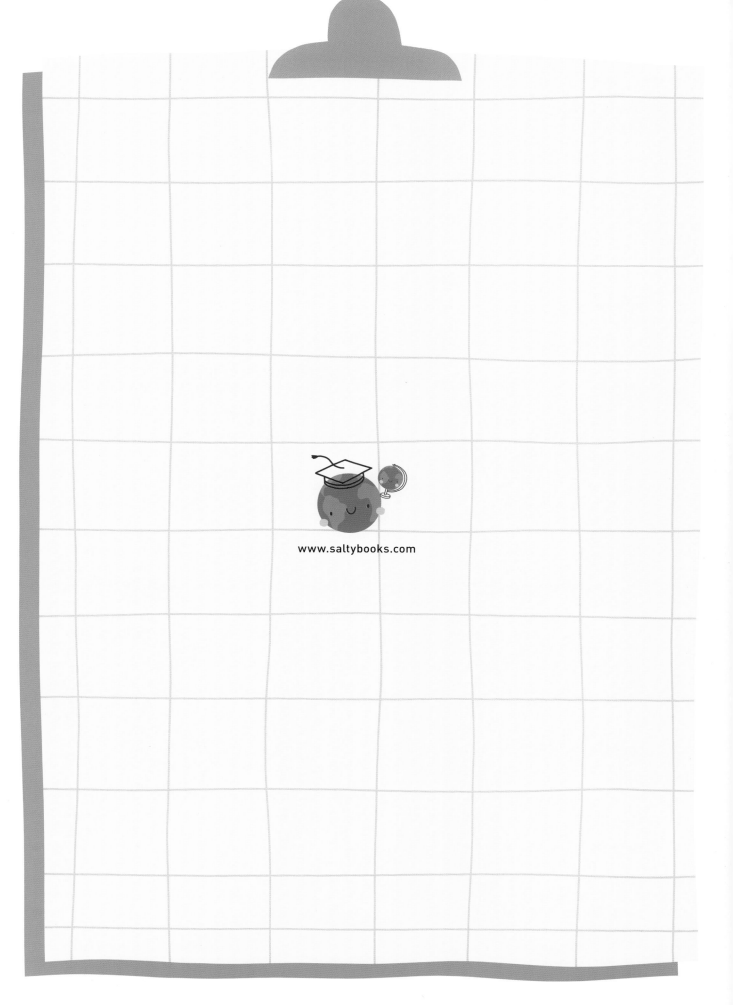

www.saltybooks.com

Practice makes perfect!

Better late than never!